建筑空间热场特征与评价方法

郝占国　著

中国建筑工业出版社

图书在版编目（CIP）数据

建筑空间热场特征与评价方法 / 郝占国著. —北京：
中国建筑工业出版社，2022.4
ISBN 978-7-112-26965-5

Ⅰ.①建… Ⅱ.①郝… Ⅲ.①建筑热工—研究 Ⅳ.
①TU111

中国版本图书馆CIP数据核字（2021）第266915号

责任编辑：刘　静　徐　冉
责任校对：王誉欣

建筑空间热场特征与评价方法
郝占国　著
*
中国建筑工业出版社出版、发行（北京海淀三里河路9号）
各地新华书店、建筑书店经销
北京锋尚制版有限公司制版
北京建筑工业印刷厂印刷
*
开本：787毫米×1092毫米　1/16　印张：14　字数：323千字
2022年2月第一版　2022年2月第一次印刷
定价：**62.00**元
ISBN 978-7-112-26965-5
（38654）

　　本书旨在挖掘建筑本体与热环境之间的关系，为建筑设计师在建筑设计方案阶段提供高效的建筑热环境判断依据，从而进一步指导建筑设计；同时探索更有效的热环境评价方法，为建筑设计师在建筑设计方案初期利用建筑本体控制热环境提供优化途径与方法。作者认为，建筑空间温度分布不均、室内温度随外部环境变化而持续波动是我国严寒气候区建筑热环境中普遍存在的现象，该现象与热环境品质密切相关。然而现有的平均温度、舒适度等评价指标与方法均不能够对其进行综合评价和预测。为解决该问题，本书以我国严寒气候区高校教室空间为例，拟通过深入挖掘该类建筑空间热环境中温度变化规律及其影响因素，建立一种能够定量化评判建筑空间中非均匀、非稳态热环境水平的评价体系。

　　本书以我国严寒气候区高校教室空间内部非均匀热环境为对象，重点研究该热环境中温度、区域、空间之间的关系和特性，并将这个具有清晰空间边界和多种区域温度特征的热环境定义为建筑空间热场，简称热场。通过统计分析208间教室空间热场的实地调研数据和典型空间全年热场模拟数据，从温度水平、温度波动、温度分布三方面归纳总结出该类建筑空间热场的变化规律与特征；在此基础上以灰色系统理论为指导，筛选热场评价指标、确定建筑空间形态与热场的对应关系模型、建立评价体系层级结构；最后通过计算评价指标的灰类权值与体系权值确定了评价指标阈值并构建了建筑空间热场评价体系。该评价体系可用于评判我国严寒气候区高校教室空间的非均匀、非稳态热环境整体水平。

　　通过上述论述本书获得主要成果如下：第一，总结了我国严寒气候区高校教室空间内部非均匀、非稳态热环境的温度水平、温度波动与温度分布变化规律。第二，建立了14个建筑空间热场相关参数的关系模型，每个模型中包含10个建筑空间形态参数和2个时间参数，该系列模型能够完成建筑空间、时间与热场之间的数据转化。第三，构建了一种可定量化评价我国严寒气候区高校教室空间内部非均匀、非稳态热环境综合状态的评价体系——建筑空间热场评价体系，并确定了该评价体系指标阈值。该评价体系包含两级指标和两种权值，其中一级指标3个，有温度波动指标、温度分布指标、基本控制指标；二级指标共14个，有标准面舒适区域比例、标准面日温度差、空间区域比例等；两种权值为指标灰类权值和指标体系权值。

本书进一步明晰了我国严寒气候区高校教室空间热场的特征与变化规律，拓展了热环境研究的思路，丰富了建筑热环境的评价方法与手段，探讨了在建筑设计方案阶段优化建筑热环境的新途径。

在本书的编写过程中，参考了国内外专家学者的专著、论文、期刊，已在参考文献中列出，在这里向他们表示衷心的感谢！同时本书的形成得到了家人的支持及鼓励，在此亦向他们表示感谢！最后，书中难免有纰漏之处，敬请各位读者批评指正，不胜感激！

目录

1

绪论

1.1 研究背景、目的与意义

1.1.1 研究背景

（1）建筑领域节能需求

我国建筑采暖所需能耗随着每年建筑施工面积的递增而逐年增加，如图1-1所示，据统计2017年我国城市年集中供热量已经达到647827MW。其中公共建筑能耗较高、节能潜力大，是我国建筑节能的重点[①]。虽然我国各类公共建筑的设计均有相应的规范和标准，住房和城乡建设部也颁布了《公共建筑节能设计标准》GB 50189，但是在这些规范、标准贯彻实施过程中，普遍存在节能设计滞后于建筑设计、节能技术与建筑本体结合生硬等现象。作为公共建筑的重要组成部分，我国严寒气候区的校园建筑具有人员密集、使用时间长、人员使用区域固定、热环境需求高等突出特征。这些特征也给校园建筑的夏季制冷、冬季采暖提出了较高的要求。

因此，如何在建筑设计方案阶段就平衡建筑空间需求与建筑能耗之间的关系，解决空间设计的同时提升建筑内部的热环境品质，就成为很多学者和建筑师共同关注的问题。

（2）被动式节能设计需求

严寒气候区的公共建筑运行能耗远高于居住建筑和其他气候区的公共建筑，该气候区的公共建筑节能方法亟待深入探讨。降低该类建筑能耗有两种主要途径：①被动式设计方法。即从建筑自身设计出发利用良好的建筑布局、建筑平面、建筑剖面、建筑构件等设计，创造良好的室内环境，通过减少环境控制机械设备的使用降低建筑的能耗。②主动式设计方法。即在被动式设计方法无法达到室内环境舒适度要求时，利用高效的机械设备完成环境的优化。但是高效的机械设备需要付出代价，即会使建筑能耗绝对地增加。

建筑类型、气候区、建筑空间特征的差异会导致被动式节能设计方法截然不同，且对应的严寒气候区高校类建筑的节能潜力巨大。所以针对严寒气候区高校类建筑空间特征的被动式技术需要继续深

① 江亿. 中国建筑节能理念思辨 [M]. 北京：中国建筑工业出版社，2016.

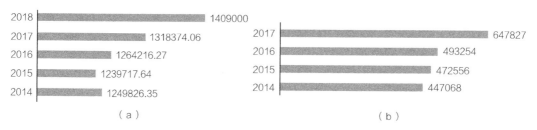

图 1-1　我国建筑采暖所需能耗随建筑施工面积变化情况
（a）2014 ~ 2018 年我国年建筑施工总面积（m²）；（b）2014 ~ 2017 年我国城市年集中供热量（MW）
（来源：国家统计局 http://www.stats.gov.cn/）

入探讨，该类建筑空间与热环境的作用关系也有待深入挖掘。

本研究选取我国严寒气候区高校建筑作为研究对象，从建筑空间与热环境的关系的视角出发，讨论该类建筑内部热环境的变化规律与影响因素，研究利用建筑空间本身进行热环境优化的方法。

（3）问题提出

建筑空间温度分布不均、室内温度受外部环境变化影响产生持续波动是严寒气候区公共建筑热环境中普遍存在的现象。这种现象对该类建筑热环境品质影响较大，但是现有的平均温度、舒适度等评价手段均不能对该现象进行有效的评价。目前在建筑设计领域，建筑设计师较难掌握现有的舒适度评价方法，导致建筑设计师在建筑设计方案阶段对建筑热环境的思考有所欠缺，采用的控制方法不足。舒适度是评价建筑空间内部人体感受的重要指标，也是现代建筑空间热环境设计的重要依据和标准。目前被广泛采用的 PMV-PPD 热舒适度评价指标，其理论推导的前提条件是中等均匀的热环境，其计算公式中与建筑热环境相关的指标也仅有温度参数。而我国北方高校夏季使用空调的建筑较少，主要依靠开窗通风，冬季主要依靠窗下墙对流散热器间歇供热，同时该类建筑还会受当地施工技术水平和社会条件限制，通常建筑的气密性较差。受外部气候影响，建筑内部温度不断变化才是常态。因此基于"均匀热环境"的评价方法与实际情况差异较大，更适宜的评价方法有待提出。

为解决上述问题，本研究拟通过寻找被现有标准、规范忽视的严寒气候区高校建筑热环境影响因素，研究这种"非均匀热环境"的温度变化规律与特征，并依据该特征提出适宜于该类建筑空间的非均匀热环境定量化评价方法。

1.1.2　研究目的

本研究的总目标是通过揭示我国严寒气候区高校教室空间内部非均匀热环境特征与规律，建立一套适用于该类非均匀热环境的定量化评价方法。

建立该评价方法主要为了解决两个问题：

（1）挖掘建筑本体与热环境之间的关系，为建筑设计师在建筑设计方案阶段提供高效的建筑热环境判断依据，从而进一步指导建筑设计。

（2）探索更有效的热环境评价方法，为建筑设计师在建筑方案初期利用建筑本体控制热环境提供优化途径与方法。该目标可拆解为多个子目标：

1）总结出我国严寒气候区高校教室空间内部热环境特征与变化规律。

建筑空间内部热环境对建筑环境品质、室内舒适度有重要影响。深入挖掘建筑空间内部热环境变化特征与规律，是进一步认识与优化热环境的关键。在我国严寒气候区高校教室内部存在"某些区域舒适，某些区域不舒适"的情况，并且这些"区域"与时间、空间存在某种关系。利用现有建筑热环境中的平均温度、点温度指标难以对这种区域性温度及其变化进行描述。因此本研究将这种具有区域温度差异的非均匀热环境简称为热场，通过分析该环境的实地调研数据和软件模拟数据，总结归纳该环境特征并对其内部温度指标进行细化。

2）探索科学有效的建筑空间热场评价研究方法。

研究方法直接影响研究结果的准确性和科学性。通过对比分析热环境与热场相关指标的差异性，进一步明确了热场的区域温度特征、相关指标的关联特性和评价问题认识的模糊特性。研究选择灰色理论方法对其进行讨论，通过分析研究方法与理论依据的适用性，形成建筑空间热场评价方法研究框架。

3）明确建筑空间热场评价指标的作用及其层级结构。

评价指标是评价体系的重要组成部分。评价指标需要反映建筑空间热场特征。指标之间是否彼此独立，关系如何，不仅依据前期调研形成的主观判断，更需要客观的科学计算。本研究使用灰色关联分析算法与人工神经网络聚类算法筛选指标并分类，形成评价指标的层级结构。

4）确定评价指标在评价体系中的作用权值。

评价指标权值反映其在评价体系中的作用。评价指标权值的确定有多种方法，如专家打分法、方差分析法等。本研究使用综合评价方法，结合方差分析与灰色统计方法，计算建筑空间热场各评价指标的体系权值和类别权值，形成完整的建筑空间热场评价体系。

1.1.3 研究意义

（1）完善了建筑空间形态与热环境的内在关系研究内容

建筑热环境与多种因素相关，有很多学者针对建筑热环境的多种相关影响因素，如人员、气候、设备、围护结构等均进行了深入分析和研究，成果丰硕且意义重大。而本研究为解决建筑设计师在建筑设计方案阶段所面临的建筑空间与热环境如何高效衔接、对应的问题，在研究过程中以高校建筑空间为例，依次排除了热环境中人员、气候等多种因素，重点讨论建筑空间形态本身与热环境的关系。

建筑空间形态可以通过建筑空间的长度、宽度、高度、窗宽、窗高等参数进行描述。不同的建筑空间形态会对建筑空间内部的物理环境产生影响，例如室内声场，建筑空间参数的大小差异与组合方式的不同，会对室内混响时间等声学参数产生显著影响。同样，居住建筑层高的变化会直接影响其空调的负荷计算，其根本原因是建筑空间的变化对室内热环境产生了影响。本研究为突出空间与热环境两者之间的关系，在排除了人员、使用方法等干扰因素后，采用实地调研和软件模拟的方法，归纳总结严寒气候区的高校教室空间形态与其内部热环境（热场）的量化关系。

（2）为细化研究非均匀热环境中的区域性温度特征提供了新视角

建筑空间内部非均匀热环境具有多种特征，温度、湿度、空气流速等均是反映该环境特征的重要指标。非均匀热环境是否还有其他特征？特征如何？怎样描述和表达？是一系列可尝试讨论的主题。本研究通过分析严寒气候区高校教室空间内部非均匀热环境的区域温度、温度波动等特征，划分出该类建筑空间内部非均匀热环境的不同区域，讨论了不同区域的温度特征。

（3）为深入研究非均匀热环境中的温度指标特征提供了途径

本研究通过分析建筑非均匀热环境中温度的空间分布特征，提出用于描述非均匀热环境的区域温度等多个相关参数。从"场""区域"等具有边界特征的空间视角对热环境内的温度特征进行讨论，丰富了热环境研究的视角和内容。

（4）为定量化评价非均匀热环境提供了方法

本研究依据综合评价方法、灰色系统理论方法与热环境评价相关方法，在实地调研和软件模拟数据统计分析的基础上，建立了适宜于我国严寒气候区高校教室空间内部非均匀热环境评价的建筑空间热场灰色评价体系，为该类热场的控制和设计提供了新思路。

（5）为在建筑设计方案阶段快速地对热环境水平进行预判提供了可能性

本研究提出的建筑空间热场灰色评价模型不仅能对已建成空间的热场环境进行评价，还能够利用建筑空间热场指标转化公式，借助建筑空间参数完成对建筑设计方案阶段的建筑空间热场预判，解决了建筑设计师难以使用室内热环境模拟软件和舒适度计算程序的烦琐问题，提高了热环境评价方法使用的便利性及其与建筑设计师衔接的紧密性和可行性，为建筑设计师在建筑设计方案阶段快速思考建筑热环境特征提供了新途径。

1.2 研究对象、内容与方法

1.2.1 研究对象

本研究以严寒气候区高校教室空间内部非均匀热环境为研究对象（图 1-2），围绕非均匀热环境中的温度指标与对应的特征区域，从区域温度水平、区域温度波动以及区域本身的变化三方面出发，研究其温度特征与评价方法。

选取该研究对象主要考虑以下两方面因素。

（1）热环境优化需求紧迫、建筑空间特征显著

温度波动和温度分布不均现象在我国严寒气候区公共建筑中普遍存在。这些建筑的热环境与全年使用空调设备的建筑热环境不同，此类热环境受建筑外部气候条件的影响更大、室内温度波动较大、温度分布不均情况明显。严寒气候区高校教室空间设计受班级制和采光标准约束较大。教室面积有规律可循，依据相关建筑设计规范中窗地面积比约束，教室普遍开窗面积较大，这使得建筑室内外环境的关系更为紧密，教室室内温度波动和温度分布不均现象更普遍和显著，优化的需求表现为以下三点：

1）高校教室上课时学生分布在教室内，学生的座位固定，不同位置无论温度如何、舒

图 1-2　我国严寒气候区高校教室空间及其内部非均匀热环境

适与否，其位置都不能改变，这给教室热环境的均匀性需求提出了更高要求。按照已调研的教室座位布置情况，我国北方高校现有座位均为固定式，座位之间距离一定，在教室满员的情况下，每个座位的使用者均能够感受到相应的热环境，该热环境可能相同，也可能不同。这与商业、办公、医疗等类型建筑内部人员或聚集或松散的非均匀使用情况有显著的差别。可见依据这一现象，提出小区域（类似于教室空间）室内热环境的多点温度特征对热环境整体研究具有一定的意义，这一现象的整体特征也是判断室内热环境品质的重要依据之一。

2）高校教室空间内学生的使用时间固定且长。使用时间段内，教室内部温度波动对使用者易产生较大影响，这给教室空间热环境的稳定性需求提出了较高要求。

3）高校教室空间人员密集，不同区域均可能有使用者，温度的不均匀分布与波动对使用者位置的选择有较大影响。不良的区域热环境不仅会影响舒适感受，更会影响教学效果、学习效率。

（2）对热环境空间属性的思考与辨析

"热环境是指由太阳辐射、空气温度、周围物体表面温度、相对湿度与气流速度等物理因素组成的，作用于人并影响人体冷热感和健康的环境"，太阳辐射、空气温度、周围物体表面温度等因素均是其重要衡量指标和研究内容。"温度场是物质系统内各个点上温度的集合"，温度场的温度指标包括点温度和平均温度。在多变的建筑空间热环境中，温度场的点温度与平均温度指标对热环境的区域选择均过于简单，较难描述同一建筑空间内不同区域的温度差异，并难于对不同区域进行比较。为了进一步分析热环境中不同区域内的温度，本研究在热环境中讨论了空间区域温度、标准面区域温度、标准面舒适区域比例等特征指标值，并将这些特征指标值归为热场范畴。

建筑空间热场研究与建筑热环境客观参数研究、温度场研究是从不同角度对建筑热环境进行的研究。两者的差异性分析如表 1-1 所示。建筑空间热场主要研究建筑热环境中多种区域的温度特征及区域之间温度的差异。同样是对热环境内的温度进行研究，热场与温度场的评价指标也不同，温度场的指标是单纯的温度，往往是某一个测点的温度或多个测点的平均温度，而热场的衡量指标是某种特定区域的温度，温度被赋予了空间属性。

建筑热环境与建筑空间热场概念辨析表   表1-1

辨析项目	比较对象		结论
	热环境（室内）	热场（室内）	
定义	热"环境"（强调整体）	热"场"（强调整体的不同区域以及具有一定形态的整体）	同一事物的不同观察视角
作用对象	人、物等	人、物等	相同
表达空间范围	边界模糊	边界清晰	不同。热"环境"范围大，灵活；热"场"边界固定，特指某一个建筑空间形态的内部
核心指标	温度（单一点温度或整体平均点温度）	温度（特定区域温度）、区域等	有差异
相关指标	空气温度、辐射温度、湿度、空气流速等	空间区域温度、标准面区域温度、标准面舒适温度区域比例、标准面日温度差等	不同。热场相关指标，是热环境中空气温度指标的深化和扩展

1.2.2　研究内容

（1）严寒气候区高校教室空间热场的特征与变化规律研究

研究选取内蒙古地区高校教室空间进行实地调研和软件模拟，获取建筑空间热场相关参数数据集。通过对获取的实测数据和模拟数据进行分析，分别总结出建筑空间热场温度水平特征、温度波动特征和温度分布特征，并对不同特征的影响因素进行分析。

（2）建筑空间热场相关评价方法研究

包括：分析现有建筑空间热场（热环境）相关评价方法，进一步明确建筑空间热场评价特点，形成建筑空间热场评价原则，明确建筑空间热场评价的范围和指标的特点；研究灰色系统理论、人工神经网络理论在建筑空间热场评价研究中的可行性；确定建筑空间热场评价研究框架。

（3）建筑空间热场评价指标研究

首先明确建筑空间热场评价指标应具有的功能和特点；再通过对现有指标进行关联分析，筛选出能够用于构建建筑空间热场评价体系的相关指标，并利用自组织神经网络系统完成指标聚类，建立指标层级结构；通过对指标进行回归计算，探讨获得建筑空间热场评价指标值的方法。

（4）建筑空间热场评价研究

包括：评价指标值标准化研究、评价指标在评价体系中权重研究、与灰色系统理论相结合的建筑空间热场类别（灰类）研究、建筑空间热场评价体系验证。

1.2.3　研究方法

（1）文献调研法

文献调研是整体研究的基础，通过对前人研究成果的整理与分析寻找解决科学问题的途径。通过文献调研，本研究主要分析了严寒气候区高校建筑空间热环境的研究方法、评价方法，并对研究对象特征进行了系统性梳理与对比分析，凝练科学问题。

研究首先利用文献调研法，通过网络、数据库等收集相关科研文献、建筑设计图纸等资料用于前期基础研究。文献调研内容包括：建筑热环境领域研究现状、水平、主要研究成果与方法；建筑空间热环境现有评价方法与其他相关综合评价方法；内蒙古区域内高校建筑基本信息，如高校数量、分布特征、校区特征、建筑特征及建筑空间特征。

（2）实地调研法

实地调研是感知环境特征、获取研究对象一手数据的最常用方法。实地调研内蒙古地区高校教室环境，以便对研究对象和科学问题有更深入、直观的认识。本研究实地调研了内蒙古地区典型的 8 所高校内的 22 栋教学楼，掌握了教室空间参数、外部环境条件、室内物理环境三方面数据。

（3）模拟分析法

在现代科技背景下，随着计算机计算速度和精度的不断提升，已具备了采用模拟分析法开展热环境研究的条件。参考建筑热环境相关研究成果，筛选使用 Ansys Fluent 软件完成教室空间热场模拟分析，弥补调研无法获得连续的室内热环境数据缺陷，进一步挖掘研究对象的相关数据。

（4）数学统计分析法

数学统计分析法是依据数学计算原理对数据进行分析计算，对研究对象给出客观评价的科学方法。本研究主要使用的数学统计分析法包括统计分析、灰色理论分析和人工神经网络分析。

1.2.4　研究框架

本研究围绕四个主要环节开展研究，主要讨论教室建筑空间热场变化规律及其特征，并进一步分析如何科学有效地评价建筑空间热场并建立相应的评价方法。具体研究框架如图 1-3 所示。

（1）实地调研结合模拟分析，研究建筑空间内部热场的特征与变化规律

选取内蒙古地区高校教室空间进行实地调研，获取相关数据，建立建筑空间热场环境模拟模型。结合实测数据与模拟数据分析教室空间的温度水平、温度波动、空间温度分布及其影响因素。

（2）对比分析，确定建筑空间热场评价研究方法；灰色关联分析结合人工神经网络聚类，建立热场评价指标体系

首先明确建筑空间热场评价特点，形成建筑空间热场评价原则；再通过与现有室内热环境评价方法进行差异性分析，确定建筑空间热场评价的范围和指标的特点；基于灰色系统理论原理，分析其在建筑空间热场评价研究中应用的可行性与具体环节；形成建筑空间热场评价研究框架。

明确建筑空间热场评价指标体系应具有的功能和特点；再通过对现有指标进行关联分

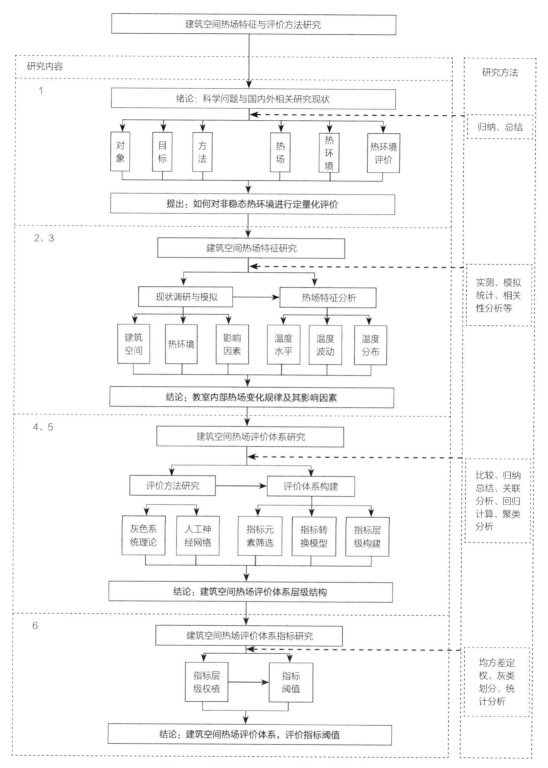

图1-3 建筑空间热场特征与评价方法研究框架

析，筛选出能够用于构建建筑空间热场评价指标体系的指标，利用自组织神经网络系统完成指标聚类，建立指标层级结构；并利用回归计算方法，探讨获得建筑空间热场评价指标值的途径。

（3）均方差定权联合灰类定权法，确定建筑空间热场评价体系指标权值

首先，通过评价指标标准化研究完成了不同指标值的统一；其次，研究评价指标在评价体系中的贡献度，形成评价指标权重体系；最后，结合灰色系统理论进行建筑空间热场灰类研究，整合建筑空间热场评价体系。

1.3　国内外研究现状

本研究从"热场""热环境参数""高校教室空间物理环境特征"三个核心概念研究国内外相关研究成果的现状与水平。梳理研究发展脉络，分析已有研究成果的优势与不足，进一步明确本研究的对象、内容，并借鉴有效可行的热环境研究方法。

1.3.1　热场研究现状

热场理论是热学理论与经典的场理论相结合后形成的物理理论。在 SCI 数据库中（2018年）该理论在物理学（43954 篇）、工程学（28494 篇）、材料科学（23037 篇）、化学、天文学等研究领域应用最多，在热力学、地质学相关研究领域中也受到广泛的关注。但是热场理论在建筑科学及城市科学相关方向的研究成果较少（分别为 25 篇和 29 篇）。

（1）"场"理论的借鉴及热力学和量子力学领域中的"热场"微观研究

"场"是指物体在空间中的分布状态。在物理学中，"场"的研究通常是研究某一物理量在空间的分布和变化规律。而我们生活中最熟悉的"场"就是磁场，如图 1-4 所示。可以看出，"场"具有一定的空间形态，内部包含有一定的力或某一其他物理量，而且这个物理量具有一定的分布规律或变化规律。而"环境"概念的空间意义则没有那么明确，并且环境中物理量及其规律并不清晰。如气候环境、生态环境等。由此可知，"环境"与"场"两个概念在空间、清晰度等方面都有一定差异。

"场"的研究在热力学、量子力学、工程和材料领域中广泛开展。如量子力学领域中讨论了微观量子场论中准粒子概念[1]、分析了热场理论中热自由度问题[2]、标量场、测量场、量子动态筛选方法[3]等。工程与材料领域研究热场时讨论了特定空间、明确边界内的热粒子状态，如图 1-5、图 1-6 所示，并从能量大小以及热粒子之间的关系与影响出发，分析了群体热粒

① Umezawa H, Yamanaka Y. Micro, macro and thermal concepts in quantum field theory[J]. Advances in Physics, 1988, 37（5）：531-557.

② Umezawa H. Advanced field theory: Micro, macro and thermal physics[M]. American Institute of Physics, 1993.

③ MichelLeBellac. Thermal field theory[M]. Cambridge University Press, 1996.

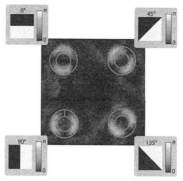

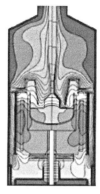

图 1-4　磁场
（来源：https://image.baidu.com）

图 1-5　量子纠缠变化的空间状态图
（来源：Paul-Atonine Moreau. Imaging bell-type nonlocal behavior）

图 1-6　工程领域锅炉热场模拟图
（来源：https://image. baidu.com）

子的整体特征。如高温高密度下微扰量子场[1]、热场辐射基本原理在纳米材料领域的应用[2]；铸锭炉内的温度场分布[3]；钢管焊接时的温度场等[4]。

通过分析不同领域的相关"场"研究，得到的启示包括：①采用"场"理论思维，分析环境的空间特性、研究环境构成要素的微观特征及要素之间、要素与系统之间的关系。②借鉴其他领域研究物理场的方法，分析场的影响因素，并采用模拟法再现场环境。

（2）建筑学、城市科学领域的"热场"宏观分析

建筑学、城市科学领域涉及的"热场"研究，也具有明显的空间特征，但是其空间概念并不如工程材料领域研究中的准确，其热场的小区域热特征也并不明显。城市科学中"热场"的主要研究内容是针对城市尺度热场（热环境）的温度特征进行研究，如图 1-7（a）所示。研究常采用遥感技术、图像分析技术[5]、数值模拟法[6]、有限元分析法，研究中涉及城市

① Kraemmer Rebhan. Advances in perturbative thermal field theory[J]. Reports on Progress in Physics, 2003, 67（3）：351.
② Basu S, Zhang Z M, Fu C J. Review of near-field thermal radiation and its application to energy conversion[J]. International Journal of Energy Research, 2009, 33（13）：1203-1232.
③ 陆晓东，张鹏，吴元庆，等. 定向凝固多晶硅铸锭炉石英坩埚的改进与热场优化 [J]. 人工晶体学报，2015，44（11）：3179-3183.
④ 彭佩基，余进，刘超，等. 基于 ANSYS 磁场、热场模拟的铜钢高频电磁感应焊接 [J]. 电焊机，2018，48（6）：92-97.
⑤ 周红妹，周成虎，葛伟强，等. 基于遥感和 GIS 的城市热场分布规律研究 [J]. 地理学报，2001，56（2）：189-197.
⑥ 陈云浩，王洁，李晓兵. 夏季城市热场的卫星遥感分析 [J]. 国土资源遥感，2002，14（4）：55-59.

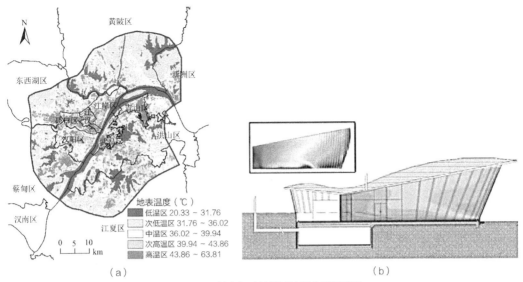

图 1-7　城市与建筑领域热场分析示意图
（a）城市热场；（b）建筑热场
［来源：吴琼. 基于 POI 数据的武汉市夏季热场主导因素多尺度分析 2020（a）；https://image.baidu.com（b）］

温度①、城市亮温②、城市温度场③、城市热岛效应④⑤等概念。在建筑学相关文献中"热场"更
多与热环境相关，通常指一个空间、房间内或建筑周边等中型区域内的热环境。而针对建筑
内部空间局部小区域"热场"的研究，多出现在暖通空调方面的文献中，更多地讨论送风回
风系统设计在人员周围形成的"热场"特征，如图 1-7（b）所示。城市与建筑空间热场研究
如：利用城市地表温度分析城市空间热场⑥⑦；分析城市景观与城市地表温度的相关关系⑧⑨⑩；

① 陈云浩，史培军，李晓兵，等. 城市空间热环境的遥感研究——热场结构及其演变的分形测量 [J].
　　测绘学报，2002，31（4）：322-326.
② 周雪莹，孙林，韦晶，等. 利用 Landsat 热红外数据研究 1985 年—2015 年北京市冬季热场分布（英
　　文）[J]. 光谱学与光谱分析，2016，36（11）：3772-3779.
③ 韩善锐，韦胜，周文. 基于用户兴趣点数据与 Landsat 遥感影像的城市热场空间格局研究 [J]. 生态
　　学报，2017，37（16）：5305-5312.
④ 董磊磊，潘竟虎，王卫国，等. 基于遥感和 GWR 的兰州中心城区夏季热场格局及与土地覆盖的关
　　系 [J]. 土壤，2018，50（2）：404-413.
⑤ 李红，高嵩，解韩玮. 昆明市主城区热环境及其影响因素的时空演化特征 [J]. 生态环境学报，
　　2018，27（10）：138-146.
⑥ 刘丹，于成龙. 城市扩张对热环境时空演变的影响——以哈尔滨为例 [J]. 生态环境学报，2018，
　　27（3）：509-517.
⑦ 金佳莉，王成，贾宝全. 北京平原造林后景观格局与热场环境的耦合分析 [J]. 应用生态学报，
　　2018，29（11）：3723-3734.
⑧ 谢启姣，段吕晗，汪正祥. 夏季城市景观格局对热场空间分布的影响——以武汉为例 [J]. 长江流
　　域资源与环境，2018，27（8）：84-93.
⑨ 谢启姣，刘进华，胡道华. 武汉城市扩张对热场时空演变的影响 [J]. 地理研究，2016，35（7）：
　　1259-1272.
⑩ 栾夏丽，韦胜，韩善锐. 基于城市大数据的热场格局形成机制及主导因素的多尺度研究 [J]. 应用
　　生态学报，2018，29（9）：2861-2868.

利用遥感影像、辐射传输方程法对城市区域的土地利用、植被覆盖、热环境时空变化进行统计分析；使用软件模拟分析建筑室内温度场的分布状态等 [1]。

对上述国内外相关研究成果现状分析可知：

1）热场理论同时具有"场"理论中的空间意义和热学中的温度意义。

2）热场理论已经在工程、材料等领域广泛应用，在城市科学研究中也备受关注。但在建筑科学领域中，采用热场理论进行热环境系统性研究的成果较少。

3）对已有的建筑科学领域中的热场相关研究成果分析发现，这些成果并没有严格界定热场与热环境两个概念的差异。

1.3.2　教育建筑热环境研究现状

国内外有关教育建筑的研究成果可以分为三个主要方面：教育建筑空间设计研究、教育建筑热环境及其他物理环境研究、教育建筑空间卫生环境研究。其中教育建筑空间是热环境的载体，虽然部分成果只关注了建筑设计并没有提及热环境，但是从建筑热环境的角度分析该问题可以得到两方面的答案：①明确教育类建筑设计（高校）的研究现状，可以知道该类建筑空间的变化规律。②明确现有教育类建筑空间（高校）的特征对于分析此类建筑的热环境更具有针对性。因此在研究高校建筑热环境特征之前，先分析了教育建筑设计研究的相关主要成果。

1.3.2.1　高校建筑空间设计与教育理念密切相关

在高校建筑空间设计方面：E Mark Pelmore [2] 在《校园建筑成本》（ *The Cost of a Schoolhouse* ）中指出，教育建筑空间随着时代的变迁呈现不同的布局和空间形式，如图 1-8 所示，基本可以归结为行列式（finger plan）、集团式（loft plan）和组团式（cluster plan）。宋佳颖 [3] 在对大学教学楼的建筑空间进行研究的过程中，总结出"西方的大学建筑设计大致经历了三个阶段，包括早期的封闭式、18—19 世纪的开敞分散式和现代的整体式；而中国的大学建筑是中国近代史的产物，受教育理念、教育方法、社会经济、政治文化等多方面影响"。Sanoff H [4] 分析了不同教育建筑空间——教室特征与教学效果之间的关联关系，并给出了教育建筑空间设计评价量表；还有学者从教育理念出发分析、推导与教育理念相一致的教育建筑空间，提出未来教育建筑空间应具有灵活性特征和弹性特征 [5][6]，提出教学楼建筑交往空间设计的方法 [7] 与

① 贡欣，蒋琴华. 基于 Airpak 的办公室热环境数值模拟分析 [J]. 土木建筑工程信息技术，2019，11（6）：113-121.

② PELMORE E M. The cost of a schoolhouse[J]. Educational Leadership, 1960, 18（3）：147.

③ 宋佳颖. 带中庭的大学教学楼 [D]. 上海：同济大学，2008.

④ Sanoff H. School building assessment methods[R]. 2001.

⑤ 严莹. 新型中小学校普通教室设计研究 [D]. 南京：东南大学，2007.

⑥ 叶彪. 高校教学建筑发展趋势及影响因素——以清华大学第六教学楼创作实践为例 [J]. 建筑学报，2004（5）：54-57.

⑦ 戴菲. 当代高校新型国际化教学楼设计理念探讨 [J]. 湖北师范学院学报（哲学社会科学版），2010（6）：75-77.

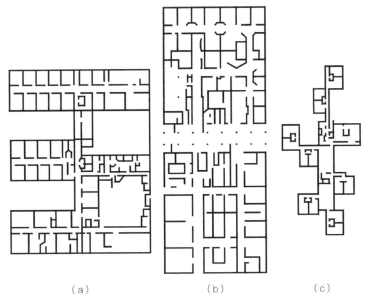

图 1-8　不同类型教育建筑空间布局
（a）行列式；（b）集团式；（c）组团式
（来源：E Mark Pelmore. The cost of A Schoolhouse）

原则[1][2]，并将学习空间进一步细化为正式学习空间和非正式学习空间[3]，还给出了空间分布、空间特征[4]。如将现代高校教学楼设计模块化，提出大（14.4m×9m）、中（14.4m×8m）、小（10.8m×7.2m）三类典型教学空间[5]。

1.3.2.2　高校建筑空间设计与室内物理环境密切相关

在高校建筑空间与室内热环境研究方面：外文文献中高校教室研究包含多种内容，如高校建筑遮阳效果、太阳能烟囱及教室能耗、环境监测方法等。Hoyano A 以高校教室热环境温度为衡量标准，对比不同类型遮阳方式的遮阳效果，指出遮阳在减少建筑物接收太阳辐射、降低建筑制冷负荷、控制室内温度等方面效果显著[6]；Khedari J 等利用模型实验研究了太阳能烟囱位于高校建筑中的不同位置的通风效果差异，指出在炎热气候区高校建筑中使用太阳能烟囱能够有效降低建筑室内的温度[7]；Perez Y V 等利用软件模拟，建立了多种教室通风

① 李捍无，尚幼荣. 现代高校教学楼设计理论研究 [J]. 洛阳工业高等专科学校学报，2003，13（4）：5-6.
② 王妍妍，陈家欢. 高校教学楼建筑交往空间设计研究 [J]. 商丘师范学院学报，2018，34（9）：67-69.
③ 郑天淼. 华南地区高校教学楼非正式学习空间研究 [D]. 深圳：深圳大学，2018.
④ 张建涛，刘文佳. 现代教学建筑中非课堂教学空间解析 [J]. 华中建筑，2003（5）：87-89.
⑤ 黄资祥. 现代高校教学楼设计的模块化与通用性探讨——谈"湖南文理学院第三教学楼"设计实践的体会 [J]. 中外建筑，2005（3）：53.
⑥ Hoyano A. Climatological uses of plants for solar control and the effects on the thermal environment of a building[J]. Energy & Buildings, 1988, 11（1）：181-199.
⑦ Khedari J, Boonsri B, Hirunlabh J. Ventilation impact of a solar chimney on indoor temperature fluctuation and air change in a school building[J]. Energy & Buildings, 2000, 32（1）：89-93.

模型，通过对比不同类型教室通风模型的能耗水平及舒适度水平，分析了湿热地区教室通风设计对能耗的影响，指出教室良好的通风效果能够降低55%~75%的夏季制冷能耗，能够节约30%~40%的电能[1]。我国学者对高校教室物理环境的讨论包括但不限于分析朝向对教室空间热环境的影响[2]、不同层位置对教室空间热环境的影响[3]。

1.3.2.3 高校教室物理环境控制与优化持续受到关注

在教室空间物理环境影响因素方面：徐菁对关中地区小学教室进行了研究，分析了教室空间主要热环境影响因素，包括太阳辐射、外部温湿度、室内空间热量传递，如图1-9所示[4]；付艳华等对沈阳地区高校教学楼室内热环境进行了研究，研究结果表明教学楼室内热舒适度主要受空气温度影响[5]。Jitka Mohelníková等对中欧学校教室环境进行了研究，指出太阳能是教室热稳定和采光的重要影响因素，建筑围护结构的性能与采光是教室环境改造重要考虑的对象[6]，如图1-10所示。

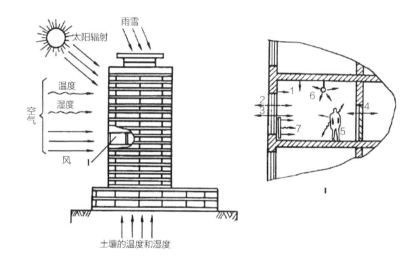

图 1-9 建筑热环境影响因素分析

1—围护结构传热；2—太阳辐射；3—室内外空气交换；4—与邻室空气交换；
5—室内人员的产热产湿；6—室内照明的产热；7—室内设备的产热产湿
（来源：徐菁. 关中地区农村小学教室室内热环境研究）

① Perez Y V, Capeluto I G. Climatic considerations in school building design in the hot–humid climate for reducing energy consumption[J]. Applied Energy, 2009, 86（3）：340-348.

② 何金春，唐文静，杨丹. 高校教学楼不同朝向教室照明能耗和夏季热环境对比研究 [J]. 建筑节能，2018，46（11）：38-40.

③ 江宗渟，张亮山. 莆田地区高校教学楼夏季室内热环境实测与分析——以湄洲湾职业技术学院为例 [J]. 中外建筑，2018（4）：62-64.

④ 徐菁. 关中地区农村小学教室室内热环境研究 [D]. 西安：西安建筑科技大学，2013.

⑤ 付艳华，郑繁，高雁鹏. 冬季高校教学楼室内热舒适度影响指标 [J]. 辽宁工程技术大学学报（自然科学版），2015（34）：599.

⑥ Jitka Mohelníková, Miloslav Novotný, Pavla Mocová. Evaluation of school building energy performance and classroom indoor environment[J]. Energies, 2020：13.

图 1-10 教室热环境

（来源：Jitka Mohelníková, Miloslav Novotný, Pavla Mocová.
Evaluation of school building energy performance and classroom indoor environment）

　　教室物理环境重要控制指标研究包括热中性温度、新有效温度等。研究成果如：Kwok 系统地研究了热带地区小学教室空间的室内物理环境，包括物理环境相关评价指标、测试方法、教室空间设计理念演变至教室空间物理环境优化策略等多个方面，最终通过统计分析使用者的满意度情况指出该类自然通风建筑空间室内的新有效温度为 24.3℃[1]，如图 1-11 所示；杨松[2] 通过对哈尔滨地区高校教室进行实地检测和主观评价研究发现，该地区高校教室的热中性温度范围为 19.6～24.4℃；宗宏利用 Airpark 软件分析了高校教室热源、通风孔对教室室内温度和舒适度评价指标 PMV-PPD 的影响，结合实测数据、主观评价问卷建立了高校教室热舒适度模糊综合评价模型[3]；朱卫兵等依据所调研的教室空间物理环境数据和主观评价数据，建立了教室空间的热舒适模型，确定了热中性温度与热期望温度，并发现我国（哈尔滨地区）冬季教室的可接受温度下限低于国外研究结果[4]；王剑等结合 BP 人工神经网络技术与实地调研和主观评价数据，建立了高校教室的热舒适度评价模型[5]；陶求华等[6] 通过分析厦门地区高校教室冬季热环境特征，获得了该地区高校教室热中性温度和平均热感觉回归方程。

　　在教室空间物理环境研究基础上，不同学者从多方面提出了优化策略。如：王洪光[7] 采

① Kwok A G. Thermal comfort in naturally-ventilated and air-conditioned classrooms in the tropics[M]. UC Berkeley, 1997.

② 杨松. 严寒地区高校教室热舒适研究 [D]. 哈尔滨：哈尔滨工程大学，2007.

③ 宗宏. 高校教室热环境模糊综合评判及数值模拟 [D]. 哈尔滨：哈尔滨工程大学，2008.

④ 朱卫兵，张小彬，杨松，等. 哈尔滨市某高校教室冬季热舒适研究 [J]. 建筑热能通风空调，2008，27（5）：1-5.

⑤ 王剑，王昭俊，郭晓男. 基于神经网络的哈尔滨高校教室热环境特征模型研究 [J]. 建筑科学，2009，25（8）：89-93.

⑥ 陶求华，李莉. 厦门高校教室冬季热环境测试及热舒适预测 [J]. 暖通空调，2012，42（4）：72-75.

⑦ 王洪光. 西安地区高校教室室内热环境研究 [D]. 西安：西安建筑科技大学，2005.

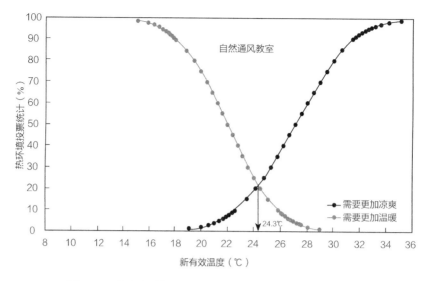

图 1-11　教室室内热环境——新有效温度评价研究结论示例
（来源：Kwok A G. Thermal comfort in naturally-ventilated and air-conditioned
classrooms in the tropics）

用实地测试与主观评价相结合的方法，研究了西安地区高校教室内部热环境，指出在不同季节该地区高校教室内部热环境面临的问题不同，并针对这些问题提出了该地区高校教室热环境的设计策略；李莺[①]总结分析了湖北地区通过设计高校教学楼中庭空间进而优化室内热环境的方法；邱静等[②]对武汉高校教室室内热环境进行研究发现，不注重夜间通风和不适宜的开窗方式是影响该类空间室内热环境的主要因素，并提出了改善策略。刘洋指出，我国高校传统教学楼普遍存在环境差、能耗较高的问题[③]，而建筑的围护结构对建筑能耗的影响较大，使用功能、当地气候特征等对建筑能耗也有影响[④]。因此针对严寒地区、温和地区高校教学楼进行研究，并从建筑整体布局、建筑平面布局、建筑形体、节能措施等方面提出优化策略的研究也较多[⑤⑥]。Li 等通过软件模拟建筑中多种空调系统状态，分析了不同类型空间中的空调系统对建筑热环境的影响，优化了空调设计的途径[⑦]；闫丙宏等利用 Dest 软件模拟河北某高校典型教室全年的热环境，结合实地测试和主观评价结果发现，该建筑中的首层北向教室

① 李莺. 湘北地区高校教学楼可调节式生态中庭设计策略 [J]. 四川建筑科学研究，2011，37（6）：274-276.
② 邱静，凌强. 武汉高校公共教室夏季热环境的实测研究 [J]. 华中建筑，2014（5）：32-35.
③ 刘洋. 高校教学楼建筑更新改造研究 [D]. 大连：大连理工大学，2012.
④ 牛萌萌，宣永梅，毛灿. 高校建筑夏季室内热环境研究现状与应用 [J]. 绿色科技，2016（2）：97-101.
⑤ 陈立胜，肖金强. 浅谈严寒地区既有高校教学楼的节能改造 [J]. 建材与装饰，2019（25）：88-89.
⑥ 赵仁鹏. 温和地区高校教学楼建筑设计的生态模式探讨 [D]. 昆明：昆明理工大学，2013.
⑦ Li Q, Yoshino H, Mochida A, et al. CFD study of the thermal environment in an air-conditioned train station building[J]. Building & Environment, 2009, 44（7）：1452-1465.

的热环境满意率最高[①]；李彪等通过对哈尔滨地区冬季高校教室的空气品质和舒适度水平进行实地调查分析，得到该地区教室湿度和空气质量满意率评价结果低、温度满意率评价结果较好的结论[②]；李昇翰等指出未来应当从微观热舒适评价、不同气候区、室内外环境相互作用效果、建筑空间特征等方面深入研究我国高校建筑的热环境[③]。

对上述高校建筑相关研究成果进行分析发现：

（1）高校教学楼空间设计受教育理念影响，现代高校建筑空间设计向集约化、灵活化和模块化发展，空间更加简洁实用。

（2）对建筑物理环境的思考会直接影响高校建筑的空间形态特征，其中被动式技术在高校建筑中备受推崇，中庭、通风塔等技术在南方该类建筑中广泛采用。

（3）教室空间热环境优化研究是高校建筑研究领域的重要组成部分。

（4）高校建筑空间设计与室内热环境存在关联性，教室空间所在层数、位置、朝向等因素均对室内热环境有影响，其中温度指标、舒适度指标是衡量该空间热环境的重要指标。

（5）教室内部物理环境对教室满意度有重要影响。良好的空间环境设计能够有效改善该环境。

（6）我国高校教室内部热环境研究成果主要集中在对教室热中性温度和舒适度方面的探讨，对高校教室内部热环境的变化和整体特征的探讨较少。

1.3.3 建筑热环境评价研究现状

热环境评价的最终目的是为了优化该环境，使其适应不同气候条件，满足人的需求。现有热环境评价研究主要分为间接的热环境主观评价、直接的热环境客观评价两类，两者的关系如图 1-12 所示。基于人的热环境主观评价主要从人的生理心理角度出发，结合人的着装、活动量特性研究人的热感觉或热舒适度并建立相关的模型，间接给出人所处的热环境水平或是对所处的热环境进行评价。基于环境本身的热环境评价主要考量热环境相关物理参数，如温度、湿度等。本研究及相关研究还着重考虑了形成热环境的围合空间特征，利用该特征直接给出热环境所处水平或评价标准，或者从上述热环境特征参数出发提出控制方法或营造建议，并进一步给出评价标准。

① 闫丙宏，杨华，孙春华. 某高校教室室内热环境分析及数值模拟 [J]. 东南大学学报（英文版），2010，26（2）：262-265.
② 李彪，朱蒙生，展长虹，等. 哈尔滨冬季高校教室 IAQ 及热舒适现场研究 [J]. 节能技术，2010，28（4）：336-341.
③ 李昇翰，曹丹纶. 国内高校建筑热环境现场研究的现状及展望 [J]. 建筑热能通风空调，2020，39（1）：67-71.

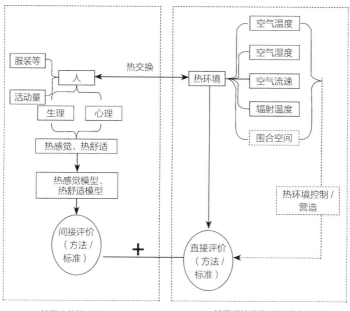

图 1-12　建筑热环境评价主要研究内容关系图

1.3.3.1　人体生理指标与热环境评价

　　热环境中的人体生理指标是研究主观评价热环境的重要依据。Gagge 通过研究不同类型热环境中的人体生理反应参数特征，提出了基于人体生理反应特征的热环境预测方法，并给出了该预测方法的使用条件和计算公式[1]；《热环境》[2]一书中归纳了不同人体新陈代谢率、着装率等因素对热环境的影响；Brager 等从人体生理反应特征出发，分析了人体热环境适应阶段（行为调节、生理调节和心理期望）和不同热环境条件对热环境评价模型的影响[3]；Tanabe 等通过对真人在热环境中的生理参数进行测试和模拟，建立了一种可以用于评价不均匀热环境的计算模型——MANIKIN 模型[4]；Gagge 等在其论文中讨论了人体与环境传热机理[5]；Parsons 在其著作中也系统讲述了人体与热环境的相关知识[6]；Gao 等在其论文中回顾了人体

① Gagge A P. A standard predictive index of human response to the thermal environment[J]. Ashrae Transactions, 1986, 92：709-731.
② 魏润柏，徐文华. 热环境 [M]. 上海：同济大学出版社，1994.
③ Brager G S, Dear R J D. Thermal adaptation in the built environment: a literature review[J]. Heating Ventilating & Air Conditioning, 2011, 27（1）：83-96.
④ Tanabe S, Zhang H, Arens E A, et al. Evaluating thermal environments by using a thermal manikin with controlled skin surface temperature[J]. Ashrae Transactions, 1994, 100（1）：39-48.
⑤ Gagge A P, Nishi Y. Heat exchange between human skin surface and thermal environment[M]// Comprehensive physiology. John Wiley & Sons, Inc., 2011.
⑥ Parsons K. Human thermal environments：The effects of hot, moderate, and cold environments on human health, comfort, and performance[M]. CRC Press, Inc., 2014.

热环境模拟研究中涉及的人体几何形体设计、人体湍流模型、人体模型边界条件设计等问题并针对这些问题给出了优化建议 [1]。

1.3.3.2　建筑热环境主观评价影响因素

　　Ulrich Ebbecke 指出人体热感觉与人体皮肤感受器有关，而热舒适是人体深度感受器感应周围环境温度变化的结果，所以人体热舒适感觉无法直接测试，只能采用问卷调查法间接获得 [2]；Bedford 在其著作中对这种热舒适感觉进行了等级划分，提出了贝氏 7 级热舒适评价方法 [3]（7—过分暖和、6—太暖和、5—令人舒适的暖和、4—舒适、3—令人舒适的凉快、2—太凉快、1—过分凉快）；ASHRAE 将贝氏 7 级热舒适评价方法修正为：+3—热、+2—暖、+1—稍暖、0—中性、–1—稍凉、–2—凉、–3—冷 [4]。

　　Fanger [5] 指出人体热舒适度水平受空气温度、室内平均辐射温度、气流速度、空气相对湿度、人体活动水平、着装水平 6 个主要因素影响并提出了这 6 个影响因素与人体热舒适度水平的关系方程式 [6]。这一热舒适度关系方程式后期成了国际上用于评价环境热舒适度的核心和基础。但是这个方程式只能告诉人们在满足此参数组合时人体感受到的热舒适度水平，而环境发生变化时则不能利用上述方程式预测人体热舒适度。因此 Fanger 又在之后的研究中提出预测平均投票值（Predicted Mean Vote，PMV）[7] 来描述建筑空间热环境的舒适度水平 [8]，即 PMV 等于 –3 表示冷、–2 表示凉、–1 表示稍凉、0 表示中性、1 表示稍暖、2 表示暖、3 表示热。

　　从上述研究成果可见建筑热环境舒适性影响因素较多，统计方法较多，但是上述统计方法具有一定的相关性和一致性。如表 1-2 所示，热环境的舒适度评价标准均分为 7 级，对应温度从冷到暖，不同方法相互承接且划分标准接近。

[1] Gao N P, Niu J L. CFD study of the thermal environment around a human body: A review[J]. Indoor & Built Environment, 2005, 14（1）: 5-16.

[2] Ulrich Ebbecke. Über die temperaturempfindungen in ihrer abhängigkeit von der hautdurchblutung und von den reflexzentren[J]. Pflügers Archiv Für Die Gesamte Physiologie Des Menschen Und Der Tiere, 1917, 169（5-9）: 395-462.

[3] Bedford T. The warmth factor in comfort at work: A physiological study of heating and ventilation[M]. 1936.

[4] ASHRAE. ASHRAE guide and data book: Application for 1966 and 1967[M]. New York, 1966.

[5] Fanger P O. Calculation of thermal comfort, introduction of a basic comfort equation[J]. Ashrae Transactions, 1967, 73（2）: 1-20.

[6] Fanger P O. Thermal comfort: Analysis and applications in environment engeering[J]. Thermal Comfort Analysis & Applications in Environmental Engineering, 1972: 225-240.

[7] Fanger P O. Assessment of man's thermal comfort in practice[J]. British Journal of Industrial Medicine, 1973, 30（4）: 313.

[8] Fanger P O, Ipsen B M, Langkilde G, et al. Comfort limits for asymmetric thermal radiation[J]. Energy & Buildings, 1985, 8（3）: 225-236.

室内热环境——热舒适常用评价方法　　　　　　　　　　　　表 1-2

Bedford	标尺	ASHRAE	标尺	Fanger	PMV 标尺	接受度	需求
1	过分凉快	-3	冷	-3	冷	不可接受	希望更暖
2	太凉快	-2	凉	-2	凉		
3	令人舒适的凉快	-1	稍凉	-1	稍凉	可接受	合适
4	舒适	0	中性	0	中性		
5	令人舒适的暖和	+1	稍暖	+1	稍暖		
6	太暖和	+2	暖	+2	暖	不可接受	希望更冷
7	过分暖和	3	热	3	热		

来源：依据 Bedford T. The warmth factor in comfort at work；ASHRAE guide and data book: application for 1966 and 1967；Fanger P O. Assessment of man's thermal comfort in practice 整理。

　　北美供暖制冷空调工程师学会（ASHRAE）的标准 ASHRAE 55—2004[1] 中给出了热舒适的定义，指出热舒适是对热环境表示满意的意识状态，其主观感觉与人体因素和物理环境因素有关。人体因素包括：着衣量、人体活动水平、适应能力、平均皮肤温度、局部皮肤温度、出汗率、个体差异；物理环境因素包括：环境空气温度、平均辐射温度、湿度和风速。热舒适的主观评价方法是让受试者暴露在一定的热环境中，并根据受试者的热反应或评价来建立数据库或拟合经验模型的评价方法。在 ISO 7730：2005（E）标准中采用了 PMV 指标，用于对建筑室内热环境的舒适度水平进行评价，同时为解决由于个体差异引起的热环境舒适度评价结果不同的问题，该标准还给出了预测不满意率 PPD 指标[2]。

　　我国国家标准《热环境的人类工效学　通过计算 PMV 和 PPD 指数与局部热舒适准则对热舒适进行分析测定与解释》GB/T 18049—2017[3] 和《热环境人类工效学　使用主观判定量表评价热环境的影响》GB/T 18977—2003[4] 中提出了热环境舒适度的主观判定量表；对比国内外热环境主观评价各项指标（表 1-3）发现国内外绝大部分热环境舒适度主观评价指标是相同的，少部分指标存在差异，如在我国标准中非人工热环境的舒适度评价指标为 APMV，而 ISO 和 ASHRAE 55—1992 中未发现此指标。

　　PMV、PPD 的相关研究成果还包括：Huizenga 等在原有六段、四层的人体模型中增加了人体血液模型评价非均匀热环境的舒适度[5]；Humphreys 等对 ISO 7730 中的 PMV 热舒适度

[1] Thermal environmental conditions for human occupancy. ASHRAE Standard 55—2004[S].

[2] Ergonomics of the thermal environment：Analytical determination and interpretation of thermal comfort using calculation of the PMV and PPD indices and local thermal comfort criteria. ISO 7730：2005（E）[S].

[3] 中国标准化研究院，青岛海尔空调器有限总公司，中标能效科技（北京）有限公司，等. 热环境的人类工效学 通过计算 PMV 和 PPD 指数与局部热舒适准则对热舒适进行分析测定与解释：GB/T 18049—2017[S]. 北京：中国标准出版社，2017.

[4] 中国标准研究中心，北京大学，北京市预防医学研究中心，等. 热环境人类工效学 使用主观判定量表评价热环境的影响：GB/T 18977—2003[S]. 北京：中国标准出版社，2003.

[5] Huizenga C, Hui Z, Arens E. A model of human physiology and comfort for assessing complex thermal environments[J]. Building & Environment, 2001, 36（6）：691-699.

评价指标进行了研究，指出空调房间与自然通风房间的热环境基础数据的差异会导致两类空间的 PMV 指标计算结果存在 ± 0.5 的偏离[1]；Zhang 等通过对真人进行局部热感测试得出了适用于非均匀热环境的舒适度评价模型[2]；Karjalainen 对芬兰的住宅、学校、办公空间内的男性、女性的热舒适性差异进行了问卷调查和实验研究，指出男性、女性在热舒适性、温度偏好、采暖设备的使用等方面存在较大差异[3]；Corgnati 等对意大利四所高中和大学教室的舒适度进行了研究，指出上课期间教室内部的声、光、热环境均对舒适度水平有影响[4]；王芳等[5]对怒江中游高海拔山区的传统竹篾房和新建砌体房内的热环境进行了测试，使用 PMV-PPD指标评价了该类空间的室内舒适度，并从材料、构造等方面总结了热环境控制经验和问题；李伊洁等从热环境评价基础、评价方法使用条件、舒适区域三个方面对比分析了 ISO 7730：2005、ASHRAE 55—2010、GB/T 50785—2012 三个评价标准，指出这三个评价标准的基础均是 Fanger 人体热舒适理论，该评价方法对空调建筑较实用，而自然通风建筑的评价方法还有待于进一步提出，同时我国的热舒适区较宽，说明稳态的空调热环境在我国并不可取，非稳态的热环境控制与评价才是目标[6]；党睿等[7]对北京某大型商业综合体进行了热环境测试，并使用 PMV-PPD 模型对其热感觉进行了预测，并给出了优化方法；李坤明[8]以广州为例研究了不同季节住区热环境舒适度的环境参数偏好，并使用热舒适适用性指标 TSV_（model）优化热环境设计水平，指出 ENVI-met 4.0 可有效预测该类热环境；朱小雷采用使用后评价指标 POE 对广州 192 个保障房住户的室内环境主观感受进行了评价，该指标中热环境方面的评价综合使用了客观的温湿度指标和主观的热舒适度指标[9]。

[1] Humphreys M A, Nicol J F. The validity of ISO-PMV for predicting comfort votes in every-day thermal environments[J]. Energy & Buildings, 2002, 34（6）：667-684.
[2] Zhang H, Huizenga C, Arens E, et al. Thermal sensation and comfort in transient non-uniform thermal environments[J]. European Journal of Applied Physiology, 2004, 92（6）：728-733.
[3] Karjalainen S. Gender differences in thermal comfort and use of thermostats in everyday thermal environments[J]. Building & Environment, 2007, 42（4）：1594-1603.
[4] Corgnati S P, Filippi M, Viazzo S. Perception of the thermal environment in high school and university classrooms：Subjective preferences and thermal comfort[J]. Building & Environment, 2007, 42（2）：951-959.
[5] 王芳，陈敬，刘加平. 怒江中游高海拔山区民居冬季室内热环境评价与分析 [J]. 四川建筑科学研究，2017（3）：144-148.
[6] 李伊洁，刘何清，刘天宇，等. 国内外通用室内环境热舒适评价标准的分析与比较 [J]. 制冷与空调（四川），2017, 31（1）：14-22.
[7] 党睿，闫紫薇，刘魁星，等. 寒冷地区大型商业综合体冬季室内热舒适评价模型研究 [J]. 建筑科学，2017（12）：16-21.
[8] 李坤明. 湿热地区城市居住区热环境舒适性评价及其优化设计研究 [D]. 广州：华南理工大学，2017.
[9] 朱小雷. 广州典型保障房居住空间环境质量使用后评价及评价指标敏感性探索 [J]. 西部人居环境学刊，2017, 32（3）：23-29.

表 1-3

热舒适度主观评价指标统计表

序号	标准/规范编号	评价指标	计算方法	适用范围	指标标准
1	GB/T 50785—2012, GB/T 18049—2017, ISO 7730: 2005 (E)	预测平均热感觉指标 (PMV)	$PMV = [0.303 \cdot \exp(-0.036 \cdot M) + 0.028] \cdot \Big\{ (M-W) - 3.05 \cdot 10^{-3} \cdot [5733 - 6.99 \cdot (M-W) - P_a] - 0.42 \cdot [(M-W) - 58.15] - 1.7 \cdot 10^{-5} \cdot M \cdot (5867 - P_a) - 0.0014 \cdot M \cdot (34 - t_a) - 3.96 \cdot 10^{-8} \cdot f_{cl} \cdot \big[(t_{cl} + 273)^4 - (\bar{t}_r + 273)^4 \big] - f_{cl} \cdot h_c \cdot (t_{cl} - t_a) \Big\}$	人工稳定热环境	I级: $-0.5 \leqslant PMV \leqslant +0.5$ II级: $-1 \leqslant PMV < -0.5$ 或 $+0.5 < PMV \leqslant +1$ III级: $PMV < -1$ 或 $PMV > +1$
2	GB/T 50785—2012, GB/T 18049—2017, ISO 7730: 2005 (E)	预计不满意者百分数 (PPD)	$PPD = 100 - 95 \cdot \exp\left(\begin{array}{c} -0.003353 \cdot PMV^4 \\ -0.2179 \cdot PMV^2 \end{array} \right)$	稳定热环境	I级: $PPD \leqslant 10\%$ II级: $10\% < PPD \leqslant 25\%$ III级: $PPD > 25\%$
3	GB/T 50785—2012	局部不满意率 (LPD$_1$)	$LPD_1 = (34 - t_{a,l}) \left(\bar{v}_{a,l} - 0.05 \right)^{0.62} \left(0.37 \cdot v_{a,l} \cdot T_u + 3.14 \right)$	局部冷辐射评价	I级: $LPD_1 < 30\%$ II级: $30\% \leqslant LPD_1 < 40\%$ III级: $LPD_1 \geqslant 40\%$
4	GB/T 50785—2012	局部不满意率 (LPD$_2$)	$LPD_2 = \dfrac{100}{1 - \exp(5.76 - 0.856 \cdot \Delta t_{a,v})}$	垂直空气温度差	I级: $LPD_2 < 10\%$ II级: $10\% \leqslant LPD_2 < 20\%$ III级: $LPD_2 \geqslant 20\%$
5	GB/T 50785—2012	局部不满意率 (LPD$_3$)	$LPD_3 = 100 - 94 \cdot \exp\left(\begin{array}{c} -1.387 + 0.118 \cdot t_f \\ -0.0025 \cdot t_f^2 \end{array} \right)$	冷热地板评级	I级: $LPD_3 < 15\%$ II级: $10\% \leqslant LPD_3 < 20\%$ III级: $LPD_3 \geqslant 20\%$
6	GB/T 50785—2012	预计适应性平均热感觉指标 (APMV)	$APMV = \dfrac{1}{\dfrac{1}{PMV} + \lambda \cdot PMV}$	非人工热环境	I级: $-0.5 \leqslant APMV \leqslant 0.5$ II级: $-1 \leqslant APMV < -0.5$ 或 $0.5 < APMV \leqslant 1$ III级: $APMV < -1$ 或 $APMV > 1$

续表

序号	标准/规范编号	评价指标	计算方法	适用范围	指标标准
7	ISO 7730: 2005 (E)	Draught Rate (DR)	$DR = (34 - t_{a,l})\left(\bar{v}_{a,l} - 0.05\right)^{0.62}\left(0.37 \cdot \bar{v}_{a,l} \cdot T_u + 3.14\right)$	气流强度	A: DR < 10% B: DR < 20% C: DR < 30%
8	ISO 7730: 2005 (E)	不满意率(PD)	$PD = \dfrac{100}{1 - \exp\left(5.76 - 0.856 \cdot \Delta t_{a,v}\right)}$	垂直温度差	A: PD < 3% B: PD < 5% C: PD < 10%
9	ISO 7730: 2005 (E)	不满意率(PD)	$PD = 100 - 94 \cdot \exp\left(\begin{array}{c}-1.387 + 0.118 \cdot t_f \\ -0.0025 \cdot t_f^2\end{array}\right)$	冷热地板	A: PD < 10% B: PD < 10% C: PD < 15%
10	ISO 7730: 2005 (E)	不满意率(PD)	$PD = \dfrac{100}{1 + \exp\left(2.84 - 0.174 \cdot \Delta t_{pr}\right)} - 5.5$	热顶评价	A: PD < 5% B: PD < 5% C: PD < 10%
11	ISO 7730: 2005 (E)	不满意率(PD)	$PD = \dfrac{100}{1 + \exp\left(6.61 - 0.345 \cdot \Delta t_{pr}\right)}$	冷墙评价	A: PD < 5% B: PD < 5% C: PD < 10%
12	ISO 7730: 2005 (E)	不满意率(PD)	$PD = \dfrac{100}{1 + \exp\left(9.93 - 0.50 \cdot \Delta t_{pr}\right)}$	冷顶评价	A: PD < 5% B: PD < 5% C: PD < 10%
13	ISO 7730: 2005 (E)	不满意率(PD)	$PD = \dfrac{100}{1 + \exp\left(3.72 - 0.052 \cdot \Delta t_{pr}\right)} - 3.5$	热墙评价	A: PD < 5% B: PD < 5% C: PD < 10%

来源：依据《民用建筑室内热湿环境评价标准》GB/T 50785—2012、《热环境的人类工效学 通过计算 PMV 和 PPD 指数与局部热舒适进行分析测定与解释》GB/T 18049—2017、《Ergonomics of the thermal environment: Analytical determination and interpretation of thermal comfort using calculation of the PMV and PPD indices and local thermal comfort criteria》ISO 7730: 2005 (E) 整理。

1.3.3.3 建筑热环境客观评价指标与非稳态热环境

我国热湿环境客观评价指标主要体现在《民用建筑室内热湿环境评价标准》GB/T 50785—2012 中，该标准是我国建筑室内热湿环境设计与研究的重要依据。该标准中的热环境评价指标与 ASHRAE 55 中的相关指标大部分一致，如图 1-13 所示。两项评价标准中有温度、湿度、风速等多个相关指标，同时也规定了测试周期、体感温度、垂直温度等特殊要求。相关标准中还给出了不同类型热环境的评价方法，在我国《民用建筑室内热湿环境评价标准》GB/T 50785—2012 中，针对非人工热环境的评价方法采用的是 APMV 指标，而该指标其实是在 PMV 指标基础上提出的。同样，对于存在垂直温度差、冷板辐射等现象的非均匀热环境的评价方法和等级划定均依据体现人体舒适度的满意率或不满意率比值，这些指标并不是使用客观参数进行的热环境评价，也不能准确地反映出热环境中的哪一个部分出现问题。因此，这些评价方法也会有前面所提及的热环境主观评价方法的不足。

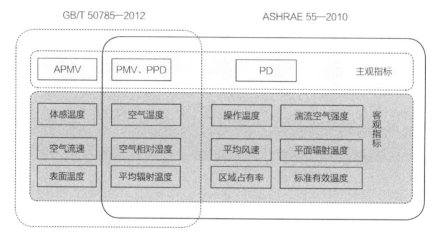

图 1-13 《民用建筑室内热湿环境评价标准》GB/T 50785—2012 与 ASHRAE 55—2010 中热环境客观评价指标对比分析

对于建筑热环境客观评价指标，ASHRAE 55—1992 中给出了空气相对湿度、环境风速、辐射温度、地面温度、干球温度等热环境客观指标，该标准还给出了服装热阻、体感温度、不稳定状态（nonsteady state）、温度测试周期、垂直温度测试等数据的测试和查询方法[1]；我国《民用建筑室内热湿环境评价标准》GB/T 50785—2012 中给出了热环境中的空气温度、平均辐射温度、表面温度、体感温度、空气相对湿度、空气流速等指标以及相应标准和指标测试方法[2]。

对于非稳态的建筑热环境，ISO 7730：2005 给出了温度变化的极限值，如图 1-14 所示。从图中可以看出，人员在不同时间段内能够接受的温度变化的极限值在 1.1 ~ 3.3℃之间。其

① Thermal environmental conditions for human occupancy. ASHRAE 55—1992[S].
② 重庆大学，中国建筑科学研究院. 民用建筑室内热湿环境评价标准：GB/T 50785—2012[S]. 北京：中国建筑工业出版社，2012.

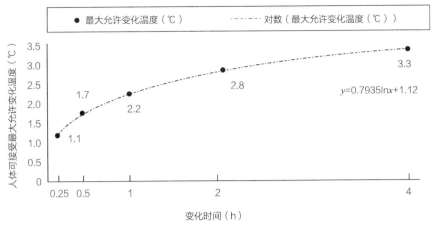

图 1-14　非稳态热环境中人体可接受温度变化范围与时间关系图
（来源：依据 ISO 7730：2005 数据整理）

中在建筑热环境中常以每小时温度变化范围在 2.2℃以内作为人体比较能够接受的范围度量
标准。而对于同一空间、时间内的热环境则依据特征区域温度的差异值划分热环境的类别。
在国际标准 ISO 7730 中建筑热环境可以划分为 3 个等级，从高到低分别为 A、B、C 级，
但划分等级的依据较多，如头脚垂直温度差、地板表面温度差、PMV 值等。如表 1-4 所示，
从这些标准值中可以看出该等级划分主要注重于某一个指标而不是建筑热环境整体，由此
当一个建筑热环境中头脚垂直温度差小于 2℃，地板表面温度范围值为 20℃时，这个热环
境等级将很难定义是 A 级、C 级还是介于两者之间。目前作者还未发现针对此类热环境的
评价方法。

建筑热环境相关分类标准　　　　　　　　　　　　　　　表 1-4

划分依据	热环境等级		
	A 级	B 级	C 级
头脚垂直温度差（℃）	< 2	< 3	< 4
地板表面温度范围（℃）	19～29	19～29	17～31
冷墙（℃）	< 10	< 10	< 13
冷天花板（℃）	< 14	< 14	< 18
PPD（%）	< 6	< 10	< 15
PMV	−0.2 < PMV < +0.2	−0.5 < PMV < +0.5	−0.7 < PMV < +0.7
教室冬季作业温度（℃）	22.5±1.0	22.5±2.0	22.5±2.0

来源：依据《Moderate thermal environments-determination of the PMV and PPD indices and specification of the conditions
for thermal comfort》ISO 7730 整理。

国内外有关建筑热环境评价指标的研究成果集中在热环境的温度指标，尤其是针对不同
建筑类型、环境提出不同的热中性温度。如研究指出办公空间的热中性温度冬季应为 22℃、

夏季应为 22.6℃[1]；上海居住小区的热中性温度范围为 14.7~29.8℃[2]；我国中部地区城市住宅的热中性温度为 22.8℃[3]；高校教室、图书馆的热中性温度范围为 19.6~24.4℃，并且该范围受性别、地域差异的影响[4]；过渡季节公共建筑内部的热中性温度范围为 18.7~22.8℃[5]；贺进提出幼儿建筑的热中性温度为 20.17℃[6]；Höppe 提出以人体生理等效温度作为整体环境温度的评价方法，并给出了生理等效温度的热平衡方程、该方程的适用范围，作为热环境评价指标[7]；李百战在《室内热环境与人体热舒适》一书中系统地讲述了热环境评价指标的内容和意义及其研究现状[8]；李百战等从热湿环境参数的分区、分等方法、评价方法、测量条件与要求等方面对国家标准《民用建筑室内热湿环境评价标准》进行了分析[9]；李百战等还针对人工冷热源环境和非人工冷热源的建筑空间热环境等级给出了一种评价方法，该方法不仅适用于不同气候区建筑，还限定了适宜的舒适度范围[10]。可见国内外有关热环境的物理参数、评价方法和标准还在不断地细化和进行深入研究。

基于物理参数指标的建筑热环境优化研究如：阴悦等分析了冬季自然对流条件下封闭式膜结构体育馆的室内热环境，研究了体育馆室内日照辐射强度、风速、黑球温度、相对湿度等热环境参数及预测投票平均值和预测不满意百分率[11]；王牧洲等选取上海和武汉两个城市的住宅进行了为期 3 个月的室内温湿度记录，分析了我国夏热冬冷地区的住宅建筑室内热舒适问题[12]；刘磊等对我国北方严寒气候区的开敞式庭院内部温度数据进行了测试，讨论了室内外热环境的特征[13]；王丽洁等研究了天津地区高校宿舍夏季室内温度、空气湿度和流速，找出了

① Schiller G E, Arens E A, Bauman F S, et al. A field study of thermal environments and comfort in office buildings[J].Ashrae Transactions, 1988, 94（2）: 280-308.

② Ye X J, Zhou Z P, Lian Z W, et al. Field study of a thermal environment and adaptive model in Shanghai[J]. Indoor Air, 2006, 16（4）: 320-326.

③ Han J, Zhang G, Zhang Q, et al. Field study on occupants' thermal comfort and residential thermal environment in a hot-humid climate of China[J]. Building & Environment, 2007, 42（12）: 4043-4050.

④ 何红叶. 哈尔滨某高校建筑室内热环境现状研究 [D]. 哈尔滨：哈尔滨工程大学，2007.

⑤ 袁涛，李剑东，王智超，等. 过渡季节不同气候区公共建筑热环境研究（Ⅱ）[J]. 四川建筑科学研究，2010，36（6）: 259-261.

⑥ 贺进. 幼儿园热环境测试与幼儿热舒适研究 [D]. 重庆：重庆大学，2016.

⑦ Höppe P. The physiological equivalent temperature: A universal index for the biometeorological assessment of the thermal environment[J]. International Journal of Biometeorology, 1999, 43（2）: 71.

⑧ 李百战. 室内热环境与人体热舒适 [M]. 重庆：重庆大学出版社，2012.

⑨ 李百战，景胜蓝，王清勤，等. 国家标准《民用建筑室内热湿环境评价标准》介绍 [J]. 暖通空调，2013，43（3）: 1-6.

⑩ 李百战，姚润明，喻伟. 一种建筑热湿环境等级的评估系统及方法：CN 104102789A[P]. 2014-10-15.

⑪ 阴悦，胡建辉，陈务军. 封闭式膜结构体育馆冬季热环境测试 [J]. 上海交通大学学报，2018，52（11）: 40-46.

⑫ 王牧洲，刘念雄. 夏热冬冷地区城市住宅冬季热环境后评估研究——基于武汉和上海的差异化分析 [J]. 华中建筑，2018（5）: 44-48.

⑬ 刘磊，袁琳，梁安琪. 开敞式庭院空间室内外热环境研究 [J]. 建筑节能，2018（6）: 92-95.

该类热环境产生的主要原因[①]；虞志淳等对比分析了陕西关中地区传统、自建、统建民居内的温湿度环境[②]；高旭廷等探讨了植被日光温室北墙体长度对内部温度水平的影响[③]。

1.3.3.4 建筑热传导参数与热环境评价

建筑热传导特性对建筑热环境水平有重要影响。其相关研究成果是理解热环境成因及其特征的重要依据，也是非人工状态下利用建筑手段控制热环境的重要理论依据。国内外有关建筑热传导参数的研究成果较多，如刘念雄等在《建筑热环境》一书中总结了建筑热环境相关知识，包括热环境中的人体热感觉、建筑热环境的形成过程、热环境的外部气候影响因素、建筑热环境的热量传递方式以及建筑热环境的建筑控制方法和优化策略等[④]；朱颖心在《建筑环境学》一书中讨论了热湿环境成因、围护结构传热特性、空气流速、空气质量的基本物理环境参数及其与外部环境的关系，如图 1-15 所示[⑤]；丁勇等对重庆地区农村建筑的室内热环境进行了研究，分析了各典型围护结构性能提升对室内热环境的影响，指出提升外墙、屋面和外窗的保温隔热性能对室内热环境改善效果显著[⑥]。

对国内外建筑热环境相关研究成果进行分析可见：

（1）建筑热环境相关参数研究成果比较多，这些参数可以划分为三大类别，分别是物理环境参数、热传导参数和生理参数。

（2）在现有建筑热环境相关参数研究成果中，未发现与建筑热环境有关的建筑空间形态的参数。

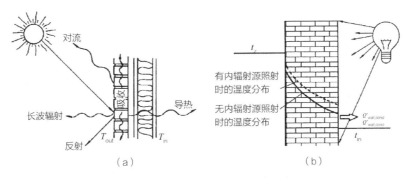

图 1-15　建筑围护结构受热及传热示意图

（a）建筑围护结构受热示意图；（b）建筑围护结构传热示意图

（来源：朱颖心. 建筑环境学）

① 王丽洁，韩儒雅. 天津某高校宿舍夏季热舒适改善研究 [J]. 建筑节能，2018，46（4）：130-133.
② 虞志淳，孟艳红. 陕西关中地区农村民居夏季室内热环境与能耗测试分析 [J]. 建筑节能，2018，46（1）：39-46.
③ 高旭廷，管勇，杨惠君，等. 兰州地区日光温室北墙体长度变化对温室热环境的影响 [J]. 北方园艺，2018（7）：53-59.
④ 刘念雄，秦佑国. 建筑热环境 [M]. 第 2 版. 北京：清华大学出版社，2016.
⑤ 朱颖心. 建筑环境学 [M]. 第 2 版. 北京：中国建筑工业出版社，2005.
⑥ 丁勇，谢源源，沈舒伟，等. 重庆地区农村建筑室内热环境关键影响因素分析 [J]. 暖通空调，2018，48（4）：19-27.

（3）建筑空间形态特征与建筑室内热环境水平的相关性研究较少，系统性阐述两者关系的成果作者尚未掌握。

（4）国内外有关建筑热环境的评价方法可分为主观评价方法和客观环境参数评价方法两种，其中主观评价方法的应用范围最广且认可度最高。

（5）建筑热环境主观评价方法的核心是利用人体舒适度感觉评价结果对建筑热环境进行等级划分。

（6）利用预计平均投票满意率和不满意率指标 PMV-PPD 进行建筑热环境评价的过程较复杂，人体服装热阻、新陈代谢率等指标难以准确获取，同时计算 PMV-PPD 指标时也需要依据相关标准中提供的计算程序进行编程计算，这给非专业人员使用该指标带来一定的难度。

（7）国内外相关标准与研究成果中关于建筑热环境的客观评价指标有干球温度、湿球温度、风速、相对湿度、辐射温度等多个常用指标，但没有针对热环境整体变化状态的相应指标。

1.3.4　研究现状总结

综上所述，有关热场、建筑热环境、教育建筑热环境、热环境评价的国内外研究成果丰富，为本研究提供了宝贵的经验。对上述研究成果进行总结，如下：

（1）**热场研究领域广泛，建筑热场空间特征有待深入讨论**

热场理论同时具有空间概念与热学原理，这一理论被广泛应用于工程、材料等领域，在城市科学研究中也备受关注。在建筑科学研究领域，现有的热场研究与热环境研究并没有显著差异。不同类型建筑热环境的空间特质有待于深入研究。

（2）**热环境评价研究持续深入，非均匀热环境评价方法亟待发展**

物理环境参数、热传导参数、生理参数是建筑热环境三类重要参数。主观评价方法和客观环境参数评价方法是建筑热环境评价的两种重要方法。国内外有关建筑热环境物理环境参数、热传导参数、生理参数特征的标准、规范、评价方法较多，这些标准、规范、评价方法能够对建筑热环境设计进行指导，却无法控制与建筑热环境密切相关的建筑空间形态设计。在现有研究成果中，未见建筑热环境与空间形态关系的系统性研究，也未建立具有空间形态特征的热环境相关评价方法。因此，基于建筑热环境特征的建筑空间形态优化设计研究有待于深入探讨。

（3）**教育建筑热环境控制方法有待深入研究**

教室空间热环境优化研究是教育建筑研究领域的重要组成部分之一。我国高校教室热环境研究成果主要集中在不同地区教室热中性温度和舒适度评价模型的差异性方面，而对高校教室内部热环境的变化和整体特征的探讨较少。我国校园建筑内部热环境特征、影响因素及控制方法有待于深入研究，高校教室热环境的系统性评价方法与控制策略需进一步完善。

1.4　创新点

（1）本研究总结了我国严寒气候区高校教室内部非均匀、非稳态热环境的温度水平、温度波动与温度分布变化规律。

（2）本研究建立了 14 个建筑空间热场相关参数的关系模型，每个模型中包含 10 个建筑空间形态参数和 2 个时间参数，该系列模型能够完成建筑空间、时间与热场之间的数据转化。

（3）本研究构建了一种可定量化评价我国严寒气候区建筑内部非均匀、非稳态热环境综合状态的评价体系——建筑空间热场评价体系，并确定了该评价体系指标阈值。该评价体系包含两级指标和两种权值，其中一级指标 3 个，有温度波动指标、温度分布指标、基本控制指标；二级指标共 14 个，有标准面舒适区域比例、标准面日温度差、空间区域比例等；两种权值包括灰类权值和体系权值。

1.5　本章小结

（1）本章阐述了我国严寒气候区高校教室空间内部非均匀热环境特征与评价方法研究的背景与目标；

（2）明确了以高校教室空间内部非均匀热环境为研究对象，以该类空间内部非均匀热环境的特征与规律、评价方法、评价指标、评价框架为研究内容；确定采用实地调研法、软件模拟法、灰色理论分析法为主要研究方法开展研究；

（3）通过对国内外建筑空间热环境的相关研究成果进行比较分析，明确了本研究在建筑热环境研究领域中所处位置及其价值；并从热场理论研究、建筑热环境研究、建筑热环境评价研究、教育建筑研究等相关成果中获得启发，在借鉴已有研究方法、成果与经验的基础上进一步深化本研究框架与内容。

2

高校教室空间热场现状
调研与模拟分析

准确把握我国严寒气候区既有高校教室空间内部非均匀热环境特征是研究其评价方法的基础，本章以归纳总结我国严寒气候区高校教室空间内部非均匀热环境特征为目标，先采用文献调研法分析现有热环境的理论研究、实验研究、模拟研究方法，再采用适用于非均匀热环境的实地测试法和 Fluent 软件热环境模拟分析法，系统性地建立我国严寒气候区高校教室空间内部非均匀热环境中温度变化范围及热环境相关参数数据集。最后结合 SPSS 统计分析、对比分析，总结出我国严寒气候区高校教室空间特征、教室空间内部非均匀热环境的外部影响因素特征、教室空间非均匀热环境变化规律。

2.1 教室空间热场相关研究方法对比分析

2.1.1 建筑空间热场研究方案分析

为深入理解我国严寒气候区高校教室热环境这个具有典型空间特征的非均匀热环境，将该环境定义为"建筑空间热场"。为研究这一对象，首先利用数据库搜索与建筑相关的"热场"研究成果，并将已有研究成果按照热场实验研究、热场理论研究与热场模拟研究进行分类分析。其次按照三类研究成果相应的研究方法，从理论上对本研究进行指导，明确热场分析相关原理，从实验研究成果中提炼本研究的实测调研方案和测试数据以及依据；最后学习相应热场模拟方法，对我国严寒气候区高校教室空间热场进行模拟。

本节研究的三类文献成果是后续我国严寒气候区高校教室空间内部非均匀热环境实地调研设计、严寒气候区高校教室空间热场特征分析及此类非均匀热环境软件模拟计算的重要参考依据。因此本研究分为文献研究、实地调查研究、模拟研究三个主要部分，三类研究彼此关联，文献研究与实地调查研究先后进行，为模拟研究提供基础数据与判据，三者共同作为分析教室空间热场特征的基础数据。研究方案如图 2-1 所示。

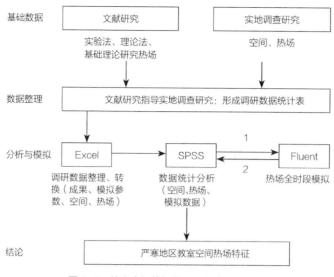

图 2-1 教室空间热场特征研究方案框架图

2.1.2 建筑空间热场实验方法分析

利用现场实验方法对建筑热场进行研究具有可靠性高、针对性强的特点。通过列举我国"建筑热场"相关研究成果中被引的多篇文献（表 2-1）发现，从 20 世纪 90 年代开始集中出现了很多文献从空间即"场"的角度出发研究建筑空间与室内温度的关系，类似研究至今仍在持续。通过对相关研究成果进行分析可得到以下结论：

（1）建筑空间热场的实验研究涉及多个方面，包括建筑热环境中温度、热舒适度、火灾模拟、建筑节能与热环境基本理论优化等。

（2）建筑热场实验研究的主要对象是建筑内外部或局部的温度、风速等参数特征或计算方法。这些研究中的"场"仅作为一个区域概念，场与温度、场与风速的关联性研究较少，而"热场""热环境"两个概念界定并不明确，各文献中"热场"与"热环境"概念交替使用。

（3）现有"建筑热场"的实验研究主要是对建筑不同区域进行现场测试，测试内容包括温度、风速、照度等热环境相关参数。再利用获得的测试结果对热环境相关参数的强度、分布状态、变化规律等进行讨论。

因此，本研究借鉴上述文献实验研究经验，拟采用实地调研法获取高校教室空间热场的温度、气流速度、照度等相关数据。实地调研数据可为后期建筑空间热场特征分析提供依据。

国内建筑热场实验研究相关文献列表 表2-1

序号	文献	研究方法
1	日光温室微气候的模拟与实验研究[①]	建立了一组描述日光温室微气候的方程组,并通过3个月的温室实测,完成了方程组的验证
2	大空间建筑室内垂直温度分布的研究[②]	大空间的垂直温度分布可使用模型实验和现场实测的方法进行研究
3	供暖房间热环境参数的实验研究及人体热舒适的模糊分析[③]	利用国际标准散热器实验平台,在不同工况下研究人体舒适度
4	太阳辐射下建筑外微气候的实验研究:建筑外表面温度[④]	通过在建筑外部均匀布设测试点记录测试数据,分析了以5层宿舍楼为例的建筑外部微气候特征
5	建筑物烟气流动性状实验研究及其预测软件的完善[⑤]	利用建筑实体进行火灾实验,通过网格化布置测试点,采集温度、照度、化学成分等数据,对火灾中的热环境进行研究
6	利用被动式太阳能改善窑居建筑室内热环境[⑥]	通过实地测试西安靠山式窑洞室内外热环境参数,结合理论计算太阳能供暖率和节能率,设计了新型窑居建筑
7	二维街谷地面加热引起的流场特征的水槽实验研究[⑦]	利用1m×1.2m×16m水箱法结合激光粒子成像速度场测量系统测试街道的流场特征
8	深圳居住建筑夏季自然通风降温实验研究[⑧]	对六户住宅(底层、顶层、标准层)室内外热环境参数进行实地测试
9	太阳能烟囱自然通风效果实验研究[⑨]	对高2m,长1m,宽度分别为1.2m、1m、0.7m、0.4m的太阳能烟囱进行了内部温度场、气流速度场和通风量的测试
10	相变墙体与夜间通风改善轻质建筑室内热环境[⑩]	使用相变材料结合EPS保温材料建造轻质建筑,对室内热环境进行了有无相变材料的对比测试
11	太阳能烟囱强化自然通风实验研究[⑪]	使用热膜模拟太阳辐射热,测高2m,长1m,宽度分别为1.2m、1m、0.7m、0.4m的太阳能烟囱内部温度场、速度场
12	民用建筑夏季热环境计算与实验研究[⑫]	通过实测的方法建立自然通风建筑围护结构与室内外热环境进行热交换的理论模型

① 李元哲,吴德让,于竹. 日光温室微气候的模拟与实验研究[J]. 农业工程学报,1994,10(1):130-136.

② 黄晨,李美玲. 大空间建筑室内垂直温度分布的研究[J]. 暖通空调,1999,29(5):28-33.

③ 薛卫华,张旭. 供暖房间热环境参数的实验研究及人体热舒适的模糊分析[J]. 建筑热能通风空调,2000,19(2):1-4.

④ 林波荣,李晓锋,朱颖. 太阳辐射下建筑外微气候的实验研究:建筑外表面温度[C]// 中国建筑学会,中国制冷学会. 全国暖通空调制冷2000年学术年会论文集,2000:327-333.

⑤ 罗庆. 建筑物烟气流动性状实验研究及其预测软件的完善[D]. 重庆:重庆大学,2002.

⑥ 杨柳,刘加平. 利用被动式太阳能改善窑居建筑室内热环境[J]. 太阳能学报,2003,24(5):605-610.

⑦ 梁彬,朱凤荣,刘辉志,等. 二维街谷地面加热引起的流场特征的水槽实验研究[J]. 大气科学进展(英文版),2003,20(4):554-564.

⑧ 马晓雯,范园园,侯余波,等. 深圳居住建筑夏季自然通风降温实验研究[J]. 暖通空调,2003,33(5):115-118.

⑨ 荆海薇. 太阳能烟囱自然通风效果实验研究[D]. 西安:西安建筑科技大学,2005.

⑩ 李百战,庄春龙,邓安仲,等. 相变墙体与夜间通风改善轻质建筑室内热环境[J]. 土木建筑与环境工程,2009,31(3):109-113.

⑪ 李安桂,郝彩侠,张海平. 太阳能烟囱强化自然通风实验研究[J]. 太阳能学报,2009,30(4):460-464.

⑫ 龚春城,张小英. 民用建筑夏季热环境计算与实验研究[J]. 建筑科学,2010,26(2):47-51.

　　结合上述文献研究结果，提出本研究对我国严寒气候区高校教室空间热场进行实地调研需注意的问题与关注点。如表2-2所示，为获得严寒气候区高校教室空间热环境相关数据，对区内典型教室空间进行了全年的非连续调研和测试；每个教室为获取一个立体的"场"空间的相关数据，在教室空间内部不同水平面高度上均匀布点进行测试；为建立建筑空间与热环境的关系，本测试指标除建筑内外热环境的相关指标外，还有与建筑相关的参数。测试设备、测试环境参照相关研究方法。

严寒气候区高校教室空间热场实地调研预案与相关研究对比分析　　　　　表2-2

对比项目	对象	
	严寒气候区高校教室空间热场实地调研预案	相关研究方法（通过文献调研获取）
对象	教室内部	教室、办公楼、住宅、体育馆、特殊热环境空间（如地下空间）
数量	不同地区多间教室（208间）用于地区内数据统计	绝大多数为单一建筑、单一空间
区域	教室空间内部不同区域（不同水平面高度网格化均匀布点）	1. 普通建筑空间内1m高水平面网格化布点； 2. 通高建筑（烟囱）内不同高度均匀化布点
指标	建筑空间及其构件相关参数、室外气候参数、空气温度、风速、照度、不同界面（墙面、地面、窗口）温度	1. 单一点测试室内外热环境； 2. 均布点测试室内外热环境； 3. 建筑空间测量
环境特征	非连续测试、空间封闭、无人、非空调建筑空间窗下墙散热器供暖状态或非供暖状态	连续测试或非连续测试，有人或无人状态，自然对流房间或封闭空间之间的相互组合方法（测试对象均为非空调建筑）
仪器	温度计、风速计、照度计、红外热像仪、测距仪	手持或固定可连续或非连续测量记录温度、风速、湿度的相关仪器

2.1.3　建筑空间热场理论研究

　　本节对1996～2016年的15篇建筑空间热场相关理论成果进行分析（表2-3），可得到以下结论：

建筑热场（热环境）相关理论研究文献分析　　　　　表2-3

序号	年份	作者	文献／著作	相关理论
1	1996	叶歆[1]	建筑热环境	系统地讲述了建筑传热过程
2	2005	刘念雄，秦佑国[2]	建筑热环境（第2版）	人与热环境、热环境相关技术、热环境设计方法、未来的热环境四个方面
3	2015	华南理工大学[3]	《建筑热环境测试方法标准》JGJ/T 347—2014	建筑热环境测试方法

① 叶歆. 建筑热环境 [M]. 北京：清华大学出版社，1996.

② 刘念雄，秦佑国. 建筑热环境 [M]. 第2版. 北京：清华大学出版社，2016.

③ 建筑热环境测试方法标准：JGJ/T 347—2014[S]. 北京：中国建筑工业出版社，2015.

序号	年份	作者	文献 / 著作	相关理论
4	2005	刘加平，杨柳[①]	室内热环境设计	讨论了不同季节室内热环境的设计方法
5	2012	李百战[②]	室内热环境与人体热舒适	湿热环境与舒适度相关理论、国内外研究方法与现状、热环境评价方法与标准等
6	2005	朱颖心[③]	建筑环境学（第2版）	讨论了热湿环境、空气流速、空气质量等基本物理环境参数与人、外部环境的关系
7	2016	刘晓华[④]	建筑热湿环境营造过程的热学原理	详细阐述了热湿环境的传热原理
8	2008	柳孝图[⑤]	建筑物理环境与设计	侧重于热环境相关参数的推导与计算方法
9	2010	王伟[⑥]	典型温和地区非空调环境下建筑室内热环境与人体热舒适的研究	如何测定温和气候区的建筑热环境及其舒适度
10	2010	杨柳[⑦]	建筑气候学	讨论了气候、建筑、环境、人之间的关系
11	1997	郦伟，董仁杰[⑧]	日光温室的热环境理论模型	通过理论计算推导出日光间的得热模型
12	2000	史瑞秀[⑨]	自然通风计算及理论分析	从自然通风的计算模型出发分析加强建筑自然通风的策略
13	2003	闫增峰[⑩]	生土建筑室内热湿环境研究	对比分析了我国传统民居的内部热湿环境特征及控制策略
14	2006	张继良[⑪]	传统民居建筑热过程研究	对我国不同类型民居的热过程进行了分析
15	2014	王天鹏[⑫]	建筑透明表皮室内外热环境之间全波长辐射传热机理研究	使用热流平衡理论和数值迭代的方法提出双层中空玻璃的稳态传热模型

（1）我国建筑热环境针对环境本身的定量分析理论研究的相关成果主要包括建筑热环境中的温度、风环境计算理论模型研究和建筑围护结构传热理论分析两个方面。

① 刘加平，杨柳. 室内热环境设计 [M]. 北京：机械工业出版社，2005.
② 李百战. 室内热环境与人体热舒适 [M]. 重庆：重庆大学出版社，2012.
③ 朱颖心. 建筑环境学 [M]. 第2版. 北京：中国建筑工业出版社，2005.
④ 刘晓华. 建筑热湿环境营造过程的热学原理 [M]. 北京：中国建筑工业出版社，2016.
⑤ 柳孝图. 建筑物理环境与设计 [M]. 北京：中国建筑工业出版社，2008.
⑥ 王伟. 典型温和地区非空调环境下建筑室内热环境与人体热舒适的研究 [D]. 昆明：昆明理工大学，2010.
⑦ 杨柳. 建筑气候学 [M]. 北京：中国建筑工业出版社，2010.
⑧ 郦伟，董仁杰. 日光温室的热环境理论模型 [J]. 农业工程学报，1997，13（2）：160-163.
⑨ 史瑞秀. 自然通风的计算及理论分析 [J]. 太原科技，2000（2）：22-23.
⑩ 闫增峰. 生土建筑室内热湿环境研究 [D]. 西安：西安建筑科技大学，2003.
⑪ 张继良. 传统民居建筑热过程研究 [D]. 西安：西安建筑科技大学，2006.
⑫ 王天鹏. 建筑透明表皮室内外热环境之间全波长辐射传热机理研究 [D]. 兰州：兰州交通大学，2014.

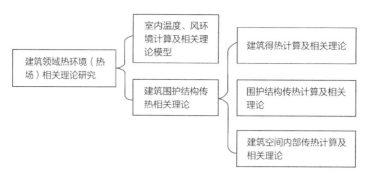

图 2-2　建筑空间热环境相关基础理论研究关系图

（2）连接建筑与热环境本身的传热研究理论包括建筑外部环境向建筑传热、建筑围护结构传热、建筑内部热量传递三个主要过程。其中温度、气流速度是传热过程中考虑的两个重要指标，稳态与非稳态热环境是过程分析的两个重要状态。上述不同层次研究内容的关系如图 2-2 所示。

（3）以上对文献资料进行分析所获取的结论为本研究提供了重要理论依据。在对我国严寒气候区高校教室空间内部非均匀热环境——建筑空间热场进行研究时需要考虑建筑外部气候环境向建筑传热、建筑围护结构自身热传递与建筑空间内部热量传递三个过程。在研究建筑空间外部环境影响因素时，应重点关注稳态与非稳态状态下的室外温度、太阳辐射、风速与风力（依据条件）等基本气象条件对外围护结构的影响；在研究建筑围护结构热量传递过程时主要考虑我国严寒气候区高校教室空间围护结构的组合方式、各层材质、传热特征以及空间围合形态等围护结构控制指标；对建筑空间内部热量传递进行研究时，主要考虑建筑空间内部空气的热对流、散热器的热辐射与墙体、门窗、顶棚、地面等部件的导热三种情况。

2.1.4　建筑空间热场模拟相关研究

利用软件模拟建筑物理环境是建筑环境研究领域的重要内容之一，采用数值模拟法研究建筑物理环境具有高效、快捷等特征。科技的发展带来软件模拟精度的提高和模拟速度的提升，在建筑热环境研究领域中采用现有模拟手段获得的模拟结果已经非常接近真实状况。这种研究方法能够有效地模拟真实对象并避免实体模型研究过程中遇到的制作复杂、无法定量化观察、模拟条件受限、耗资大等问题。因此本研究拟定采用软件模拟法对我国严寒气候区高校教室空间内部非均匀热环境特征进行深入分析。

本节从研究对象、研究工具与研究方法三方面对利用软件模拟法研究建筑热环境的国内外文献进行分析获得以下结论：

（1）利用软件模拟法可以解决建筑物理环境相关研究的多种问题。利用软件模拟法研究建筑物理环境主要包括四类内容：全面模拟出建筑内外部的温度状态①②③④、直观地展示建筑内外通风过程的特征⑤⑥、准确计算建筑能源消耗水平⑦⑧、科学高效地提出建筑环境设计策略⑨⑩⑪。

（2）CFD 系列软件可以灵活模拟建筑室内外环境。利用软件模拟法研究建筑热环境时研究对象的边界设置更灵活不易受约束，即建筑空间的整体或局部均可作为模拟的边界条件。针对不同模拟内容有多种软件可选择，常用软件包括 EnergyPlus、Airpark、Dest、CFD 系列等⑫⑬⑭。本研究初步选定 CFD（Computational Fluid Dynamics，计算流体动力学）系列软件作为模拟环节的主要工具。流体力学是用来研究流体传热过程、化学反应等变化的学科。建筑空间内部的温度、风环境具有流动性质与热量传递特征，属于流体力学范畴。

CFD 模拟软件主要依据流体力学基本理论，通过有限体积法来完成研究对象的质量守恒、动量守恒、能量守恒、组分守恒、体积力等控制方程的计算。再通过完成计算区域离散、划分控制体积、计算控制体积值三个主要过程来实现对象内部温度、风速等模拟数值的确定。

目前市场上的 CCD、CPD、STAR-CD、ADINA、FLOW-3D、CFX、ANASYS 等多种 CFD软件可完成流体计算。通过对比 CFD 系列软件的主要特点、模拟方法与适用范围（表 2-4），本研究确定主要使用 Ansys Workbench 软件中的 Fluid flow（Fluent）模块来完成建筑内部热环境模拟，再现我国严寒气候区高校教室空间内部非均匀热环境特征。

---

① 王怡，刘加平. 居住建筑自然通风房间热环境模拟方法分析 [J]. 建筑热能通风空调，2004，23（3）：1-4.

② 张永恒，徐迪. 火灾下建筑室内温度场模拟分析 [EB/OL]. 北京：中国科技论文在线. [2007-03-21].

③ 佟国红，李保明，Christopher D M，等. 用 CFD 方法模拟日光温室温度环境初探 [J]. 农业工程学报，2007，23（7）：178-185.

④ 沈艳. 重庆自然通风建筑室内热环境实测与模拟分析 [D]. 重庆：重庆大学，2008.

⑤ 丁勇，李百战，沈艳，等. 建筑平面布局和朝向对室内自然通风影响的数值模拟 [J]. 土木建筑与环境工程，2010，32（1）：90-95.

⑥ 宋思洪，杨晨，苟小龙. 空调车室气流流场和温度场的数值模拟 [J]. 计算机仿真，2004，21（9）：167-169.

⑦ 林坤平，张寅平，江亿. 我国不同气候地区夏季相变墙房间热性能模拟和评价 [J]. 太阳能学报，2003，24（1）：46-52.

⑧ 王婧，张旭. 草砖住宅的建筑节能性分析 [J]. 建筑材料学报，2005，8（1）：109-112.

⑨ 张泠. 建筑室内环境数值方法的研究——三维紊流室内气流动态数值研究 [D]. 长沙：湖南大学，1994.

⑩ 雷涛. 中庭空间生态设计策略的计算机模拟研究 [D]. 北京：清华大学，2004.

⑪ 清华大学 DeST 开发组. 建筑环境系统模拟分析方法——DeST[M]. 北京：中国建筑工业出版社，2006.

⑫ 杨惠，张欢，由世俊. 基于 Airpak 的办公室热环境 CFD 模拟研究 [J]. 山东建筑大学学报，2004，19（4）：41-44.

⑬ 王怡，刘加平，肖勇强. 自然通风房间热环境的耦合模拟计算方法 [J]. 太阳能学报，2006，27（1）：67-72.

⑭ 刘鑫，张鸿雁. EnergyPlus 用户图形界面软件 DesignBuilder 及其应用 [J]. 西安航空学院学报，2007，25（5）：34-37.

部分 CFD 系列软件特点对比分析 表 2-4

软件名称	对比项		
	模拟方法	主要特点	常用模拟对象
FLUENT	有结构化及非结构化网格	适用面广、高效省时、精度高	流体、热传递和化学反应等
CFX	有限容积法、拼片式块结构化网格、有限元法、Coupled 算法等	善于处理流动物理现象简单而几何形状复杂的问题	浮力流、多相流、非牛顿流体、化学反应、燃烧等
STAR-CD	完全非结构化网格 + 有限体积法	适合复杂流动的流体分析	发动机内部热分析、汽车空气动力学分析、涡轮机械流体分析等
FLOW-3D	结构化网格 + 有限体积法	精确预测自由液面流动	铸造、航天工业、喷涂、船舶等
ANSYS	有限元法、边界元法、有限差分法等	大型通用有限元分析软件	结构、流体、电场、声场分析,适用于相关电子、土木工程、造船业等

（3）如表 2-4 所示,结合了 Fluent 的 Ansys 软件更适合完成本研究对建筑空间内部热环境的模拟分析。该软件工作流程如图 2-3 所示,分为三个过程,即前处理、求解和后处理,三个过程均在同一软件中完成,无需转换,每个过程又包括多个子过程,每个子过程均根据模拟对象进行设定。该软件可以高效地完成不同类型的模拟,是本研究的首选软件。

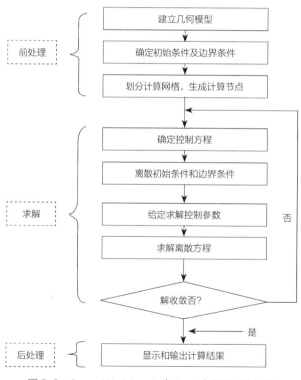

图 2-3 Ansys Workbench（Fluent）软件工作流程

2.2 教室空间热场实测

2.2.1 测试对象选择

（1）气候因素影响测试对象选择

按照我国相关建筑设计标准规定，处于不同气候区的建筑应按照区域气候特征，选择相应的技术手段以达到控制建筑内部热环境的目的。同时在我国不同地区，建筑施工所采用的标准、规范、施工图集均不相同。因此在对建筑热环境进行研究时，既要考虑气候差异的影响，又要考虑地区差异因素。而内蒙古自治区内的建筑既可满足不同气候特征对建筑的影响分析，又可满足建筑设计方法与标准要求，所以选择该地区内的建筑进行热环境研究更具有说服力。

（2）内蒙古自治区气候区域特征分析

内蒙古自治区位于我国北部边疆，面积约 118 万 km²，东西直线距离 2400km，南北直线距离 1700km。从东部的林区到中部的牧区再到西部的半荒漠区气候差异较大。从建筑热工分区看，内蒙古地区绝大部分区域属于我国热工分区 Ⅰ 区、Ⅱ 区即严寒气候区和寒冷气候区。严寒气候 Ⅰ 区可以划分为严寒 A 区、严寒 B 区、严寒 C 区三个子气候区，代表符号为 Ⅰ A、Ⅰ B、Ⅰ C。寒冷气候 Ⅱ 区可以划分为寒冷 A 区和寒冷 B 区两个子气候区，代表符号为 Ⅱ A、Ⅱ B（表 2-5）。内蒙古地区还是全球温带大陆性气候区的典型代表，因此选择该区域内的教育建筑进行研究不仅能够代表我国北方严寒气候区的建筑特征，还能够在一定程度上反映全球温带大陆性气候区中同类建筑的热环境特征。

气候分区 表 2-5

气候区及代码	气候子区及代码
严寒地区（Ⅰ）	严寒 A 区（Ⅰ A）、严寒 B 区（Ⅰ B）、严寒 C 区（Ⅰ C）
寒冷地区（Ⅱ）	寒冷 A 区（Ⅱ A）、寒冷 B 区（Ⅱ B）

来源：《公共建筑节能设计标准》GB 50189—2015。

（3）建筑类型影响建筑空间特征，高校教室空间特征明显

对建筑空间热场进行研究时需要考虑建筑空间特征与热环境的关系。由于高校建筑有相应窗地面积比规定的约束，相比较于商业建筑、文化建筑、办公建筑、医疗建筑空间差异较大而且无规律可循。因本研究主要研究建筑空间与热环境的关系，所以选择该类空间更易找出规律，从而避免在空间特征研究中投入过多精力而弱化研究目标。因此本研究选定内蒙古地区不同气候区的高校教室空间作为调研对象。

（4）测试对象筛选，8 所高校分属不同气候区

内蒙古自治区范围内共有高校 52 所，分布在不同气候区内。根据《民用建筑热工设计规范》GB 50176—2016 对内蒙古不同城市、地区所属气候区的划分依据，形成了各个高校所属地区及其对应的热工分区统计表，见附录 A。内蒙古自治区 52 所高校分别属于三个不同的气候区，其中严寒 C 区（ⅠC）共有高校 47 所，主要集中在呼和浩特、包头、鄂尔多斯、乌兰察布、通辽、赤峰等城市；严寒 B 区（ⅠB）仅有 1 所高校，在锡林浩特市；严寒 A 区（ⅠA）共有 4 所高校，都位于呼伦贝尔市。

在内蒙古地区高校列表中筛选研究对象时主要考虑以下三个条件：

1）在不同气候区内分别选取不同高校作为调研对象；

2）调研样本数量应大于等于总数的 10% 且随机选取；

3）高校性质最好为综合性大学，建校时间较长且新旧教学楼同时存在。

由此从 52 所高校中筛选出了 8 所高校作为研究对象（表 2-6）：

1）严寒 A 区 1 所高校：呼伦贝尔学院；

2）严寒 B 区 1 所高校：锡林郭勒职业学院；

3）严寒 C 区 6 所高校：内蒙古大学、内蒙古工业大学、内蒙古科技大学、内蒙古农业大学、内蒙古财经大学、内蒙古师范大学。

按照 10% ~ 20% 的比例抽取上述 8 所高校中的建筑作为调研对象就需要在每所学校中至少调研 2 栋建筑。实地调研过程需考虑研究对象的全面性和调研的便捷性，最终选定了 22 栋教学楼进行调研。

严寒气候区典型调研高校基本信息　　　　　　　　　表 2-6

序号	学校代号	学校名称	所在城市	建设年份	调研教学楼数量（栋）
1	ⅠC1	内蒙古大学	呼和浩特市	1957	4
2	ⅠC2	内蒙古工业大学	呼和浩特市	1951	4
3	ⅠC3	内蒙古农业大学	呼和浩特市	1952	2
4	ⅠC4	内蒙古师范大学	呼和浩特市	1952	2
5	ⅠC5	内蒙古财经大学	呼和浩特市	1960	2
6	ⅠC6	内蒙古科技大学	包头市	1958	2
7	ⅠB1	锡林郭勒职业学院	锡林郭勒盟	2003	3
8	ⅠA1	呼伦贝尔学院	呼伦贝尔市	1992	3
总计					22

2.2.2　测试概况

（1）测试研究策略

对建筑热环境进行实地测试可以深入了解研究对象。受设备条件和调研时间的限制，本研究无法完成多个测试空间的全天热环境数据监测和典型季节的全面测试，这给后续的研究提出了挑战。为解决该问题，后续研究采用了软件模拟法对研究对象进一步展开研究，测试研究框架如图 2-4 所示。

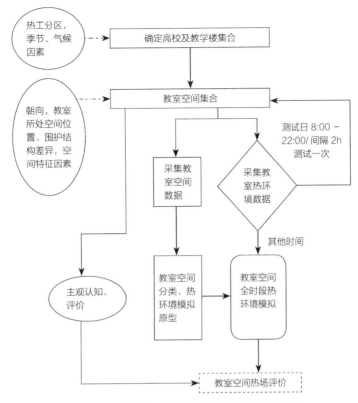

图 2-4　严寒气候区高校教室空间热场现场测试策略

对内蒙古地区高校教室空间热环境进行实地调研主要解决三个问题：一是深入了解教室空间的室内温度特征并获得直观感受，为后续判断研究路线的正确性提供依据；二是通过实地调研获取建筑空间和热环境相关数据，为初步分析教室空间热环境特征提供数据基础；三是利用实地调研数据为后续软件模拟建筑空间热环境提供空间与环境参数的基础数据，并作为软件模拟结果的对比对象。

（2）测试条件与时间

教室空间非均匀热环境实地测试在 2016～2017 年期间完成。由于本环节研究的目标在于分析区域内不同类型高校教室全年热环境的总体特征，因此弱化某一教室全年热环境的变化特征。此环节获得的实测数据可为后期热环境软件模拟提供验证和边界参数。本研究根据教室区域特征、教室空间位置特征、建筑空间特征选择了呼和浩特市、包头市、呼伦贝尔市、锡林浩特市 8 所高校的 208 间教室进行热环境测试，完成了热环境参数的实测记录。

热环境实地测试典型日期的选择主要依据我国二十四节气的典型日。依据实际工作条件在春分、立夏、夏至、秋分、立冬、小寒等典型节气前后几天进行实地测试。每个教室的实测时间为 8:00～22:00，每间隔 2h 进行一次测试，每个教室测试 1d，仅代表全年中 1d 的室内热环境数据。具体测试条件与测试时间信息见表 2-7。

测试条件与测试时间信息　　　　　　表 2-7

序号	学校名称	调研教学楼	调研教室数量（间）	调研时间（年/月/日/时）	测试条件
1	内蒙古大学	北校区主楼	8	2017 年 3 月 20 日 8:00~22:00	1. 每个教室测试 1d，按照调研教室使用周期为 8:00~22:00，每间隔 2h 进行一次数据记录； 2. 测试过程中，教室处于关门、关窗、室内无使用者状态； 3. 非采暖期教室内无人工热环境调节设备（如风扇等），采暖期教室均为窗下壁挂式对流散热器
		理工楼	4	2017 年 3 月 21 日 8:00~22:00	
		交通技术职业学院	11	2017 年 3 月 22 日 8:00~22:00	
		南校区主楼	4	2017 年 3 月 21 日 8:00~22:00	
2	内蒙古工业大学	第二教学楼	6	2016 年 3 月 20 日、5 月 7 日、7 月 6 日、11 月 7 日 8:00~22:00	
		科技楼	18	2016 年 3 月 21 日、7 月 7 日、11 月 8 日 8:00~22:00	
		第四教学楼	3	2016 年 3 月 20 日、5 月 7 日、7 月 6 日、11 月 7 日 8:00~22:00	
		第一教学楼	3	2016 年 3 月 20 日、7 月 6 日、2017 年 1 月 12 日 8:00~22:00	
3	内蒙古农业大学	主楼	24	2017 年 6 月 21、22 日 8:00~22:00	
		勤学楼	20	2017 年 6 月 23、24 日 8:00~22:00	
4	内蒙古师范大学	教育学院	8	2017 年 9 月 20 日 8:00~22:00	
		文史楼	9	2017 年 9 月 20 日 8:00~22:00	
5	内蒙古财经大学	教学楼（丁楼）	12	2017 年 9 月 23 日 8:00~22:00	
		学院楼	10	2017 年 9 月 23 日 8:00~22:00	
6	内蒙古科技大学	春晖学堂	16	2017 年 3 月 24 日 8:00~22:00	
		文馨书院	18	2017 年 3 月 25 日 8:00~22:00	
7	锡林郭勒职业学院	师范楼	12	2016 年 9 月 20、21 日 8:00~22:00	
		经济管理学院	9	2016 年 9 月 24 日 8:00~22:00	
		蒙古语言文化与艺术学院教学楼	11	2016 年 9 月 22、23 日 8:00~22:00	
8	呼伦贝尔学院	教学楼	8	2016 年 12 月 23 日 8:00~22:00	
		学院楼	8	2016 年 12 月 22 日 8:00~22:00	
		崇文楼	4	2016 年 12 月 21 日 8:00~22:00	

（3）测点布置

《建筑热环境测试方法标准》JGJ/T 347—2014 中规定面积大于 60m² 的房间，应在其对角线交点及其三等分点上布置测点，每个房间布置 5 个测点，如图 2-5（a）所示。但是这种布点方法不能够全面地讨论本研究的建筑空间室内温度"区域温度不均"问题。因此，本研究在实测过程中采用更多的测点，记录和分析教室空间温度分布特征。实际布点如图 2-5（b）

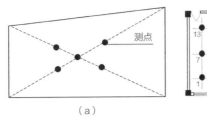 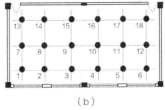

（a）　　　　　　　　　　　　　　　　（b）

图 2-5　温度测点布置
（a）五点法房间温度测试测点布置；（b）严寒气候区高校教室实测温度测点布置

所示。每个教室沿教室长轴方向布置 6 行测点，短轴方向布置 3 列测点，不同水平高度（0.2～1.5m）布置 4 层测点。共计 3×6×4=72 个测点。测点从前到后、从窗到门依次编号为 1～18 号，按编号顺序进行测试。按照每间隔 2h 进行记录的要求，各测点分别记录温度和风速。0.9m（桌面高度处）增加记录照度数值。

建筑空间边界温度测定：建筑空间边界指测试教室的墙体、屋顶、地面、门、窗、散热器，使用红外热像仪记录边界热像图片并读取边界几何中心温度。

（4）测试参数与使用仪器

实测参数包括：教室内部不同高度、不同位置的温度、风速、照度及室内各表面温度；教室内部长度、宽度、高度、窗宽、窗高、窗台高、门宽、门高、窗门数量；教室外部温度、风速、红外图像。同时还对室内供暖方式进行记录。上述所有实测记录数据均为仪器显示的完整数据。

室内外温度、风速测试使用 Testo 405-Ⅵ热敏风速仪，风速测量范围为 0～5m/s（-20～0℃）、0～10m/s（0～50℃），精度为 ±0.1m/s+5% 测量值（0～2m/s），分辨率为 0.01m/s；温度测量范围为 -20～50℃，精度为 ±0.5℃，分辨率为 0.1℃。建筑空间边界温度测试使用 Testo 红外热像仪 TEXT0875-21，测量范围为 -30～100℃，精度为 ±2℃或 ±2% 测试值，热灵敏度 <0.05℃。照度测试使用 SENTRY ST520 照度计，测量范围为 0.01～99990lx，分辨率为 0.001lx，精度为 ±5%。测距仪采用喜利得 PD-I。测试设备相关信息统计如表 2-8 所示。

严寒气候区高校教室空间热场测试设备信息　　　　　　　　　　表 2-8

设备	品牌	测量范围	精度
	热敏风速仪 Testo 405-Ⅵ	风速范围：0～5m/s（-20～0℃）、0～10m/s（0～50℃）；温度范围：-20～50℃	风速精度 ±0.1m/s+5% 测量值，分辨率 0.01m/s；温度精度 ±0.5℃，分辨率 0.1℃
	红外热像仪 TEXT0875-21	-30～100℃	精度 ±2℃或 ±2% 测试值，热灵敏度 < 0.05℃

设备	品牌	测量范围	精度
	照度计 SENTRY ST520	0～99990lx	Ev：±5%±1 位显示数值； Xy：±0.050（800lx，测量标 准 A 光源）
	测距仪 PD-I	—	—

2.2.3 测试对象简介

（1）内蒙古大学

内蒙古大学是一所综合性大学，创办于 1957 年。校区位于呼和浩特市，总占地面积 2900 亩，校舍建筑面积 $5 \times 10^{5} m^{2}$。学生约 23000 人，教师约 1300 人。

本次调研选取的对象为北校区 2 栋教学楼和南校区 2 栋教学楼，教学楼在校园中的位置如图 2-6 所示。图 2-6（a）为北校区，其中北侧为 1 号楼主楼（北）、南侧为 2 号楼理工楼；图 2-6（b）为南校区，其中北侧为 3 号楼交通技术职业学院、南侧为 4 号楼主楼（南）。

如表 2-9 所示，1 号测试楼为北校区主楼，教学楼南北向布置，呈"一"字形双侧内廊式。建筑底层、顶层均为办公空间，中间层为教室空间，测试了 8 间教室，均位于中间层，教学楼供暖类型为城市集中供暖。

2 号测试楼为北校区理工楼，教学楼南北向布置，呈"U"形双侧内廊式。底层主要是办公空间和报告厅，中间层、顶层主要为教室空间，教学楼供暖类型为区域集中供暖，供暖末端为壁挂式散热器，测试了 4 间教室，分别位于底层的尽端和中间层中间区。

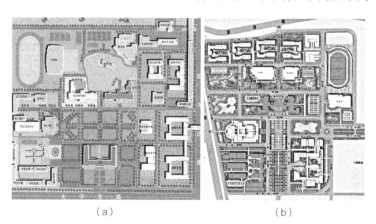

（a）   （b）

图 2-6 内蒙古大学北校区、南校区总平面图
（a）北校区；（b）南校区

内蒙古大学调研教室分布情况   表2-9

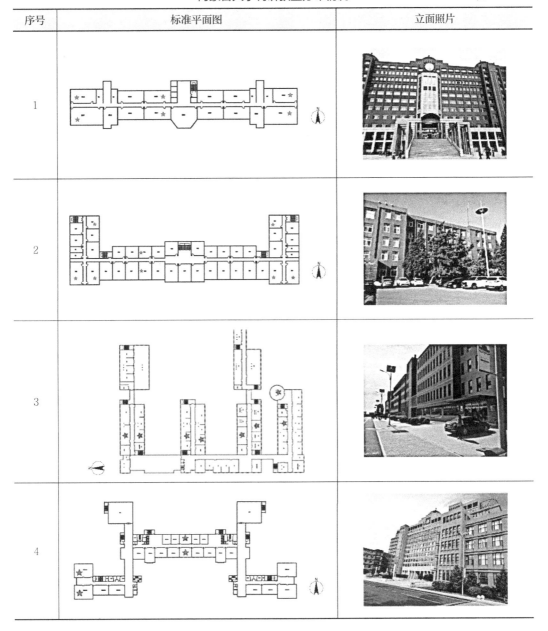

序号	标准平面图	立面照片
1		
2		
3		
4		

  3号测试楼为交通技术职业学院，建筑主体南北向布置，部分教室东西向，建筑布局呈东西向鱼骨形。南北向教室为单侧内廊式，东西向教室为双侧内廊式。建筑主体5层，底层、顶层主要是办公空间和实验室，建筑供暖类型为壁挂式散热器区域集中供暖，测试了11间教室，分别位于标准层的尽端和中间区。

  4号测试楼为南校区主楼，建筑南北向布置为"H"形，南北向教室为双侧内廊式。建筑主体11层，底层、顶层主要是办公空间、实验室、机房，中间层为教室空间，供暖类型为壁挂式散热器区域集中供暖，测试了4间教室，分别位于标准层、顶层的尽端和中间区。

（2）内蒙古工业大学

内蒙古工业大学创办于 1951 年，是一所工科综合性大学。学校分为新城、金川、准格尔三个校区。总占地面积约 3100 亩。专任教师约 1400 人。本次调研对象选取新城校区 4 栋教学楼，分布如图 2-7 所示。分别为最北侧 1 号楼第二教学楼、中部西侧 2 号楼科技楼、中部东侧 3 号楼第四教学楼、南侧 4 号楼第一教学楼。

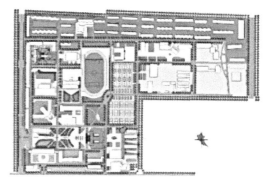

图 2-7   内蒙古工业大学新城校区总平面图

如表 2-10 所示，1 号测试楼为第二教学楼，2002 年建成。教学楼北侧为广场、南侧为 2 层食堂，教室未受周边建筑影响故采光较好。建筑布局呈"一"字形，南北向布置，建筑主体 5 层，双侧内廊式。建筑首层主要是办公空间和报告厅，第二层至第五层为教室空间，楼层尽端为报告厅或教室，建筑供暖类型为集中供暖，供暖末端为壁挂式散热器，测试了 6 间教室，分别位于首层的尽端和中间区域、中间层和顶层的尽端及中间部位。

内蒙古工业大学调研教室分布情况   表 2-10

序号	标准平面图	立面照片
1		
2		
3		

续表

序号	标准平面图	立面照片
4	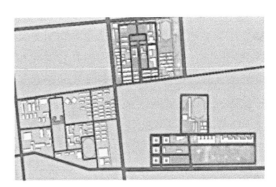	

2 号测试楼为科技楼，2006 年建成，科技楼周边均为广场无遮挡。建筑布局呈"U"形，建筑主体 11 层，双侧内廊式，第一层至第九层为教室空间，第十层、第十一层主要是实验室和办公空间，大部分教室南北向布置，少数教室东西向布置。平面形式导致部分内向教室采光略差，教学楼供暖类型为集中供暖，供暖末端为壁挂式散热器，测试了 18 间教室，包括首层的尽端教室和中间教室、第四层的南北向中间教室和尽端教室。

3 号测试楼为第四教学楼。教学楼西南侧为 2 层高的食堂，东侧紧邻 6 层高的学生宿舍，教学楼东西向布置，为"一"字形布局，建筑主体 5 层，单侧内廊式。首层、顶层为办公空间，中间层为教室空间，建筑尽端布置报告厅或教室，供热方式为壁挂式散热器集中供暖，测试了 3 间教室，分别为第三层南北向 2 个尽端教室和中间区域教室。

4 号测试楼为第一教学楼，建设年代较早。教学楼东西向布置，西侧为城市干道，东侧为广场，建筑布局呈"一"字形，建筑主体 5 层，单侧内廊式。建筑两端为楼梯，教室位于中间，第一层至第五层均为教室空间。供热方式为壁挂式散热器集中供暖，测试了 3 间教室，分别位于首层、中间层和顶层。

（3）内蒙古农业大学

内蒙古农业大学由原内蒙古兽医学院（创办于 1952 年）和内蒙古林学院（创办于 1958 年）于 1999 年合并组建而成，是以农为主的多学科大学。在校生约 34000 人，专任教师约 1500 人。调研对象选取东校区（北侧）、西校区（南侧）各 1 栋教学楼，分别为北侧 1 号楼主楼、南侧 2 号楼勤学楼，如图 2-8 所示，主楼与勤学楼均以南北向为主，且其周边均为广场，绿化较多，无遮挡。

如表 2-11 所示，1 号测试楼为主楼，教学楼未受周边建筑影响故内部采光较好，教学楼主体南北向布置，端部少数教室东西向布置为"U"形。建筑主体 6 层，第一层～第六层均为教室空间，双侧内廊式，教学楼供暖类型为壁挂式散热器集中供暖，测试了 24 间教室，分别位于首层、第三层和第五层，包括不同朝向的尽端教室和中间教室。

2 号测试楼为勤学楼。建筑主体南北向

图 2-8 内蒙古农业大学总平面图

布置，尽端少数教室东西朝向，建筑布局为"一"字形，教学楼主体共4层，各层均为教室空间，单侧内廊式。采用壁挂式散热器集中供暖，测试了20间教室，分别位于首层、第三层、第四层的尽端和中间部位。

序号	标准平面图	立面照片
1		
2		

内蒙古农业大学调研教室分布情况　　　　　　　　　表2-11

（4）内蒙古师范大学

内蒙古师范大学是一所综合性大学，始建于1952年，现有学生24000人，专任教师1400人，校园占地379亩。本次调研选取该校新城校区2栋教学楼，教学楼区位如图2-9所示，分别为北侧1号楼教育学院、南侧2号楼文史楼。

如表2-12所示，1号测试楼为教育学院，教学楼四周均为广场或停车场，建筑布局呈"U"形，建筑主体8层，双侧内廊式。教学楼外围教室采光较好，第一层至第四层主要为教室空间，第五层至第八层为办公空间和实验室，教学楼供暖形式为壁挂式散热器集中供暖，测试了8间教室，分别位于首层各朝向尽端和中间区域。

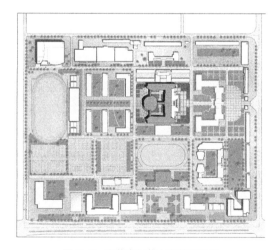

图2-9　内蒙古师范大学总平面图

2号测试楼为文史楼，建成于1954年，教学楼四周均为广场或停车场，教学楼布局为"U"形。建筑首层、顶层为办公空间或机房，各层端部为楼梯空间，教学楼供暖方式为集中供暖，供暖末端为壁挂式散热器，测试了9间教室，均位于中间层中间区域。

内蒙古师范大学调研教室分布情况　　　　　　　表 2-12

序号	标准平面图	立面照片
1		
2		

（5）内蒙古财经大学

内蒙古财经大学创办于 1960 年，是一所以经济学和管理学为主的多学科大学，在校生 21400 余人，教师约 930 人。本次调研对象选取西校区（新区）2 栋教学楼，如图 2-10 所示，分别为北侧 1 号教学楼（丁楼）、南侧 2 号学院楼。

如表 2-13 所示，1 号测试楼为教学楼（丁楼），建筑整体布局呈连续的"U"形平面。建

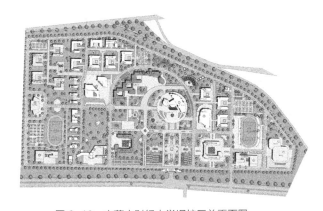

图 2-10　内蒙古财经大学旧校区总平面图

筑周边均为广场，无遮挡。建筑主体 3 层，混合内廊式，教室均在外侧，建筑首层至第三层的主要空间均为教室，南向教室最多且采光效果较好。教学楼供暖方式为集中供暖，供暖末端为壁挂式散热器，测试了 12 间教室，分别位于首层、第二层、第三层的尽端和中间部位。

内蒙古财经大学调研教室分布情况　　　　　　　　　表 2-13

序号	标准平面图	立面照片
1		
2		

2 号测试楼为学院楼，建筑布局呈"U"形，中间部位为开放空间，两翼均为教室空间，教室南北向布置。建筑主体 11 层，第一层、第二层为办公空间，顶层为实验室，建筑供暖方式为集中供暖，供暖末端为壁挂式散热器，测试了 10 间教室，均位于中间层。

（6）内蒙古科技大学

内蒙古科技大学创办于 1956 年，是一所多学科大学，大学校区位于包头市，占地

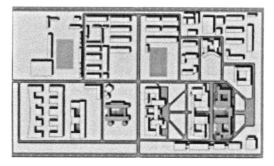

图 2-11　内蒙古科技大学总平面图

面积 1690 亩，建筑面积 $58 \times 10^4 m^2$，约有在校生 25000 人、专任教师 1400 人，调研对象选取 2 栋教学楼，教学楼区位如图 2-11 所示，分别为东侧 1 号楼春晖学堂、西侧 2 号楼文馨书院，2 栋建筑均为"回"字形布局，建筑周边为广场。

如表 2-14 所示，1 号测试楼春晖学堂建筑内部有各个朝向的教室，建筑主体 4 层、局部 2 层，各层的教室与办公空间混合布置，教学楼的供暖方式为壁挂式散热器集中供暖，测试了 16 间教室，分别位于首层和第三层的尽端和中间区域。

2 号测试楼为文馨书院，建筑平面呈"回"字形，建筑中大部分教室为南北朝向，外围教室采光效果较好，东西向主要为卫生间等辅助用房。建筑主体 5 层，供暖方式为壁挂式散热器集中供暖，测试了 18 间教室，分别位于首层、第三层、第四层的尽端和中间部位。

内蒙古科技大学调研教室分布情况 表2-14

序号	标准平面图	立面照片
1		
2		

（7）锡林郭勒职业学院

锡林郭勒职业学院是一所多学科融合的学院，成立于2003年，学院现有全日制学生15000人左右，教师1000人左右，学院基地面积2000亩，建筑面积$37 \times 10^4 m^2$。本次调研对象选取了三栋教学楼，如图2-12所示，分别为最北侧1号师范楼，西南侧2号经济管理学院楼，东侧3号蒙古语言文化与艺术学院教学楼。

如表2-15所示，1号测试楼为师范楼，建筑南北向布置呈"一"字形，建筑主体4层，双侧内廊式，各层办公空间、固定教室、专用教室混合布置，第一层至第四层南北向空间为固定教室，东西向空间为画室、舞蹈室与办公室等，教学楼

图2-12 锡林郭勒职业学院总平面图

供暖方式为壁挂式散热器集中供暖。测试了12间教室，分别位于首层、第三层、第四层的尽端和中间区域。

2号测试楼为经济管理学院楼，教学楼南北向布置呈"一"字形，建筑共3层，双侧内廊式，办公、值班管理用房集中布置在首层，第二层、第三层为固定教室空间，建筑供暖方式为壁挂式散热器集中供暖，测试了9间教室，分别位于各层的尽端和中间位置。

3号测试楼为蒙古语言文化与艺术学院教学楼，教学楼朝向受校园整体规划布局影响，南北偏东45°，建筑平面呈"L"形，建筑共3层，双侧内廊式，建筑功能布局、供暖方式、测试对象空间位置均与2号测试楼类似，本楼测试了11间教室。

锡林郭勒职业学院调研教室分布情况　　　　　　表 2-15

序号	标准平面图	立面照片
1		
2		
3		

（8）呼伦贝尔学院

呼伦贝尔学院是呼伦贝尔市唯一一所本科高校，由 8 所专科学校合并而成，学校占地 1700 亩，校舍面积约 300000m²，在校学生约 12700 人，专任教师约 660 人。调研对象选取校区内 3 栋教学楼，建筑总平面图如图 2-13 所示，分别为北侧 1 号楼教学楼、西北侧 2 号楼学院楼，东侧 3 号楼崇文楼。

如表 2-16 所示，1 号、2 号教学楼平面均呈"一"字形，1 号教学楼主体共 6 层，为双侧内廊式，北向为音乐厅和中庭，南向为教室，顶层均为办公空间。2 号教学楼为单侧内廊式，教室均在南侧，两个教学楼的

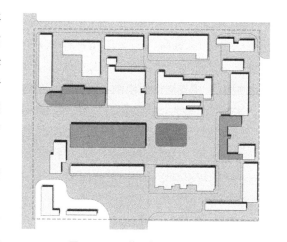

图 2-13　呼伦贝尔学院总平面图

教室采光效果较好，1 号、2 号教学楼均测试了首层、第三层、第四层的 8 间教室。

3 号测试楼为崇文楼。建筑主体 6 层，平面布局呈"L"形，双侧内廊式，各朝向均有教室，建筑首层为办公空间和辅助空间，测试了 4 间教室，分别位于顶层和第四层的尽端和中间部位。

呼伦贝尔学院调研教室分布情况 表2-16

序号	标准平面图	立面照片
1	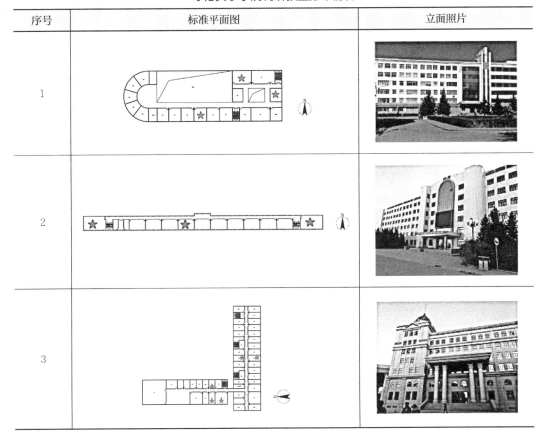	
2		
3		

2.3 建筑空间热场模拟

2.3.1 建筑空间热场传热原理分析

本研究模拟的教室空间热场环境主要受太阳辐射、建筑门窗墙体等围护结构传热、内部热源散热（冬季供暖时间）、内部自然对流四个热环境特征影响。上述四个特征为固定因素，影响热环境。与此同时，教室空间内的热环境还受到数量不确定的室内人员散热影响。为了更明确地区分两类环境的差异，本研究在软件模拟的过程中仅对固定因素的热环境进行模拟；而将具有非固定特征的人员因素对室内热环境的影响模拟计算单独列出（见2.4.3节），并作为教室空间热场影响因素特征分析的一部分单独进行说明。在此依据不同热环境传热特征不同给出相关计算原理如下。

（1）辐射换热原理

建筑空间内部所有物体均会因有温度而向外放射辐射热，辐射换热基本原理如图2-14所示。当物体温度为T（K）时，单位面积物体最多可以放射出公式（2-1）

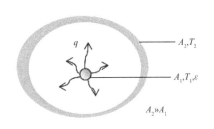

图2-14 辐射换热原理图

的辐射热：

$$E = \varepsilon \sigma T^4 \tag{2-1}$$

式中　ε——物体的发射率；

　　　σ——斯蒂芬—波尔兹曼常数，W/（m²·K⁴）。

如果已知温度为 T_1 的物体向温度为 T_2 的物体辐射传热，则两者之间的热流密度为：

$$q = \varepsilon \sigma \left(T_1^4 - T_2^4 \right) \tag{2-2}$$

（2）人体与室内热环境间的辐射换热计算

人体与环境之间主要通过对流和辐射方式进行换热，因空气的存在导热基本上可以忽略不计。在普通室内环境条件下由于人体温度远高于室内平均辐射温度，且室内风速一般较小，因此人体辐射散热量、对流散热量、蒸发散热量在总散热量中所占的比例约为 50%、30%、20%。按照这一比例关系，只需要计算出人体与环境间的辐射换热量就可以间接得出人体在环境中的总散热量。

人体与室内热环境间的辐射换热量为：

$$Q_R = \frac{A_{\text{eff}} \sigma \left(T_{\text{surf}}^4 - T_{\text{mrt}}^4 \right)}{\dfrac{1}{\varepsilon_p} + \dfrac{A_{\text{eff}}}{A_S} \left(\dfrac{1}{\varepsilon_S} - 1 \right)} \tag{2-3}$$

式中　Q_R——人体与室内热环境间的辐射换热量，W；

　　A_{eff}——人体有效辐射面积，m²；

　　　σ——黑体辐射常数，$\sigma = 5.67 \times 10^{-8}$ W/（m²·K⁴）；

　　T_{surf}——人体外表面平均温度，K；

　　T_{mrt}——环境平均温度，K；

　　　ε_p——人体外表面的平均发射率，取 0.97；

　　　ε_S——环境的平均发射率；

　　　A_S——包围人体的室内总面积，m²。

由于人体面积远小于室内环境面积，且室内环境材料的平均发射率接近于 1，因此，公式（2-3）中分母的第二项可忽略不计。因人体的散热计算一般使用单位皮肤面积，由此得到下列公式：

$$Q_R = \varepsilon_p f_{\text{cl}} f_{\text{eff}} \sigma \left(T_{\text{surf}}^4 - T_{\text{mrt}}^4 \right) \ (\text{W/m}^2) \tag{2-4}$$

式中　f_{cl}——服装面积系数，取 $1.00 + 0.2 I_{\text{cl}}$（$I_{\text{cl}} \leq 0.5$）或 $1.05 + 0.1 I_{\text{cl}}$（$I_{\text{cl}} > 0.5$）（ISO 7730）；

　　f_{eff}——人体的有效辐射面积系数，取 0.95（ASHRAE Handbook）。

由此可得：

$$Q_R = 3.9 \times 10^{-8} f_{\text{cl}} \left(T_{\text{surf}}^4 - T_{\text{mrt}}^4 \right) (\text{W/m}^2) \tag{2-5}$$

由于通常情况下人体温度和环境平均辐射温度的变化范围不大。为了简化上述公式，可以使用线性温差代替四次方温差。两者之间的关系可用线性辐射换热系数 h_r 表示，h_r 取 4.7（ASHRAE Handbook）：

$$h_{\mathrm{r}} = \varepsilon_{\mathrm{p}} f_{\mathrm{eff}} \sigma \frac{\left(T_{\mathrm{surf}}^{\ 4} - T_{\mathrm{mrt}}^{\ 4}\right)}{T_{\mathrm{surf}} - T_{\mathrm{mrt}}} \left[\mathrm{W/(m^2 \cdot K)}\right] \tag{2-6}$$

则：

$$Q_{\mathrm{R}} = h_{\mathrm{r}} f_{\mathrm{cl}} \left(T_{\mathrm{surf}} - T_{\mathrm{mrt}}\right) \left(\mathrm{W/m^2}\right) \tag{2-7}$$

由公式（2-7）可计算得到人体与环境间的辐射换热量。并以此为基数可获得人体在环境中的总散热量。

（3）围护结构导热方程原理

建筑空间围护结构两侧由于存在温度差，热量会穿过围护结构本身从高温侧向低温侧传递。由于围护结构材料传热性能（导热系数）的不同，同一温度差下热流密度不同，如图 2-15 所示。因此计算围护结构两侧热量流动时需要同时考虑温度差、材料导热系数、围护结构等因素。教室空间围护结构导热可由傅里叶定律和能量守恒方程导出如下：

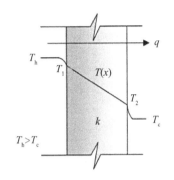

图 2-15　建筑围护结构导热原理图

傅里叶定律是表示单位面积、单位时间所传输的热量的热流密度 $q(\mathrm{W/m^2})$，计算公式表示为：

$$q = -k \frac{\partial T}{\partial X} \tag{2-8}$$

式中　k ——导热系数，W/（m·k）；

$\dfrac{\partial T}{\partial X}$ ——某点的温度梯度。

能量守恒定律公式为：

$$\Delta E = Q_{\mathrm{in}} - Q_{\mathrm{out}} + Q_{\mathrm{v}} \tag{2-9}$$

Q_{in}、Q_{out}、Q_{v} 分别表示边界流入、流出的热量和系统产生的热量。则单位时间内热流量，即系统内能的变化为：

$$\frac{\mathrm{d}E}{\mathrm{d}t} = Q_{\mathrm{in}} - Q_{\mathrm{out}} + Q_{\mathrm{v}} \tag{2-10}$$

当系统由体积为 V 的均一物质构成时，其单位时间热流量公式可以变为：

$$c\rho V \frac{\mathrm{d}T}{\mathrm{d}t} = Q_{\mathrm{in}} - Q_{\mathrm{out}} + V q_{\mathrm{v}} \tag{2-11}$$

c、ρ、V、q_{v} 分别为系统的比热 [J/（kg·K）]、密度（kg/m³）、体积（m³）、单位体积发热量（W/m³）。

如果在直角坐标系内考察物体内任意微元体 dxdydz 的热平衡，则在 Δt（s）时间间隔内存在以下热平衡：热力学能的变化量 = 导入微元体的热量 – 导出微元体的热量 + 微元体内产生的热量 $\times \Delta t$。

该公式可表示能量守恒定律：

$$\rho c \Delta T \mathrm{dxdydz} = \left(q_x \mathrm{dydz} + q_y \mathrm{dxdz} + q_z \mathrm{dxdy}\right) \Delta t - $$
$$\left(q_{x+\mathrm{dx}} \mathrm{dydz} + q_{y+\mathrm{dy}} \mathrm{dxdz} + q_{z+\mathrm{dz}} \mathrm{dxdy}\right) \Delta t + q_{\mathrm{v}} \mathrm{dxdydz} \Delta t \tag{2-12}$$

将傅里叶定律代入公式（2-12），且当 $\Delta t \to 0$、k 为常数时，就可以得到导热方法如下：

$$\frac{\partial T}{\partial t} = \alpha \left(\frac{\partial^2 T}{\partial x^2} + \frac{\partial^2 T}{\partial y^2} + \frac{\partial^2 T}{\partial z^2} \right) + \frac{q_{\mathrm{v}}}{\rho c} \tag{2-13}$$

式中 $\alpha = k/(\rho c)$，单位为 m^2/s。

（4）室内自然对流换热原理

考虑教室内部空气热量传递仅受温度差影响时，教室内部空气温度变换为自然对流引起的。此时教室内部各点空气温度可计算。

考虑自然对流情况下空气的密度是温度的函数时，根据阿基米德原理单位体积的流体所受到的浮力为：

$$[\rho(T_{\mathrm{e}}) - \rho(T)]g = \rho(T_{\mathrm{e}})g\beta(T - T_{\mathrm{e}}) \tag{2-14}$$

对于理想气体：

$$\beta = \frac{1}{T_{\mathrm{e}} + 273}(1/K) \tag{2-15}$$

将上述浮力项代入动量方程就可得到自然对流的温度的基本控制方程：

$$\frac{\partial u}{\partial x} + \frac{\partial v}{\partial y} = 0 \tag{2-16}$$

$$u\frac{\partial u}{\partial x} + v\frac{\partial u}{\partial y} = \gamma \frac{\partial^2 u}{\partial y^2} + g\beta\left(T - T_{\mathrm{e}}\right) \tag{2-17}$$

$$u\frac{\partial T}{\partial x} + v\frac{\partial T}{\partial y} = \alpha \frac{\partial^2 T}{\partial y^2} \tag{2-18}$$

在使用上面方程进行传热计算的过程中还需要已知材料特性、边界条件和选择适当的求解格式。这些环节和参数都可以使用 Fluent 软件完成，具体参数设置见 2.5 节。

2.3.2　建筑空间热场模拟工具研究

2.3.2.1　模拟工具分析

从相关文献研究结论可知建筑室内热环境模拟研究可使用多种模拟软件。综合分析各种软件的特征、差异性和使用范围，本研究确定使用 Fluent 软件进行后续建筑空间热场整体水平的模拟研究。其工作过程如图 2-16 所示。

Fluent 是 CFD 软件的重要软件包之一，是 Ansys Workbench 工作平台上的重要软件。Ansys 平台集成了 Fluent 软件计算过程中的前处理、后处理等辅助程序，解决了原有

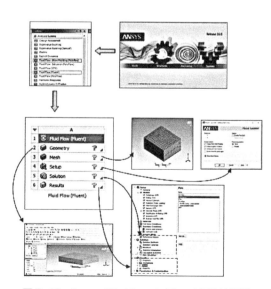

图 2-16　Ansys Workbench Fluent 工作流程图

Fluent 独立软件与其他软件配合使用过程中的数据转换、融合、传输问题，也提高了 Fluent 计算过程中可视化程度和软件的工作效率，更重要的是该平台上安装的多种软件包能够高效地模拟实际环境中多种物理场的耦合状态。本研究使用 Ansys 16.0 作为建筑空间热场模拟的工作软件，完成建模、网格划分、参数设置、求解设置、结果分析 5 个过程。

2.3.2.2 Fluent 软件应用验证

对 Fluent 软件进行有效性验证是判断该软件是否适用于本研究的重要依据。本研究通过对比不同时刻测试对象的室内温度特征与 Fluent 软件模拟结果的差异性，判断软件的有效性。验证对象选取内蒙古工业大学第四教学楼 509 教室四季典型气象日不同时刻 0.9m 高平面上 1 ~ 18 号测点的温度调研数据。再利用 Fluent 软件建立模型并对模型内部温度数值进行模拟，通过对比模拟数值与实测数值的差异做出应用 Fluent 软件模拟建筑空间热场是否有效的判断。

（1）验证对象实地测试

模拟验证对象选择内蒙古工业大学第四教学楼 509 教室。实地测试日期及用于模拟验证对应的时间数据分别是 2016 年 3 月 21 日 8:00、5 月 7 日 13:40、7 月 6 日 17:25 和 11 月 8 日 20:20。

由于本环节研究的主要目的在于分析所调研教室空间特征对不同时刻室内温度分布状态的影响。为尽可能减少人员、通风等其他因素干扰，测试和模拟均在关门、关窗、室内无人使用的条件下完成。相关测试内容包括：室内温度、室外温度、风速、散热器温度（采暖季）、测试时间、教室空间相关参数。室内温度测试采用 18 个测点布点法，测点高度 0.9m。对测点温度每隔 2h 进行一次测试。软件验证测试对象概况如表 2-17 所示。

软件验证测试对象概况　　　　　　　　　　　　　　　表 2-17

测试对象	第四教学楼 509 教室
测试时间	2016 年 3 月 21 日 8:00、5 月 7 日 13:40、7 月 6 日 17:25 和 11 月 8 日 20:20
测试状态	关门、关窗、室内无人使用
测试内容	室内温度、风速、室外温度、散热器温度（采暖季）、教室空间相关参数
测试设备	Testo 405-VI 热敏风速仪、红外热像仪 TEXT0875-21、测距仪 PD-I

软件验证选取教室基本参数见表 2-18。教室空间为南向，西侧为山墙，室外无遮挡；室内供暖方式为窗下墙壁挂式对流散热器，散热器与窗等宽，高 0.6m，厚 0.1m。

软件验证选取教室基本参数　　　　　　　　　　　　　表 2-18

序号	教室空间构件	尺寸（m）	序号	教室空间构件	尺寸（m）
1	教室长度	13.9	6	窗台高度	0.8
2	教室宽度	8.8	7	门宽度	1.2
3	教室高度	3.6	8	门高度	2.7
4	窗宽度	1.75	9	门间距	5.1
5	窗高度	2.1	10	窗间墙宽	0.7

（2）模拟验证参数设置与求解

1）模拟问题定义

高校教室空间室内温度受多种因素影响，本研究主要讨论建筑空间因素对室内温度的影响。为明确该因素的影响效果，软件模拟和实测过程中仅根据实际情况考虑采暖季节的散热器对室内温度的影响，而弱化开门、开窗通风及室内人员散热等因素。因此，利用 Fluent 模拟教室内部温度特征问题就可以简化为模拟太阳辐射影响（散热器影响）室内温度问题。建筑空间内部温度变化仅受建筑围护结构（散热器）热传导、热辐射和空间内部温度差异引起的自然对流影响。

2）建筑空间几何模型

利用软件模拟内蒙古工业大学第四教学楼 509 教室室内温度分布状态，首先建立模拟的建筑空间几何模型，如图 2-17 所示。该模型的空间参数依据实测的教室空间数据，如教室长 13.9m、宽 8.8m、高 3.6m，室内设置窗下墙壁挂式对流散热器，5 片散热器简化为长方体，尺寸为 0.175m×0.6m×0.1m，距离墙体 0.1m。教室空间形体简单，因此采用结构化网格进行划分获得网格数量 15 万个。

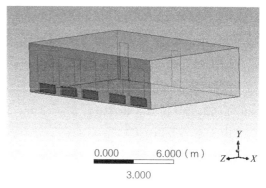

图 2-17　509 教室模型

3）控制方程

建筑内部空气流动遵循质量守恒定律、动量守恒定律、能量守恒定律。用数学方法描述三大定律形成质量守恒方程、动量守恒方程、能量守恒方程。在本次模拟的过程中选择使用能量方程、（RNG）k-ε 模型方程、辐射方程（S2S，Surface to Surface）进行计算。

4）边界条件

本次模拟的计算区域边界条件属于壁面边界类型，其与边界温度、固定热流量、辐射换热量及对流换热量等参数有关。参数设置如下：建筑外墙厚 0.37m，传热系数为 0.5W/（m²·K），屋顶厚 0.2m，传热系数为 0.45W/（m²·K），内墙与地面厚 0.12m，传热系数为 2.9W/（m²·K），外墙、内墙、地面与屋顶材质均为混凝土，混凝土密度为 1000kg/m³，比热容为 970J/（kg·K），导热系数为 1.7W/（m·℃）；墙体、屋顶发射率内部为 0.7，外部为 0.6；窗厚 0.01m，传热系数为 2.3W/（m²·K），窗材质为普通玻璃，玻璃密度为 2500kg/m³，比热容为 840J/（kg·K），导热系数为 0.96W/（m·℃），发射率为 0.96；木门厚 0.05m，传热系数为 2.9W/（m²·K），密度为 730kg/m³，比热容为 2310J/（kg·K），导热系数为 0.147W/（m·℃）。外墙、屋顶、窗口对应的室外温度依据测试日期与时间分别为 3 月 21 日 2℃、5 月 7 日 18℃、7 月 6 日 26℃、11 月 7 日 2℃，软件通过经纬度、日期、时间、朝向参数设置自动加载相应的太阳辐射强度。模拟内墙、地面、门对应的边界条件温度固定值为 20℃（工作时间段）；教室内部散热器厚 0.1m，材料为金属，密度为 7300kg/m³，比热容为 502.48J/（kg·K），导热系数为 50W/（m·℃），发射率内部为 0.27、外部为 0.96，散热器热流密度为 202.76W/m²。本研究的边界参数主要参考《暖通空调常用数据手册》和《民用建筑热工设计规范》GB 50176—2016 中的指标数据。

5）模拟结果对比分析

对 509 教室室内温度进行模拟获得 18 个测点的温度数据。通过对比 509 教室的实测数据与模拟数据的差异（表 2-19）可知，模拟数据与实测数据较接近，不同季节该教室的模拟数据与实测数据的差异在 10% 以内。这个误差可能来自于实测数据误差以及模拟计算时参数设置与实际情况之间存在偏差。这说明可以利用 Fluent 软件对建筑空间热场进行模拟并且模拟方法能够在一定程度上反映教室空间热环境的实际情况。

建筑空间热场四季模拟数据与实测数据对比分析 表 2-19

参考点	2016 年 3 月 21 日（春分）8:00			2016 年 5 月 7 日（立夏）13:40			2016 年 7 月 6 日（小暑）17:25			2016 年 11 月 8 日（立冬）20:20		
	模拟值	实测值	误差	模拟值	实测值	误差	模拟值	实测值	误差	模拟值	实测值	误差
1 号	14.3	15	5%	18.8	20	6%	23.5	25	6%	15.9	17	6%
2 号	14.3	15	5%	18.9	20	6%	23.5	25	6%	15.9	17	6%
3 号	14.4	15	4%	18.8	20	6%	23.6	24	2%	15.9	17	6%
4 号	14.4	14	3%	18.6	20	7%	23.5	24	2%	16.5	18	8%
5 号	13.9	14	1%	18.8	20	6%	23.4	24	2%	16.5	18	8%
6 号	13.7	14	2%	18.8	20	6%	23.4	24	3%	16.4	18	9%
7 号	14.4	15	4%	18.5	20	8%	23.5	23	2%	16.4	17	4%
8 号	14.4	15	4%	18.5	20	8%	23.5	24	2%	16.4	17	4%
9 号	14.5	15	3%	18.4	20	8%	23.6	23	3%	16.3	16	2%
10 号	14.4	15	4%	18.4	20	8%	23.5	24	2%	16.4	17	4%
11 号	13.4	14	4%	18.4	20	8%	23.4	23	2%	16.2	16	1%
12 号	13.2	14	6%	17.9	19	6%	22.9	23	0%	15.5	16	3%
13 号	13.4	14	4%	17.9	19	6%	23.4	23	2%	15.5	16	3%
14 号	13.7	14	2%	18.4	20	8%	23.5	23	2%	15.5	16	3%
15 号	13.2	14	6%	18.4	20	8%	23.4	23	2%	15.8	17	7%
16 号	13.2	13	2%	18.4	19	3%	23.5	23	2%	15.7	16	2%
17 号	13.2	13	2%	17.9	19	6%	23.5	23	2%	15.7	16	2%
18 号	13.3	13	2%	17.9	19	6%	23.4	23	2%	15.4	16	4%

2.3.3 教室空间热场模拟研究概况

教室空间热场模拟研究分为三个主要部分（图 2-18），包括现有基础数据研究、模拟过程和完成目标。

首先，在基础数据研究阶段，依据实地调研获得的我国严寒气候区高校教室空间参数数据聚类分析结果（见 2.3.6 节），将调研

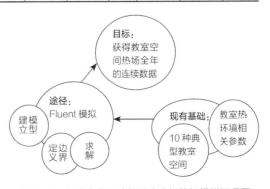

图 2-18 严寒气候区高校教室空间热场模拟概况图

的 208 间教室空间参数归纳为 10 种典型的建筑空间热场空间形态的原型。每类建筑空间模型都包括建筑空间长度、建筑空间宽度、建筑空间高度、窗口宽度、窗口高度、窗台高度、窗间墙宽、窗数量、门数量、门高度、门宽度等共 12 种参数。依据实际调研情况建筑空间内部窗下墙均有散热器，模拟过程中设置散热器与窗等宽，散热器厚 0.1m，散热器距离窗台和地面各 0.1m。不同类型的建筑空间各参数值不同。

其次，在 10 类建筑空间模型的基础上，分别对不同类型建筑空间模型进行全年室内热环境模拟。分别计算不同类型建筑空间模型在热工分区、朝向、所在层数、典型气象日、围护结构热工参数不同情况下的空间内部温度数值，经过排列组合计算共获得 3312 种模拟工况及结果。将这些模拟出的有效数据作为建筑空间热场特征分析的基础数据。

建筑空间内部热环境受多种因素影响，如室外环境条件、人为的开门和开窗通风、室内人员变化情况等。本研究为使建筑空间与室内温度的关联效果更突出并易于获取，故将上述相关因素简化为关门、关窗、室内无人员使用情况，将其作为固定因素进行分析。建筑室外温度、太阳辐射的直射和散射强度、建筑朝向、建筑所在楼层和位置、建筑围护结构热工特性指标、采暖期散热器因素作为已知可确定因素。在这种情况下可以突出建筑空间内部热环境与建筑空间本身的关联性以利于深入讨论。

最后，利用 Fluent 软件进行建筑空间热环境模拟的目标是获得建筑空间热环境全年的连续数据。这些热环境数据有建筑空间热场整体、任意截面、任意点的数值数据或图像数据以及经过二次处理的统计分析数据。由于室内温度差引起的空气流动不显著，本研究仅考虑建筑空间热环境最突出的温度变化特征，弱化空气流动特征，所以计算数据中仅记录了温度数据而没有空气流速的数据。

按照细化的研究目标将上述数据归类形成空间平均温度数据集、0.5m 高水平面平均温度数据集与 1m 高水平面平均温度数据集，空间不同温度及其对应区域数据集、标准面不同温度及其所占区域数据集、标准面温度分布云图集合、空间温度分布云图集合。获得 3312 种工况及其结果，其中有效工况 3041 个，有效率为 91.8%，每种工况均计算出以上所有数据，这些数据为后续建筑空间热场特征分析提供了基础。

2.3.4　教室空间热场模拟气候参数研究

外部气象数据是本研究的重要参数依据，同时也是内蒙古地区建筑空间热场外部环境认识、分析的重要依据。因此，本研究对该区域气候条件特征数据进行分析，汇总研究该类建筑空间热场外部气候条件特征。

气象数据来源包括两个方面：通过实测室外温度和风速，分析实际测试过程中其对室内热环境的影响；提取《中国建筑热环境分析专用气象数据集》[①] 中的数据，该数据集以 1971—2003年间我国 270 个城市气象站的实测数据为基础，结合计算分析，在补充数据后最终形成气象数据

---

① 中国气象局气象信息中心气象资料室，清华大学建筑技术科学系. 中国建筑热环境分析专用气象数据集（附光盘）[M]. 北京：中国建筑工业出版社，2005.

结果。该数据集中包括不同城市逐年、逐月、逐日和逐时的温度、风速、太阳辐射等气象数据。

本研究以呼和浩特市、锡林浩特市、呼伦贝尔市市城市气象数据为筛选对象，筛选出的数据直接作为后期模拟计算参数的设置依据。

（1）建筑空间热场室外温度参数特征分析

本研究使用 Weather Tool 工具筛选中国标准气象数据库的数据，分析呼和浩特市（因包头市与呼和浩特市邻近并且所在气候区相同，所以只选用呼和浩特市气象数据）、锡林郭勒市、呼伦贝尔市三座城市的温度数据。

对气象数据的分析包括三个层次，第一层为全年气象数据分析，第二层为典型气象日气象数据分析，第三层为典型气象日逐时气象数据分析。全年气象数据分析选取时长为365d，典型气象日气象数据分析依据我国二十四节气时间，选取 24d，具体日期见表 2-20。典型气象日逐时气象数据分析的时间段为所调研高校教室的具体使用时间（6:00～22:00）。

我国二十四节气典型气象日列表　　　　　　　　表 2-20

序号	24 节气名称	节气对应时间	选取的典型气象日	所属季节
1	立春	2 月 3～5 日	2 月 3 日	春季
2	雨水	2 月 18～20 日	2 月 18 日	
3	惊蛰	3 月 5～7 日	3 月 5 日	
4	春分	3 月 20～22 日	3 月 20 日	
5	清明	4 月 4～6 日	4 月 4 日	
6	谷雨	4 月 19～21 日	4 月 19 日	
7	立夏	5 月 5～7 日	5 月 5 日	夏季
8	小满	5 月 20～22 日	5 月 20 日	
9	芒种	6 月 5～7 日	6 月 5 日	
10	夏至	6 月 21～22 日	6 月 21 日	
11	小暑	7 月 6～8 日	7 月 6 日	
12	大暑	7 月 22～24 日	7 月 22 日	
13	立秋	8 月 7～9 日	8 月 7 日	秋季
14	处暑	8 月 22～24 日	8 月 22 日	
15	白露	9 月 7～9 日	9 月 7 日	
16	秋分	9 月 22～24 日	9 月 22 日	
17	寒露	10 月 8～9 日	10 月 8 日	
18	霜降	10 月 23～24 日	10 月 23 日	
19	立冬	11 月 7～8 日	11 月 7 日	冬季
20	小雪	11 月 22～23 日	11 月 22 日	
21	大雪	12 月 6～8 日	12 月 6 日	
22	冬至	12 月 21～23 日	12 月 21 日	
23	小寒	1 月 5～7 日	1 月 5 日	
24	大寒	1 月 19～21 日	1 月 20 日	

依据三个气候区典型气象日的室外平均温度统计结果进行分析，如图 2-19 所示。可见：三个气候区典型气象日室外平均温度存在一定差异，其中 B 区与 C 区温度接近，A 区与 B、C 区差异较大。三个气候区室外平均温度在冬季部分时间温度差约为 10℃，夏季差异较小。三个气候区典型气象日间温度的年波动范围约为 40℃，波动较大，对室内热环境的营造提出了挑战。

对比严寒气候区不同区域城市典型气象日日温度波动值，如图 2-20 所示。可见：该区域绝大部分室外逐时温度波动范围在 10~20℃，其中 3 月 21 日、7 月 21 日的温度波动范围较小。由逐时温度与日平均温度对比可知，逐时温度与日平均温度的差异在 5~10℃，这个波动范围会对室内温度水平产生明显影响。对比室外逐时温度波动与日平均温度的差异可知，我国建筑热工相关标准中仅采用日平均温度作为室内热环境设计的依据，存在一定的局限性。

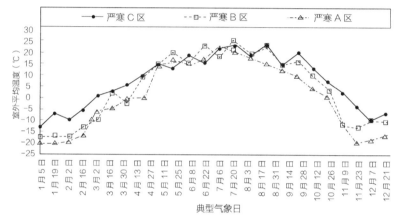

图 2-19　严寒气候区典型气象日室外平均温度对比分析图

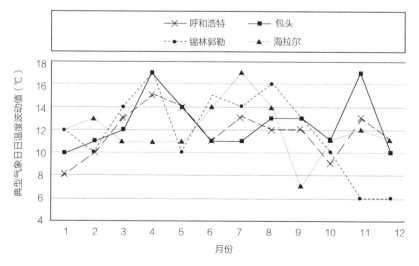

图 2-20　严寒气候区不同区域城市典型气象日日温度波动分析图

因此，后续研究主要使用逐时温度作为教室空间热场的模拟参数和判断依据，日平均温度数据仅作为参考。

（2）建筑空间热场太阳辐射相关参数分析

太阳辐射数据是研究建筑热环境的重要数据之一，本研究在实地调研过程中受条件限制没有记录太阳辐射数据，所以在利用 Fluent 软件进行模拟时采用了软件内部自设的太阳辐射数据，通过输入被测试建筑的经纬度、建筑朝向、测试时间以及软件内部自带的太阳辐射气象数据库或理论计算气象数据，进行数据提取和计算。这两种数据均包括太阳直射辐射、太阳散射辐射和太阳总辐射等数据，为使模拟更真实，本研究采用气象数据库的直射辐射、散射辐射和总辐射数据。

模拟太阳辐射设置的相关参数包括不同热工分区典型城市的经、纬度（呼和浩特市经度 111.7°、纬度 40.8°，锡林浩特市经度 116.1°、纬度 44°，呼伦贝尔市经度 119.8°、纬度 49.2°），三个城市分别处于我国热工分区的 IC、IB、IA 区，所属时区为格林尼治时间 +8，逐时模拟的时间为二十四节气典型气象日 6:00、8:00、10:00、12:00、14:00、16:00、18:00、20:00、22:00，如表 2-21 所示。

严寒气候区教室空间热场模拟太阳辐射相关参数设置　　　　　　　表 2-21

序号	参数	参数标准		
1	热工分区	IC	IB	IA
2	纬度	40.8°	44°	49.2°
3	经度	111.7°	116.1°	119.8°
4	时区	+8	+8	+8
5	模拟时间	二十四节气日平均温度；6:00～22:00，间隔 2h		

（3）建筑空间热场风力风向参数分析

建筑所在区域的风力风向对建筑内部空间热环境有显著影响，主要是通过开窗通风和围护结构空气渗透影响室内温度和气流速度。

前期实测过程受条件限制无法获得持续的风力风向数据，相关气象站所记录的风力风向数据也是单位时间内的平均风速，这与实际环境的风力风向是不断变化的现实状态差距较大。

通过对 Ecotect 模拟软件中所调研城市风力风向统计数据进行初步分析，可知锡林浩特市年平均风力最高，呼和浩特市最低，虽然统计了调研城市单位时间段内的风力风向平均值，但是三个城市不同时间段内的风力风向数据变化较大且无规律可循。

考虑到利用软件模拟的风环境与实际风环境的特点差异较大且教室空间的人为通风影响因素太多，所以本研究不再采用软件模拟方法研究风环境对室内温度的影响，而采用自然通风建筑室内温度计算的相关研究成果（见 2.4.2 节），对模拟温度数据进行理论上的优化。

自然通风建筑室内温度计算的相关研究成果表明"自然通风建筑内部的舒适温度与通风空间的室外温度有密切关系"，而自然通风建筑通风的前提是室内温度过高，需要进行通风降温，其通风量的调节标准就是使室内温度达到舒适水平。根据 Olgyay 的生物气候图理论 [①]可知，当环境温度 >26℃时，需要对环境进行通风降温，使温度接近舒适温度。基于上述理论，本研究在优化风力风向对建筑空间内部温度环境的影响时，主要使用我国舒适温度回归方程式 $T_c=19.7+0.30T_a$（out）计算的舒适温度，代替模拟结果中 >26℃（舒适温度）的温度值。

2.3.5　教室空间热场模拟边界参数研究

依据建筑热工学相关原理可知建筑空间从外部得热的过程首先是外部环境将热量传给围护结构，再通过围护结构进一步传给室内。建筑空间围护结构具有传热特征且会对传热效果产生显著影响。因此在我国建筑设计相关标准中，为控制室内热环境水平，对建筑空间围护结构的传热系数进行了规定。所以研究空间与内部热场关系时应先明确这些空间边界的热工性能。

（1）围护结构热工参数

建筑空间热场的边界主要有两种，即建筑空间围护结构与空间内部的散热器。这两个对象的热工特性与材料类型、材料传热特性有关。本研究在进行建筑空间热场模拟计算时参考实地调研情况，确定了建筑空间围护结构的材料，并通过查阅我国公共建筑设计相关要求、《暖通空调常用数据手册》与美国工程师工作站的相关开放资源确定了相关材料的不同热工参数，如表 2-22 所示。

围护结构材质：墙体为混凝土与砌块，窗为玻璃，门为木材，散热器为金属。

不同材质的热参数包括：材质的发射率、密度、比热容与导热系数。同时依据《暖通空调常用数据手册》设定了模拟环境的边界温度，当边界与室外接触时界面温度为室外温度；当边界与建筑内部其他空间接触时界面温度为其他空间温度。依据《暖通空调常用数据手册》中对教学楼的规定教室室温依据工况不同分为 20℃（工作时：8:00～18:00）和 5℃（非工作时：18:00 至次日 8:00）。

建筑围护结构相关参数设置汇总表　　　　表 2-22

序号	参数	IC	IB	IA
1	外墙墙体传热系数 [W/（m²·K）]	≤ 0.50	≤ 0.45	≤ 0.45
2	屋顶传热系数 [W/（m²·K）]	≤ 0.45	≤ 0.35	≤ 0.35
3	地面传热系数 [W/（m²·K）]	≤ 2.9		
4	窗传热系数 [W/（m²·K）]	≤ 2.3	≤ 2.2	≤ 2.2
5	玻璃发射率	内部 0.96，外部 0.96		
6	混凝土发射率	内部 0.7，外部 0.6		
7	金属发射率	内部 0.27，外部 0.96		

[①] Olgyay V. Design with climate: Bioclimatic approach to architectural regionalism[M]. Princeton: Princeton University Press, 1963.

序号	参数	IC	IB	IA
8	木材发射率	内部 0.7，外部 0.6		
9	自由流体温度（℃）	20（工作时）、5（非工作时）		
10	外墙厚度（m）	0.37		
11	内墙厚度（m）	0.2		
12	窗厚度（m）	0.01		
13	门厚度（m）	0.05		
14	金属材料密度（kg/m³）	7300		
15	金属材料比热容 [J/（kg·K）]	502.48		
16	金属材料导热系数 [W/（m·℃）]	50		
17	墙体材料（混凝土）密度（kg/m³）	1000		
18	墙体材料（混凝土）比热容 [J/（kg·K）]	970		
19	墙体材料（混凝土）导热系数 [W/（m·℃）]	1.7		
20	玻璃材料密度（kg/m³）	2500		
21	玻璃材料比热容 [J/（kg·K）]	840		
22	玻璃材料导热系数 [W/（m·℃）]	0.96		
23	木材材料密度（kg/m³）	730		
24	木材材料比热容 [J/（kg·K）]	2310		
25	木材材料导热系数 [W/（m·℃）]	0.147		

（2）散热器参数设置

散热器热流密度按照《建筑暖通空调设计手册》中建筑节能设计部分提出的不同城市建筑耗热量指标计算。其中严寒 C 区建筑耗热量为 21.3W/m²，严寒 B 区建筑耗热量为 22W/m²，严寒 A 区建筑耗热量为 22.6W/m²。依据教室建筑空间类型、教室面积和散热器面积，计算得到不同类型的教室在不同建筑热工分区中的散热器热流密度标准，据此计算出各建筑模型中散热器的热流密度，如表 2-23 所示。按照当地采暖季要求，如果典型气象日在采暖季内则在模拟过程中设置该参数，其余时间不设置。

不同类型教室空间模型中散热器热流密度统计表　　　　表 2-23

教室类型编号	散热器热流密度（W/m²）		
	IC	IB	IA
1	514.03	530.92	545.40
2	145.23	150.00	154.09
3	144.10	148.83	152.89
4	44.41	45.87	47.12
5	190.78	197.05	202.42

教室类型编号	散热器热流密度（W/m²）		
	IC	IB	IA
6	100.28	103.58	106.40
7	219.24	226.44	232.62
8	135.84	140.31	144.13
9	153.39	158.43	162.75
10	252.58	260.88	268.00

2.3.6　建筑空间热场模拟模型提取与特征分析

建筑内部空间的墙面、地面、顶棚、门窗等构件共同作用能够围合出一个特定的空间形态。空间形态的不同是否会导致其内部温度水平的差异？本研究通过对教室空间参数进行统计分析，进而研究空间与内部热环境的关系。在研究教室建筑空间特征时分析了空间长度（房间开间）、空间宽度（房间进深）、空间高度和门窗尺寸等参数。

通过对 208 间教室的内部空间边界进行测试获得了该类空间内部非均匀热环境的空间边界参数。该参数作为统计分析的原始数据，将其录入统计分析软件 SPSS 15.0 对其进行极值分析、均值分析、类别分析等进而获得以下结论。

2.3.6.1　教室空间参数特征分析

（1）教室空间长度、宽度参数依据班级容量变化而呈梯度变化

对所调研教室空间尺度参数进行统计，教室平面的长度在 6 ~ 22.6m 之间、宽度在 5.7 ~ 17.6m 之间、高度在 2.8 ~ 5m 之间。均值分别为：长 12.5m，宽 8.4m，高 3.6m。

假设按照现代高校人均 1m²、每班 30 人计算，统计结果中最小教室应该是一个班级的容量，最大教室（约 300 人）是十个班级的容量，而均值是三个班级的容量，这与调研的实际情况完全相符。

由教室空间参数频率统计图 2-21 可知，教室长度在 10 ~ 15m 的教室数量占绝大多数，对应的教室宽度约 8m、高度约 3.5m，现代高校教室绝大多数能够满足 80 ~ 120 人使用。教室长度变化较大，宽度变化较小。

（2）教室门窗洞口设置较自由

调研教室的门窗是空间围护结构的重要组成部分，同时也是太阳辐射得热过程中的重要构件，其对室内热环境有一定影响。本研究对所调研教室的门、窗参数进行了统计分析，结果如图 2-22、图 2-23 所示。

1）教室窗的数量为 1 ~ 16 个，差异较大，有 2 ~ 4 个窗的教室数量最多；

2）窗的高度为 1.15 ~ 3.4m，高度为 2.1m、2.2m、2.8m 的窗所占比例最大；窗的宽度为 0.6 ~ 12.7m，差异较大，宽度为 2.4 ~ 2.6m 的窗总数最多；

3）窗间墙宽最大值为2.7m，窗总面积为6~70m²，窗平均面积在4~8m²的教室数量最多，总面积为14~22m²的教室比例最高；

4）门洞口的宽度为0.8~2.9m，高度的最大值为3m、最小值为2m，数量最大值为4个、最小值为1个，间距最大为15m，总面积最大为2.4~16.4m²。

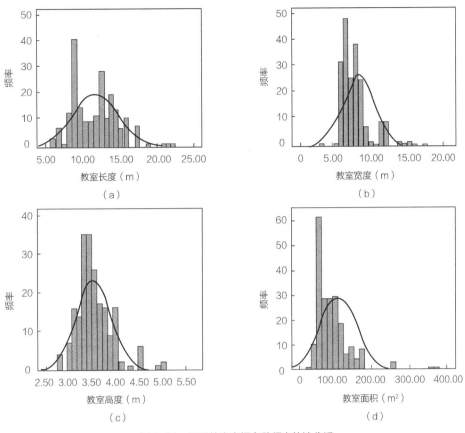

图2-21 调研教室空间参数频率统计分析
（a）教室长度；（b）教室宽度；（c）教室高度；（d）教室面积

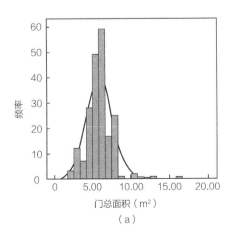

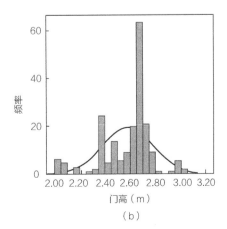

图2-22 调研教室门参数频率统计分析
（a）门总面积；（b）门高

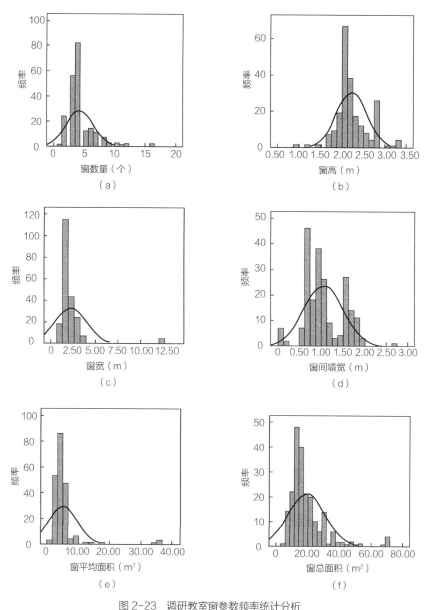

图 2-23 调研教室窗参数频率统计分析
（a）窗数量；（b）窗高；（c）窗宽；（d）窗间墙宽；（e）窗平均面积；（f）窗总面积

2.3.6.2 教室空间参数相关性分析

对高校教室的长度、宽度和高度进行相关性分析显示：教室长度和宽度的相关性较大，相关系数为 0.569，在 0.05 水平上显著相关；教室长度与高度的相关性较小，相关系数为 0.205，在 0.01 水平上显著相关；阶梯教室前后空间的高度非常相关，相关系数为 0.960，在 0.05 水平上显著相关。

由此可见，在设计教室空间的过程中，班级容量确定后基本可以保证其长度、宽度的比例关系，但空间高度变化范围较大。后续研究结果显示，该比例关系对室内热环境有一定影响。

2.3.6.3 教室空间聚类分析

对所调研教室的长度、宽度、高度、门窗尺寸等基本信息进行聚类统计分析，结果显示当类别数量为 10 时聚类中心偏移度最小，因此可将调研教室空间参数特征划分为 10 类。

最终聚类结果如表 2-24 所示。10 种类型中第 6 类、第 3 类、第 8 类对应教室数量约为 50 个、39 个、35 个，所占数量排在前三位。

分析 10 种类型教室空间参数可知 10 类建筑空间特征相对独立（表 2-25），10 类空间参数信息具有一定差异且空间特征明显。教室空间在长度、宽度、高度比例和窗户形式上存在显著差异。

教室空间中散热器参数数据没有参与建筑空间模型的聚类分析。因实地调研中教室均设有窗下墙壁挂式散热器，所以散热器可作为固定因素参与建筑空间与热场的讨论。但是实际情况中散热器是一个不可忽略的室内热环境影响因素，故给定散热器在不同类型空间中的设置原则，即在模型中统一设置散热器尺寸：散热器与窗等宽，厚度为 10cm，在不同模型中散热器高度为窗台高度减去 20cm；散热器距离窗台与地面各 10cm。

我国严寒气候区高校教室空间参数聚类结果统计表　　　　表 2-24

相关参数	聚类									
	1	2	3	4	5	6	7	8	9	10
教室长度（m）	21.7	14.8	12.4	12.5	15.7	8.6	14.5	9.7	15.5	16.1
教室宽度（m）	16.2	11.2	8.1	7.0	15.7	7.2	7.9	6.7	12.6	9.3
教室高度（m）	3.5	3.6	3.6	4.6	3.3	3.4	3.6	3.4	4.2	3.9
窗数量（个）	9	6	3	2	16	3	4	2	12	5
门数量（个）	2	2	2	2	2	2	2	2	1	2
窗高度（m）	2.3	2.5	2.2	2.8	2.2	2.2	2.2	2.2	3.4	2.4
窗宽度（m）	0.8	1.8	2.12	12.5	0.8	1.5	2.5	2.5	1.1	2.2
窗间墙宽（m）	1.1	0.7	1.2	0	0.7	0.9	1.2	1.2	1.4	1.2
窗台高度（m）	0.8	0.5	0.9	0.9	0.8	0.9	1.0	0.9	0.4	0.8
门高度（m）	2.7	2.6	2.5	2.4	2.2	2.7	2.6	2.6	3.0	2.7
门宽度（m）	1.4	1.4	1.0	1.5	1.7	1.1	1.1	1.0	2.9	1.2
门间距（m）	13.1	6.0	9.0	2.7	7.3	4.8	5.2	6.5	0	11.2
案例数（个）	2	20	39	4	1	50	25	35	1	11

我国严寒气候区典型高校建筑空间特性分析统计表　　　表 2-25

序号	不同类型教室空间图片	不同类型教室空间特征简述
1		教室尺寸：21.7m×16.2m×3.5m 中间教室、侧开门、单侧局部多个细长窗，长方形教室，教室高度相对偏低
2		教室尺寸：14.8m×11.2m×3.6m 中间教室、侧开门，单侧满墙多个长方形窗，长方形教室，教室高度相对较好
3		教室尺寸：12.4m×8.1m×3.6m 中间教室、侧开门，单侧局部多个长方形窗，长方形教室，教室高度相对较好
4		教室尺寸：12.5m×7m×4.6m 端部教室、端部开门，双侧满墙通长窗，长方形教室，教室高度相对较高
5		教室尺寸：15.7m×15.7m×3.3m 端部教室、单侧开门，拐角双侧局部细长窗，正方形教室，教室高度相对偏低
6		教室尺寸：8.6m×7.2m×3.4m 中间教室、单侧开门，单侧局部长方形窗，小型近正方形教室，教室高度相对较高
7		教室尺寸：14.5m×7.8m×3.6m 中间教室、单侧开门，单侧局部长方形窗，长方形教室，教室高度相对较高
8		教室尺寸：9.6m×6.6m×3.4m 中间教室、单侧开门，单侧局部长方形窗，小型方形教室，教室高度相对较高

序号	不同类型教室空间图片	不同类型教室空间特征简述
9		教室尺寸：15.5m×12.6m×4.2m 端部教室、端部单门，双侧局部细长窗，近方形教室，教室高度相对正常
10		教室尺寸：16m×8.3m×3.9m 中间教室、单侧开门，单侧长方形窗，长方形教室，教室高度相对正常

2.3.6.4 教室空间朝向分析

太阳辐射具有一定的方向性，所以不同朝向的教室空间接收的太阳辐射水平不同。假设当教室空间只受太阳辐射影响时，那么不同朝向的建筑空间的室内温度不同，因此需要进一步讨论教室空间朝向如何影响室内热环境。

首先利用现场记录数据统计分析调研教室的朝向特征，进而分析不同建筑空间朝向与室内温度差异的关系。

（1）教学楼建筑朝向分析

实地调研数据统计显示：在我国严寒气候区，"一"字形布局的教学楼的数量较多，受地形、区域肌理、环境氛围等影响也存在其他平面形式的教学楼。所调研的教学楼中"一"字形教学楼共有 11 栋，"L"形教学楼 3 栋，"回"字形教学楼 3 栋。在实际环境中为解决朝向与建筑形体之间的矛盾，三种主要形体还可变形为"Z"形、"U"形、"工"字形等形式，不同平面形式的建筑其长边均为南北朝向，短边均为东西朝向。

（2）教室空间朝向分析

建筑的整体布局在一定程度上限定了建筑内部空间的朝向，而建筑内部空间的朝向才是该空间获得太阳辐射量多少的主要影响因素。本研究对所调研的教室空间朝向进行统计分析，其目的是分析建筑设计行业在对我国严寒气候区教室空间进行设计时是否考虑了利用朝向获取热量的问题，统计结果如图 2-24 所示。

1）所调研的教室空间中南向教室数量最多为 92 个，占总数的 44%；

2）东向、西向教室数量较少，分别为 21 个、26 个，分别占调研总数的 10% 和 13%，北向教室数量较少，为 66 个，约占总数的 32%，其他朝向约占总数的 1%。

在实地调研过程中对调研教室不同朝向的选择原则是一致的，即对建筑首层、顶层、中间层不同朝向的尽端教室和中间教室都要测试。假设不同朝向的教室数量一致，则在筛选原则一致的前提下，实测的各朝向教室数量应一致，但实测的结果显示我国严寒气候区高校教室中南向教室数量明显高于其他朝向教室数量，可以判断我国严寒气候区域内一定比例的高校建筑是通过建筑朝向设置争取更多太阳辐射能量的。

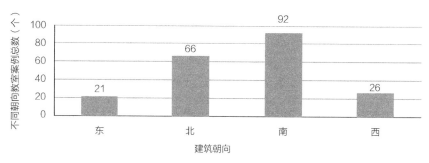

图 2-24 严寒气候区高校教室空间朝向分析图

分析上述结论可知，在北方严寒气候区南向教室接收的太阳辐射能量较多。同时，作为教室空间南向采光最好，更多地设计南向教室可以获得较好的热量和光线。下午西向教室有西晒问题，但在我国北方寒冷的冬季，西晒是室内热量的重要来源，所以西向教室同样重要。东向教室在早上获得的太阳辐射热量较少，如果建筑空间有可能在南向、西向开窗就会尽量避免在东向开窗，所以东向教室较少。由于所调研的教学楼多为"一"字形布局双侧内廊式，所以南北向建筑空间数量基本一致，在调研的建筑中为减少北向教室数量通常在北向设置办公、辅助等空间，但建筑的"一"字形布局决定了北向空间的绝对数量。

2.4 教室空间热场模拟干扰因素分析

2.4.1 天然采光因素分析

因教室内部各点温度差异并不显著，为简化分析过程采用教室内部平均温度数值进行其影响因素分析，通过分析得到如下结论：

教室内部平均温度与教室内部平均照度成正相关，相关系数为 0.493，0.05 水平上显著正相关，说明教室内部平均照度越高，教室内部平均温度越高（表 2-26）。进一步分析不同区域的照度值与窗口区域的温度值，发现两者也存在相关性且越远离窗口区域照度与温度相关性越小，如表 2-27 所示，7~12 号点上照度与温度的相关系数在 0.2~0.3 之间，0.05 水平上显著相关；13~18 号点上照度与温度的相关系数在 0.1~0.2 之间，0.05 水平上显著相关。

我国严寒气候区高校教室空间热场标准面平均温度相关系数　　　　表 2-26

相关系数　变量 变量	平均温度	平均照度	不同高度温度平均值		
			1~6 号点	7~12 号点	13~18 号点
平均温度	1	0.493**	0.963**	0.990**	0.981**
平均照度	0.493**	1	0.477**	0.499**	0.471**

注：** 表示 0.05 水平上显著相关。

我国严寒气候区高校教室空间近窗区域平均温度与不同区域照度值相关性分析　表2-27

相关系数 变量	变量	桌面照度					
7~18号点 平均温度	点位	7号点	8号点	9号点	10号点	11号点	12号点
	相关系数	0.412**	0.274**	0.313**	0.311**	0.324**	0.266**
	点位	13号点	14号点	15号点	16号点	17号点	18号点
	相关系数	0.099	0.296**	0.189**	0.150*	0.144*	0.274**

注：* 表示0.1水平上显著相关，** 表示0.05水平上显著相关。

　　分析原因可知，室内桌面的照度主要来自于太阳发出的可见光，室内接收可见光的同时还获得了太阳的辐射能量。相关文献显示，晴空条件下太阳的可见光照度与辐射照度成正比例关系，由图2-25可见 [1] 教室照度值越大获得的太阳辐射能量越多。室内热量的升高和降低与接收太阳辐射能量的多少直接相关，辐射能量的多少可以通过分析室内照度值获得。

　　因此可以说明在北方严寒气候区对建筑空间进行天然采光设计不仅能够获得适当的工作面照度还能利用采光有效地改善室内的温度。

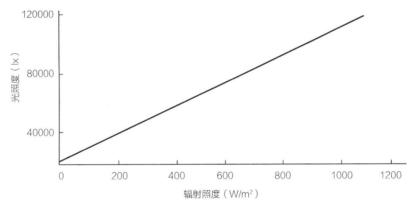

图2-25　太阳光照度与辐射照度关系图
（来源：鞠喜林. 晴空条件下光照度与辐射照度关系）

2.4.2　通风因素分析

（1）教室内部风速实测数据分析

　　教室内部风速实地测试是在关窗状态下进行的测试。对教室内部风速实测数据进行统计显示，教室内部不同水平面风速随高度的升高而增大，但整体风速常低于0.1m/s，风速计面板直接显示的最低风速值为0.01m/s，不同测点的最高风速值为0.14m/s，最低风速值为0m/s，教室平均风速值最高为0.08m/s。对教室内部风速与教室面积、窗总面积、门总面积和教室

① 鞠喜林. 晴空条件下光照度与辐射照度关系 [J]. 太阳能学报，1999，20（2）：190-195.

室外风速进行相关性测试发现教室内部风速与教室面积相关但并不显著。这说明关窗状态下外界环境对教室内部风速的影响微小，教室内部风速主要是室内温度差引起的自然对流。

（2）开窗通风下风速对室内温度影响分析

开窗通风是当建筑内部温度高于一定界限时使用者主动采用的降温方式，这种控制温度的方法具有很大的灵活性和不确定性。本研究考虑教室需要开窗自然通风的边界温度为 20～30℃[1] 和26.7℃两种标准。26.7℃是 Olgyay 的生物气候图理论 [2] 中给出的需要通风的相应环境条件，通过上述两种标准筛选软件模拟获得的教室室内温度数值可得高于30℃的室外温度条件数为 5 个，高于 26.7℃的通风条件数为 20 个，对应的室外温度条件总数为 648 个，所占百分比分别为 0.77% 和 3%，这说明我国严寒气候区建筑开窗通风的情况较少。本研究选择温度高于 26.7℃作为开窗通风条件，当模拟的教室平均温度高于该值时按照室内温度舒适方程式（表 2-28）计算相应温度并替换原有温度数据，虽然进行了数据替换但在严寒气候区自然开窗通风比例并不高仅为 0.77%～3%，可理解为替换数据仅占总数的 0.77%～3%。因本研究评价的热场是全年、全时段的热场而非某一时刻的热场，因此上述数据对最终的评价结果影响较小。所以本研究认为替换数据并不会对此类建筑空间热场评价结果起决定性作用。

热舒适温度与室外空气温度方程式统计表 表 2-28

序号	地区、项目	建筑类型	舒适温度（T_c）方程	备注
1	澳大利亚	各种建筑	$T_c=17.6+0.31T_a$（out）	T_a（out）：室外月平均温度
2	巴基斯坦	自然通风建筑	$T_c=18.5+0.36T_a$（out）	T_a（out）：室外月平均温度
3	ASHRAE RP-884	自然通风建筑	$T_c=17.8+0.31T_a$（out）	T_a（out）：室外月平均温度
4	伊朗	自然通风建筑	$T_c=17.3+0.36T_a$（out）	T_a（out）：室外月平均温度
5	EU-SCATS JOE3-CT97-0066	各种建筑	$T_c=19.39+0.302T_{rm}$，$T>10℃$ $T_c=22.88$，$T\leq10℃$	T_{rm}：平均室外空气温度
6	意大利	自然通风建筑 中央空调建筑	$T_c=17.63+0.34T_{rm}$ （自然通风） $T_c=17.82+0.315T_{rm}$ （中央空调）	T_{rm}：平均室外空气温度
7	中国大陆	自然通风建筑	$T_c=19.7+0.30T_a$（out）	T_a（out）：室外月平均温度
8	EU-SCATS JOE3-CT97-0066	自由运行建筑	$T_c=18.8+0.33T_a$（out）（EN15251）	T_a（out）：指数加权平均室外空气温度
9	中国台湾	半室外热环境	$T_n=16.8+0.38T_a$（out）	T_n：热中性温度； T_a（out）：室外月平均温度

来源：黄建华，张慧. 人与热环境 [M]. 北京：科学出版社，2011: 111-113.

---

[1] 李百战. 室内热环境与人体热舒适 [M]. 重庆：重庆大学出版社，2012.

[2] Olgyay V. Design with climate: Bioclimatic approach to architectural regionalism[M]. Princeton: Princeton University Press, 1963.

2.4.3 人员因素分析

教室内人员通过人体散热的方式向教室内传输热量。为明确人员散热如何影响室内的温度变化，本研究从两方面寻找问题答案。一方面进行了文献分析，另一方面进行了理论计算。依据相关理论计算得出教室的人员散热量及室内的温度波动值。

（1）基于文献研究成果的分析

通过查阅文献发现，高校教室内人员散热可提升教室室内温度2℃左右。如邱静等[①]对两个教室室内热环境进行了对比分析，发现在武汉地区室内外温度差为3~5℃时（6月份），同等条件下有人和无人教室室内温度差约在2℃。从这一结论可知，对于严寒气候区室内外温度差远超过5℃的情况下，受室内外温度差影响建筑空间围护结构的空气渗透量加大所带走的热空气量会更大。在此情况下教室内温度波动受人员散热的影响将更小，应小于2℃。

（2）基于理论计算的分析

1）假设教室空间完全不从外界获得热量，而教室内部热量仅有人员散热作为内部热源热量供给，那么教室内部人员的散热量一部分将用于加热教室空间内部空气，并以升高空气温度的形式保留在教室内部，另一部分将透过建筑围护结构损失掉。此时人员引起的内部空气温度变化，可以代表教室内部人员散热引起的室内热环境的变化。

计算时仅计算冬季教室温度，即室内温度高于室外温度时的人员散热情况。因为所计算的建筑对象为我国严寒气候区高校教室空间，根据实地调研情况该类建筑为自然通风建筑，在夏季通过开门开窗可以调节过高的室内温度，使教室温度保持舒适。在冬季室外寒冷，开门开窗通风的情况少，此时室内人员散热才会导致室内温度过高进而引起不舒适，因此本环节计算仅针对冬季进行讨论，分析不通风的情况下人员散热给教室空间温度带来的影响。

2）查询《实用供热空调设计手册》（2007年）、《民用建筑供暖通风与空气调节设计规范》GB 50736—2012、《建筑外窗气密性能分级及检测方法》GB/T 7107—2002获取相关计算数据，包括：

空气比热容0.28W·h/（kg·K）、空气密度1.202kg/m³、每个人平均散热量76W（显热散热量，为国外数据，国内应用应乘以系数0.96）、高校教室窗地面积比应大于1/6、人均地面面积2.5m²、人员占座率0.8、教室空间每小时换气次数6次；因所调研的教室均为多层混凝土建筑，因此建筑的热损失概算选取1.1W/（m³·℃），冬季室内外温度差异较大，为对比明显本计算选择室内外温度差为5℃和10℃两种状态进行比较（温度差更大时，说明室外更寒冷，人员散热量对于提升室内温度的影响更小）；为简化计算，教室空间内的冷风渗透耗热量计算方法选择换气次数法，换气次数法计算公式为$L=K·V$，K取值为1，房间体积V取教室体积（因教室空间夏季开门开窗室内外温度差较小，通风会带走绝大部分热量，热源散热对室内温度的影响并不明显，而冬季关门关窗的状态下热量不容易散出，所以本环节选择人员散热影响较大的冬季状态进行教室内部升温的初步理论计算）。

---

① 邱静，凌强. 武汉高校公共教室夏季热环境的实测研究[J]. 华中建筑，2014（5）：32-35.

3）人员散热升温计算。

依据人员散热量计算公式：

$$Q = n \cdot q \qquad\qquad (2\text{-}19)$$

式中　Q——总散热量；

　　　n——教室内人数；

　　　q——人均散热量。

由于不同类型建筑空间均会散失一部分热量 Q_s，且该热量可通过热损失概算进行计算。人员总散热量 Q 减去热损失的热量 Q_s 可得用于加热建筑内部空气温度的热量 Q_x。而该散热总量 Q 用于加热的教室空气体积包括教室内原有空气体积、教室换气次数带来的空气体积（本计算取 6 倍的教室体积）、通过门窗渗透的空气体积（本计算取 1 倍的教室体积）。再依据吸热放热计算公式 $Q_x = C \cdot m \cdot \Delta t$，可计算出教室空间升高的温度 Δt。

计算过程与相关公式见表 2-29。

教室空间人员散热计算过程与依据统计表　　　　　　　　表 2-29

步骤	计算项目与计算公式	备注
第1步	人员总散热量：$Q = n \cdot q$	n 为教室内人数，依据人均教室面积和人员占座率求得，人员占座率为 0.8；q 为人均散热量
第2步	单位建筑面积耗热量：$q' = q_{H.T} + q_{INF}$	$q_{H.T}$ 为单位建筑面积通过围护结构的传热耗热量；q_{INF} 为单位建筑面积的空气渗透耗热量
第2步	单位建筑面积通过围护结构的传热耗热量：$q_{H.T} = \left(t_i - t_e\right)\left(\sum \varepsilon_i \cdot k_i \cdot F_i\right) / A_0$	t_i、t_e 为室内、室外温度；ε_i 为围护结构传热修正系数；k_i 为围护结构传热系数；F_i 为围护结构面积；A_0 为建筑面积
第2步	单位建筑面积的空气渗透耗热量：$q_{INF} = \left(t_i - t_e\right)\left(C_p \cdot \rho \cdot N \cdot V\right) / A_0$	C_p 为空气比热容，取 0.28W·h/（kg·K）；ρ 为空气密度；$N \cdot V$ 为换气总体积，按 32m³/（h·人），或 N 为 6 次，V 为教室体积
第3步	用于加热室内空气的热量：$Q_x = Q - q'$	Q 为人员总散热量；q' 为单位建筑面积耗热量
第4步	加热空气后的温度变化：$Q_x = C \cdot m \cdot \Delta t$	C 为空气比热容；m 为空气质量；Δt 为空气温度变化量

计算结果数据统计见表 2-30，当室内外计算温度差为 5℃时人员散热不足以提升室内温度，室内温度降低约 2℃。这与前面所查找的文献[1] 中实地调研结果大小一致方向相反，可见该计算结果与事实较符合。

---

[1] Bedford T. The warmth factor in comfort at work. A physiological study of heating and ventilation[M]. 1936.

严寒气候区高校教室室内外温度差为5℃时人员散热量引起教室空气升温数值统计表　表2-30

教室类型编号	人数	人员总散热量（W）	传热损失概算量[W/（m³·℃）]	空气渗透热损失概算量[W/（m³·℃）]	用于加热空气的人员散热量（W）	室内外温度差为5℃时每小时空气升温（℃）
1	141	8207.5	154.6	12423.0	−4370.1	−1.76
2	66	3870.0	108.4	6025.1	−2263.5	−1.88
3	40	2345.0	90.8	3650.8	−1396.7	−1.91
4	35	2042.9	117.0	4064.0	−2138.1	−2.63
5	99	5754.9	105.4	8212.9	−2563.5	−1.56
6	25	1445.7	63.0	2250.7	−868.0	−1.93
7	46	2674.4	100.3	3932.4	−1358.3	−1.73
8	26	1517.3	71.1	2362.3	−916.0	−1.94
9	78	4559.7	132.5	8282.0	−3854.8	−2.33
10	60	3495.8	127.8	5896.0	−2528.0	−2.14

依据上面的计算方法分别计算室内外温度差为5℃、10℃、15℃时室内每小时的温度变化情况可得到图2-26所示的统计图。由于教室空间使用时间以上课时间计，即每小时可通风换气调节室内温度，因此本研究仅计算1h内的温度变化。从图2-26可以看出，室内外温度差为5℃时每小时温度变化约−2℃（负号表示温度降低），室内外温度差为10℃时每小时温度变化约−7℃，室内外温度差为15℃时每小时温度变化约−12℃。

可见在严寒气候区自然通风的高校教室空间中，冬季人员散热的热量还不足以使教室温度上升，该部分热量远小于此类建筑通过围护结构和门窗渗透流失的热量。而达到室内热量平衡的条件并不是人员散热，而是该地区该类建筑冬季室内散热器提供足够的热量。由此可知此类建筑在冬季不通风情况下，人员散热不会造成室内温度的较大波动。

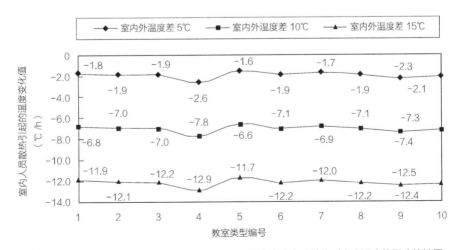

图2-26　不同室内外温度差条件下严寒气候区高校教室室内人员散热对室内温度的影响统计图

2.5 教室空间热场模拟过程

2.5.1 第 1 类教室空间热环境模拟

第 1 类教室空间热环境模拟利用 Fluent 软件模拟全年范围内典型时刻的建筑空间内部温度分布变化规律。模拟相关参数见表 2-31。第 1 类模型的几何尺寸为 21.7m × 16.2m × 3.5m；沿长边一侧设为外墙，墙上有窗口 9 个，各窗口尺寸为 2.3m × 0.8m，窗台高 0.8m，窗间墙宽 1.1m；外墙对侧墙上设门 2 个，各门尺寸为 2.7 m × 1.4m，门间距 13m；窗下墙设与窗等宽散热器 9 片，散热器简化为长方体，尺寸为 0.8m × 0.6m × 0.1m，散热器距墙和地面各 0.1m。划分网格采用结构化六面体网格，计算区域网格总数约 41.9 万个。计算时边界条件均为壁面边界类型。

由于不考虑开门开窗通风及人员散热等干扰因素，建筑空间内部能量仅来自于外部太阳辐射与采暖期的散热器散热。建筑空间内部的温度差异会引起内部空气的自然流动。同时，考虑到模拟的建筑空间壁面附近的流动属于钝体绕流，模拟采用（RNG）k-ε 方程、能量方程和辐射方程。离散方式为有限差分法，使用 SIMPLE 算法求解，设定步长为 10000。

计算域边界条件包括固定边界条件相关参数和需要调整的边界条件。

固定边界条件相关参数在每次模拟中数值一样，包括：建筑外墙厚 0.37m，传热系数为 0.5W/（m²·K）；屋顶厚 0.2m，传热系数为 0.45W/（m²·K）；内墙与地面厚 0.12m，传热系数为 2.9W/（m²·K）；外墙、内墙、地面与屋顶材质均为混凝土，混凝土密度为 1000kg/m³，比热容为 970J/（kg·K），导热系数为 1.7W/（m·℃），墙体、屋顶发射率内部为 0.7、外部为 0.6；窗厚 0.01m，传热系数为 2.3W/（m²·K），窗材质为普通玻璃，玻璃密度为 2500kg/m³，比热容为 840J/（kg·K），导热系数为 0.96W/（m·℃），发射率为 0.96；木门厚 0.05m，传热系数为 2.9W/（m²·K），密度为 730kg/m³，比热容为 2310J/（kg·K），导热系数为 0.147W/（m·℃）；模拟内墙、地面、门对应的边界条件温度固定为 20℃（工作时间段）和 5℃（非工作时间段）；教室内部散热器厚 0.001m，材料为金属，密度为 7300kg/m³，比热容为 502.48J/（kg·K）、导热系数为 50W/（m·℃），发射率内部为 0.27、外部为 0.96。

每次模拟发生变化的边界条件主要是室外温度、太阳辐射强度（软件自动生成）和散热器热流密度、外墙（屋顶）位置。这些边界条件受模拟对象所处经纬度、建筑空间朝向、模拟时间、建筑空间在建筑中所处位置影响。依据排列组合方式每次模拟调整上述边界条件，将瞬态问题转化为多个稳态问题，通过调整边界条件模拟一个建筑空间全年的室内温度变化以及同样的空间在不同气候区、不同朝向、不同建筑空间位置中的室内温度变化。室外温度依据模拟对象经纬度、日期、时间依次选择相关数据。如模拟严寒 A 区 9 月 22 日 8:00 教室空间温度时，室外温度为 9℃；太阳辐射强度依据建筑空间模拟朝向和模拟时间、经纬度设置。模拟朝向为东、西、南、北四个方向。模拟时间为教室空间实际使用时间（24 个典型气象日 6:00 ~ 22:00，每次间隔 2h）。经纬度分别为东经 40.8°、北纬 111.7°、东经 44°、北纬 116.1°、东经 49.2°、北纬 119.8°，分别代表严寒 C 区、严寒 B 区、严寒 A 区。散热器热流密度分别为 514.03W/m²（C 区）、530.92W/m²（B 区）、545.4W/m²（A 区）。当模拟教室处于中间层中间房间时不同朝向仅有窗墙为外墙，屋顶与地面均设为地面；当模拟中间层靠山墙房间时则有窗墙和山墙（一侧短边墙为山墙）为外墙，屋顶与地面均设为地面；当模拟教室处于顶层中间房间时窗墙设为外墙，房间屋顶设为屋顶；当模拟顶层靠山墙房间时窗墙与山墙为外墙，房间屋顶设为屋顶。

第 1 类教室不同工况的模拟均依照统一的流程完成，见表 2-32。包括模型的建立（1 号典型教室空间）、网格划分、参数设置与模拟、后处理获得统计数据四个过程。

我国严寒气候区高校第 1 类教室空间热场模拟参数表　　　　表 2-31

项目	主要参数
模型尺寸	几何尺寸：21.7m×16.2m×3.5m；窗口 9 个，尺寸 2.3m×0.8m，窗台高 0.8m，窗间墙宽 1.1m；门 2 个，尺寸 2.7 m×1.4m，门间距 13m；散热器 9 片，尺寸 0.8m×0.6m×0.1m，距墙和地面各 0.1m
边界条件	1. 外墙厚 0.37m，传热系数 0.5W/（m²·K）； 2. 屋顶厚 0.2m，传热系数 0.45W/（m²·K）； 3. 内墙与地面厚 0.12m，传热系数 2.9W/（m²·K）；混凝土密度 1000kg/m³，比热容 970J/（kg·K），导热系数 1.7W/（m·℃），发射率内部 0.7、外部 0.6； 4. 窗厚 0.01m，传热系数 2.3W/（m²·K），普通玻璃，密度 2500kg/m³，比热容 840J/（kg·K），导热系数 0.96W/（m·℃），发射率 0.96； 5. 木门厚 0.05m，传热系数 2.9W/（m²·K），密度 730kg/m³，比热容 2310J/（kg·K），导热系数 0.147W/（m·℃）； 6. 模拟边界条件温度：室外依据模拟日期、时间对应的温度，室内为固定温度 20℃（工作时间段）和 5℃（非工作时间段）； 7. 散热器厚 0.001m，密度 7300kg/m³，比热容 502.48J/（kg·K），导热系数 50W/（m·℃），发射率内部 0.27、外部 0.96；散热器热流密度分别为 514.03W/m²（C 区）、530.92W/m²（B 区）、545.4W/m²（A 区）
模拟过程	划分结构化六面体网格，计算区域网格总数约 41.9 万个，边界条件均为壁面边界类型。模拟采用（RNG）k-ε 方程、能量方程和辐射方程。离散方式为有限差分法，使用 SIMPLE 算法求解，设定步长为 10000

我国严寒气候区高校第 1 类教室空间热场模拟过程概况列表　　　　表 2-32

顺序	主要过程	过程主要参数
1	 （1）第 1 类教室空间模型	 （2）模型主要数据统计界面截图
2	 （3）第 1 类教室空间热场模拟网格划分	 （4）网格划分主要参数设置截图

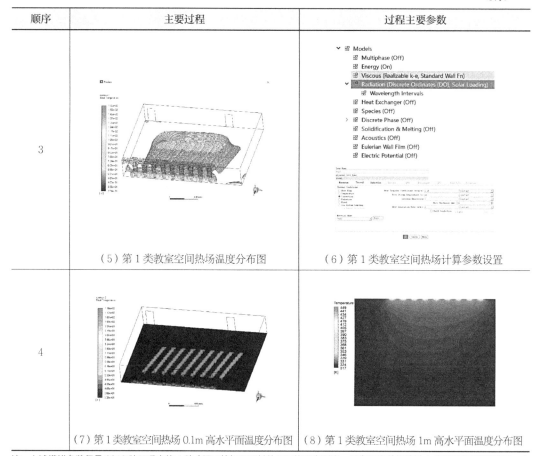

顺序	主要过程	过程主要参数
3	（5）第1类教室空间热场温度分布图	（6）第1类教室空间热场计算参数设置
4	（7）第1类教室空间热场0.1m高水平面温度分布图	（8）第1类教室空间热场1m高水平面温度分布图

注：上述模拟参数仅是3312种工况中的1种（限于篇幅原因其他工况均没有列出，只在后期数据统计中使用相应模拟数据）。本表列出的仅为呼伦贝尔市南向教室典型教室空间12月21日14:00的热场。

2.5.2 第2类教室空间热环境模拟

第2类模型的几何尺寸为14.8m×11.2m×3.6m；沿长边一侧设为外墙，墙上有窗口6个，各窗口尺寸为2.5m×1.8m，窗台高0.8m，窗间墙宽0.7m；外墙对侧墙上设门2个，各门尺寸为2.6m×1.44m，门间距6m；窗下墙设与窗等宽散热器6片，散热器简化为长方体，尺寸为1.8m×0.6m×0.1m，散热器距墙和地面各0.1m。划分网格采用结构化六面体网格，计算区域网格总数约20.3万个。计算时边界条件均为壁面边界类型。

第2类教室空间热环境模拟选用的计算模型与第1类教室空间热环境模拟所使用的模型一样。模拟的边界条件，除散热器热流密度分别为145.23W/m²（C区）、150W/m²（B区）、154.09W/m²（A区）以外，其他边界条件与参数的设置与第1类教室空间热环境模拟的边界条件设置方法一致。模拟基本参数与边界条件见表2-33。

第2类教室不同工况的模拟均依照统一的流程完成，见表2-34。包括模型的建立（2号典型教室空间）、网格划分、参数设置与模拟、后处理获得统计数据四个过程。

我国严寒气候区高校第 2 类教室空间热场模拟参数表　　　表 2-33

项目	主要参数
模型尺寸	几何尺寸：14.8m×11.2m×3.6m；窗口 6 个，尺寸 2.5m×1.8m，窗台高 0.8m，窗间墙宽 0.7m；门 2 个，尺寸 2.6m×1.44m，门间距 6m；散热器 6 片，尺寸 1.8m×0.6m×0.1m，距墙和地面各 0.1m
边界条件	1. 外墙厚 0.37m，传热系数 0.5W/（m²·K）； 2. 屋顶厚 0.2m，传热系数 0.45W/（m²·K）； 3. 内墙与地面厚 0.12m，传热系数 2.9W/（m²·K）；混凝土密度 1000kg/m³，比热容 970J/（kg·K），导热系数 1.7W/（m·℃）；发射率内部 0.7、外部 0.6； 4. 窗厚 0.01m，传热系数 2.3W/（m²·K），普通玻璃，密度 2500kg/m³，比热容 840J/（kg·K），导热系数 0.96W/（m·℃），发射率 0.96； 5. 木门厚 0.05m，传热系数 2.9W/（m²·K），密度 730kg/m³，比热容 2310J/（kg·K），导热系数 0.147W/（m·℃）； 6. 模拟边界条件温度：室外依据模拟日期、时间对应的温度，室内为固定温度 20℃（工作时间段）和 5℃（非工作时间段）； 7. 散热器厚 0.001m，密度 7300kg/m³，比热容 502.48J/（kg·K），导热系数 50W/（m·℃），发射率内部 0.27、外部 0.96；散热器热流密度分别为 145.23W/m²（C 区）、150W/m²（B 区）、154.09W/m²（A 区）
模拟过程	划分结构化六面体网格，计算区域网格总数约 20.3 万个，边界条件均为壁面边界类型。模拟采用（RNG）$k-\varepsilon$ 方程、能量方程和辐射方程。离散方式为有限差分法，使用 SIMPLE 算法求解，设定步长为 10000

我国严寒气候区高校第 2 类教室空间热场模拟过程概况列表　　　表 2-34

顺序	主要过程	过程主要参数
1	 （1）第 2 类教室空间模型	 （2）模型主要数据统计界面截图
2	 （3）第 2 类教室空间热场模拟网格划分	 （4）网格划分主要参数设置截图

续表

顺序	主要过程	过程主要参数
3	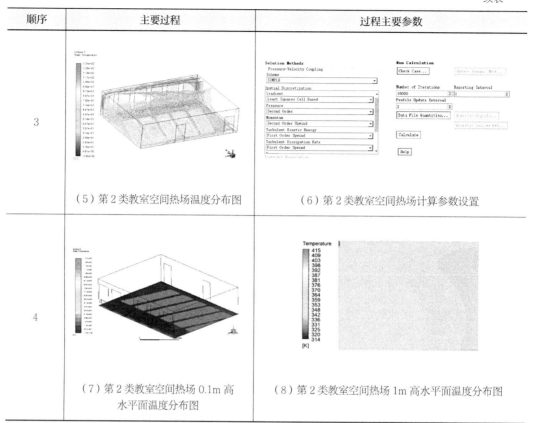 (5) 第 2 类教室空间热场温度分布图	(6) 第 2 类教室空间热场计算参数设置
4	(7) 第 2 类教室空间热场 0.1m 高水平面温度分布图	(8) 第 2 类教室空间热场 1m 高水平面温度分布图

注：上述模拟参数仅是 3312 种工况中的 1 种（限于篇幅原因其他工况均没有列出，只在后期数据统计中使用相应模拟数据）。本表列出的仅为呼伦贝尔市南向教室典型教室空间 12 月 21 日 14:00 的热场。

2.5.3 第 3 类教室空间热环境模拟

第 3 类模型的几何尺寸为 12.4m×8.1m×3.6m；沿长边一侧设为外墙，墙上有窗口 3 个，各窗口尺寸为 2.15m×2.1m，窗台高 0.9m，窗间墙宽 1.2m；外墙对侧墙上设门 2 个，各门尺寸为 2.5m×1m，门间距 9m；窗下墙设与窗等宽散热器 3 片，散热器简化为长方体，尺寸为 2.1m×0.7m×0.1m，散热器距墙和地面各 0.1m。划分网格采用结构化六面体网格，计算区域网格总数 34991 个。计算时边界条件均为壁面边界类型。

第 3 类教室空间热环境模拟选用的计算模型与第 1 类教室空间热环境模拟所使用的模型一样。模拟的边界条件，除散热器热流密度分别为 144.1W/m² (C 区)、148.83W/m² (B 区)、152.89W/m² (A 区) 以外，其他边界条件的设置与第 1 类教室空间热环境模拟的边界条件设置方法与参数一致。具体模拟参数与边界条件见表 2-35。

第 3 类教室不同工况的模拟均依照统一的流程完成，见表 2-36。包括模型的建立（3 号典型教室空间）、网格划分、参数设置与模拟、后处理获得统计数据四个过程。

我国严寒气候区高校第 3 类教室空间热场模拟参数表　　　表 2-35

项目	主要参数
模型尺寸	几何尺寸：12.4m×8.1m×3.6m；窗口 3 个，尺寸 2.15m×2.1m，窗台高 0.9m，窗间墙宽 1.2m；门 2 个，尺寸 2.5m×1m，门间距 9m；散热器 3 片，尺寸 2.1m×0.7m×0.1m，距墙和地面各 0.1m
边界条件	1. 外墙厚 0.37m，传热系数 0.5W/（m²·K）； 2. 屋顶厚 0.2m，传热系数 0.45W/（m²·K）； 3. 内墙与地面厚 0.12m，传热系数 2.9W/（m²·K）；混凝土密度 1000kg/m³，比热容 970J/（kg·K），导热系数 1.7W/（m·℃）；发射率内部 0.7、外部 0.6； 4. 窗厚 0.01m，传热系数 2.3W/（m²·K），普通玻璃，密度 2500kg/m³，比热容 840J/（kg·K），导热系数 0.96W/（m·℃），发射率 0.96； 5. 木门厚 0.05m，传热系数 2.9W/（m²·K），密度 730kg/m³，比热容 2310J/（kg·K），导热系数 0.147W/（m·℃）； 6. 模拟边界条件温度：室外依据模拟日期、时间对应的温度，室内为固定温度 20℃（工作时间段）和 5℃（非工作时间段）； 7. 散热器厚 0.001m，密度 7300kg/m³，比热容 502.48J/（kg·K），导热系数 50W/（m·℃），发射率内部 0.27、外部 0.96；散热器热流密度分别为 144.1W/m²（C 区）、148.83W/m²（B 区）、152.89W/m²（A 区）
模拟过程	划分结构化六面体网格，计算区域网格总数 34991 个，边界条件均为壁面边界类型。模拟采用（RNG）*k-ε* 方程、能量方程和辐射方程。离散方式为有限差分法，使用 SIMPLE 算法求解，设定步长为 10000

我国严寒气候区高校第 3 类教室空间热场模拟过程概况列表　　　表 2-36

顺序	主要过程	过程主要参数
1	 （1）第 3 类教室空间模型	 （2）模型主要数据统计界面截图
2	 （3）第 3 类教室空间热场模拟网格划分	 （4）网格划分主要参数设置截图

续表

顺序	主要过程	过程主要参数
3	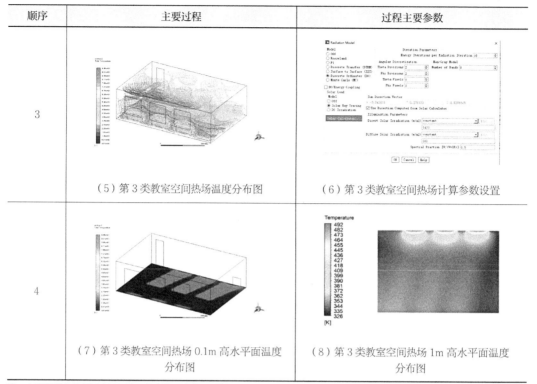（5）第3类教室空间热场温度分布图	（6）第3类教室空间热场计算参数设置
4	（7）第3类教室空间热场 0.1m 高水平面温度分布图	（8）第3类教室空间热场 1m 高水平面温度分布图

注：上述模拟参数仅是 3312 种工况中的 1 种（限于篇幅原因其他工况均没有列出，只在后期数据统计中使用相应模拟数据）。本表列出的仅为呼伦贝尔市南向教室典型教室空间 12 月 21 日 14:00 的热场。

2.5.4　第 4 类教室空间热环境模拟

第 4 类模型的几何尺寸为 12.5m × 7m × 4.6m；两个长边均设为外墙，每侧外墙上有窗口 1 个，窗口尺寸为 2.8m × 12.5m，窗台高 0.9m，无窗间墙；空间短边侧墙上设门 2 个，各门尺寸为 2.4m × 1.5m，门间距 2.7m；窗下墙设与窗等宽散热器 2 片，散热器简化为长方体，尺寸为 12.5m × 0.7m × 0.1m，散热器距墙和地面各 0.1m。划分网格采用结构化六面体网格，计算区域网格总数约 64459 个。计算时边界条件均为壁面边界类型。

第 4 类教室空间热环境模拟选用的计算模型与第 1 类教室空间热环境模拟所使用的模型一样。模拟的边界条件，除散热器热流密度、空间外墙为两个长边和无门短边墙以外，其他边界条件的设置与第 1 类教室空间热环境模拟的边界条件设置方法与参数一致。第 4 类教室空间散热器热流密度分别为 144.1W/m²（C 区）、148.83W/m²（B 区）、152.89W/m²（A 区）。模拟基本参数与边界条件见表 2-37。

第 4 类教室不同工况的模拟均依照统一的流程完成，见表 2-38。包括模型的建立（4 号典型教室空间）、网格划分、参数设置与模拟、后处理获得统计数据四个过程。

我国严寒气候区高校第 4 类教室空间热场模拟参数表　　表 2-37

项目	主要参数
模型尺寸	几何尺寸：12.5m×7m×4.6m；窗口 1 个，尺寸 2.8m× 12.5m，窗台高 0.9m，无窗间墙；门 2 个，尺寸 2.4m× 1.5m，门间距 2.7m；散热器 2 片，尺寸 12.5m×0.7m× 0.1m，距墙和地面各 0.1m
边界条件	1. 外墙厚 0.37m，传热系数 0.5W/（m²·K）； 2. 屋顶厚 0.2m，传热系数 0.45W/（m²·K）； 3. 内墙与地面厚 0.12m，传热系数 2.9W/（m²·K）；混凝土密度 1000kg/m³，比热容 970J/（kg·K），导热系数 1.7W/（m·℃），发射率内部 0.7、外部 0.6； 4. 窗厚 0.01m，传热系数 2.3W/（m²·K），普通玻璃，密度 2500kg/m³，比热容 840J/（kg·K），导热系数 0.96W/（m·℃），发射率 0.96； 5. 木门厚 0.05m，传热系数 2.9W/（m²·K），密度 730kg/m³，比热容 2310J/（kg·K），导热系数 0.147W/（m·℃）； 6. 模拟边界条件温度：室外依据模拟日期、时间对应的温度，室内为固定温度 20℃（工作时间段）和 5℃（非工作时间段）； 7. 散热器厚 0.001m，密度 7300kg/m³，比热容 502.48J/（kg·K），导热系数 50W/（m·℃），发射率内部 0.27、外部 0.96；散热器热流密度分别为 144.1W/m²（C 区）、148.83W/m²（B 区）、152.89W/m²（A 区）
模拟过程	划分结构化六面体网格，计算区域网格总数约 64459 个，边界条件均为壁面边界类型。模拟采用（RNG）*k*-*ε* 方程、能量方程和辐射方程。离散方式为有限差分法，使用 SIMPLE 算法求解，设定步长为 10000

我国严寒气候区高校第 4 类教室空间热场模拟过程概况列表　　表 2-38

顺序	主要过程	过程主要参数
1	 （1）第 4 类教室空间模型	 （2）模型主要数据统计界面截图
2	 （3）第 4 类教室空间热场模拟网格划分	 （4）网格划分主要参数设置截图

续表

顺序	主要过程	过程主要参数
3	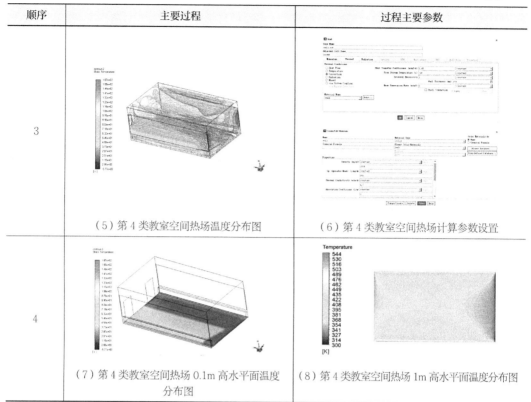（5）第 4 类教室空间热场温度分布图	（6）第 4 类教室空间热场计算参数设置
4	（7）第 4 类教室空间热场 0.1m 高水平面温度分布图	（8）第 4 类教室空间热场 1m 高水平面温度分布图

注：上述模拟参数仅是 3312 种工况中的 1 种（限于篇幅原因其他工况均没有列出，只在后期数据统计中使用相应模拟数据）。本表列出的仅为呼伦贝尔市南向教室典型教室空间 12 月 21 日 14:00 的热场。

2.5.5　第 5 类教室空间热环境模拟

第 5 类模型的几何尺寸为 15.7m×15.7m×3.3m；沿纵横两边设为外墙，每侧外墙上有窗口 16 个，各窗口尺寸为 2.2m×0.8m，窗台高 0.8m，窗间墙宽 0.7m；外墙对侧墙上设门 2 个，各门尺寸为 2.1m×1.72m，门间距 7.28m；每侧窗下墙设与窗等宽散热器 16 片，共计 32 片，散热器简化为长方体，尺寸为 0.8m×0.6m×0.1m，散热器距墙和地面各 0.1m。划分网格采用结构化六面体网格，计算区域网格总数约 125108 个。计算时边界条件均为壁面边界类型。

第 5 类教室空间热环境模拟选用的计算模型与第 1 类教室空间热环境模拟所使用的模型一样。模拟的边界条件，除散热器热流密度、空间外墙为纵横两边，且无非靠山墙情形以外，其他边界条件的设置与第 1 类教室空间热环境模拟的边界条件设置方法与参数一致。第 5 类教室空间散热器热流密度分别为 190.78W/m²（C 区）、197.05W/m²（B 区）、202.42W/m²（A 区）。模拟基本参数与边界条件见表 2-39。

第 5 类教室不同工况的模拟均依照统一的流程完成，见表 2-40。包括模型的建立（5 号典型教室空间）、网格划分、参数设置与模拟、后处理获得统计数据四个过程。

我国严寒气候区高校第 5 类教室空间热场模拟参数表 表 2-39

项目	主要参数
模型尺寸	几何尺寸 15.7m×15.7m×3.3m；窗口 16 个，尺寸 2.2m× 0.8m，窗台高 0.8m，窗间墙宽 0.7m；门 2 个，尺寸 2.1m×1.72m，门间距 7.28m；散热器 16 片，共计 32 片，尺寸 0.8m×0.6m×0.1m，距墙和地面各 0.1m
边界条件	1. 外墙厚 0.37m，传热系数 0.5W/（m²·K）； 2. 屋顶厚 0.2m，传热系数 0.45W/（m²·K）； 3. 内墙与地面厚 0.12m，传热系数 2.9W/（m²·K）；混凝土密度 1000kg/m³，比热容 970J/（kg·K），导热系数 1.7W/（m·℃）；发射率内部 0.7、外部 0.6； 4. 窗厚 0.01m，传热系数 2.3W/（m²·K），普通玻璃，密度 2500kg/m³，比热容 840J/（kg·K），导热系数 0.96W/（m·℃），发射率 0.96； 5. 木门厚 0.05m，传热系数 2.9W/（m²·K），密度 730kg/m³，比热容 2310J/（kg·K），导热系数 0.147W/（m·℃）； 6. 模拟边界条件温度：室外依据模拟日期、时间对应的温度，室内为固定温度 20℃（工作时间段）和 5℃（非工作时间段）； 7. 散热器厚 0.001m，密度 7300kg/m³，比热容 502.48J/（kg·K），导热系数 50W/（m·℃），发射率内部 0.27、外部 0.96；散热器热流密度分别为 190.78W/m²（C 区）、197.05W/m²（B 区）、202.42W/m²（A 区）
模拟过程	划分结构化六面体网格，计算区域网格总数 125108 个，边界条件均为壁面边界类型。模拟采用（RNG）k-ε 方程、能量方程和辐射方程。离散方式为有限差分法，使用 SIMPLE 算法求解，设定步长为 10000

我国严寒气候区高校第 5 类教室空间热场模拟过程概况列表 表 2-40

顺序	主要过程	过程主要参数
1	 （1）第 5 类教室空间模型	 （2）模型主要数据统计界面截图
2	 （3）第 5 类教室空间热场模拟网格划分	 （4）网格划分主要参数设置截图

续表

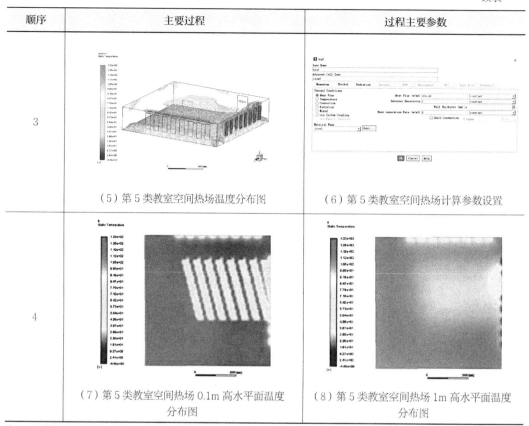

顺序	主要过程	过程主要参数
3	（5）第5类教室空间热场温度分布图	（6）第5类教室空间热场计算参数设置
4	（7）第5类教室空间热场0.1m高水平面温度分布图	（8）第5类教室空间热场1m高水平面温度分布图

注：上述模拟参数仅是3312种工况中的1种（限于篇幅原因其他工况均没有列出，只在后期数据统计中使用相应模拟数据）。本表列出的仅为呼伦贝尔市南向教室典型教室空间12月21日14:00的热场。

2.5.6 第6类教室空间热环境模拟

第6类模型的几何尺寸为8.6m×7.2m×3.4m；沿长边一侧设为外墙，墙上有窗口3个，各窗口尺寸为2.2m×1.5m，窗台高0.9m，窗间墙宽1.2m；外墙对侧墙上设门2个，各门尺寸为2.6m×1.1m，门间距4.8m；窗下墙设与窗等宽散热器3片，散热器简化为长方体，尺寸为1.5m×0.7m×0.1m，散热器距墙和地面各0.1m。划分网格采用结构化六面体网格，计算区域网格总数约31569个。计算时边界条件均为壁面边界类型。

第6类教室空间热环境模拟选用的计算模型与第1类教室空间热环境模拟所使用的模型一样。模拟的边界条件，除散热器热流密度分别为100.28W/m²（C区）、103.58W/m²（B区）、106.4W/m²（A区）以外，其他边界条件的设置与第1类教室空间热环境模拟的边界条件设置方法与参数一致。模拟基本参数与边界条件见表2-41。

第6类教室不同工况的模拟均依照统一的流程完成，见表2-42。包括模型的建立（6号典型教室空间）、网格划分、参数设置与模拟、后处理获得统计数据四个过程。

<h3 style="text-align:center">我国严寒气候区高校第 6 类教室空间热场模拟参数表　　　表 2-41</h3>

项目	主要参数
模型尺寸	几何尺寸 8.6m×7.2m×3.4m；窗口 3 个，尺寸 2.2m×1.5m，窗台高 0.9m，窗间墙宽 1.2m；门 2 个，尺寸 2.6m×1.1m，门间距 4.8m；散热器 3 片，尺寸 1.5m×0.7m×0.1m，距墙和地面各 0.1m
边界条件	1. 外墙厚 0.37m，传热系数 0.5W/（m²·K）； 2. 屋顶厚 0.2m，传热系数 0.45W/（m²·K）； 3. 内墙与地面厚 0.12m，传热系数 2.9W/（m²·K）；混凝土密度 1000kg/m³，比热容 970J/（kg·K），导热系数 1.7W/（m·℃）；发射率内部 0.7、外部 0.6； 4. 窗厚 0.01m，传热系数 2.3W/（m²·K），普通玻璃，密度 2500kg/m³，比热容 840J/（kg·K），导热系数 0.96W/（m·℃），发射率 0.96； 5. 木门厚 0.05m，传热系数 2.9W/（m²·K），密度 730kg/m³，比热容 2310J/（kg·K），导热系数 0.147W/（m·℃）； 6. 模拟边界条件温度：室外依据模拟日期、时间对应的温度，室内为固定温度 20℃（工作时间段）和 5℃（非工作时间段）； 7. 散热器厚 0.001m，密度 7300kg/m³，比热容 502.48J/（kg·K），导热系数 50W/（m·℃），发射率内部 0.27、外部 0.96；散热器热流密度分别为 100.28W/m²（C 区）、103.58W/m²（B 区）、106.4W/m²（A 区）
模拟过程	划分结构化六面体网格，计算区域网格总数 31569 个，边界条件均为壁面边界类型。模拟采用（RNG）k-ε 方程、能量方程和辐射方程。离散方式为有限差分法，使用 SIMPLE 算法求解，设定步长为 10000

<h3 style="text-align:center">我国严寒气候区高校第 6 类教室空间热场模拟过程概况列表　　　表 2-42</h3>

顺序	主要过程	过程主要参数
1	 （1）第 6 类教室空间模型	 （2）模型主要数据统计界面截图
2	 （3）第 6 类教室空间热场模拟网格划分	 （4）网格划分主要参数设置截图

续表

顺序	主要过程	过程主要参数
3	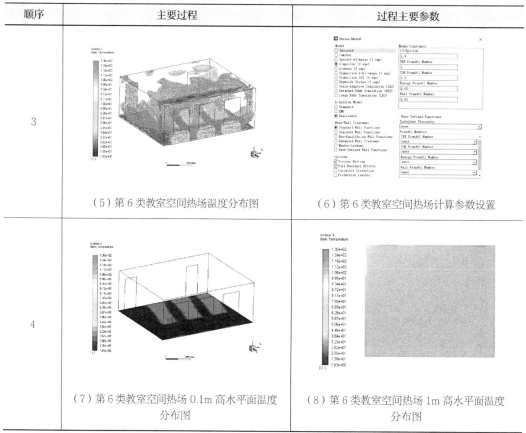 （5）第6类教室空间热场温度分布图	（6）第6类教室空间热场计算参数设置
4	（7）第6类教室空间热场0.1m高水平面温度分布图	（8）第6类教室空间热场1m高水平面温度分布图

注：上述模拟参数仅是3312种工况中的1种（限于篇幅原因其他工况均没有列出，只在后期数据统计中使用相应模拟数据）。本表列出的仅为呼伦贝尔市南向教室典型教室空间12月21日14:00的热场。

2.5.7　第7类教室空间热环境模拟

第7类模型的几何尺寸为14.5m×7.8m×3.6m；沿长边一侧设为外墙，墙上有窗口4个，各窗口尺寸为2.18m×2.5m，窗台高0.9m，窗间墙宽1.2m；外墙对侧墙上设门2个，各门尺寸为2.6m×1.1m，门间距5.2m；窗下墙设与窗等宽散热器4片，散热器简化为长方体，尺寸为2.5m×0.7m×0.1m，散热器距墙和地面各0.1m。划分网格采用结构化六面体网格，计算区域网格总数约48799个。计算时边界条件均为壁面边界类型。

第7类教室空间热环境模拟选用的计算模型与第1类教室空间热环境模拟所使用的模型一样。模拟的边界条件，除散热器热流密度分别为219.24W/m²（C区）、226.44W/m²（B区）、232.62W/m²（A区）以外，其他边界条件的设置与第1类教室空间热环境模拟的边界条件设置方法与参数一致。模拟基本参数与边界条件见表2-43。

第7类教室不同工况的模拟均依照统一的流程完成，见表2-44。包括模型的建立（7号典型教室空间）、网格划分、参数设置与模拟、后处理获得统计数据四个过程。

我国严寒气候区高校第 7 类教室空间热场模拟参数表　　　　表 2-43

项目	主要参数
模型尺寸	几何尺寸 14.5m×7.8m×3.6m；窗口 4 个，尺寸 2.18m× 2.5m，窗台高 0.9m，窗间墙宽 1.2m；门 2 个，尺寸 2.6m× 1.1m，门间距 5.2m；散热器 4 片，尺寸 2.5m×0.7m× 0.1m，距墙和地面各 0.1m
边界条件	1. 外墙厚 0.37m，传热系数 0.5W/（m²·K）； 2. 屋顶厚 0.2m，传热系数 0.45W/（m²·K）； 3. 内墙与地面厚 0.12m，传热系数 2.9W/（m²·K）；混凝土密度 1000kg/m³，比热容 970J/（kg·K），导热系数 1.7W/（m·℃）；发射率内部 0.7、外部 0.6； 4. 窗厚 0.01m，传热系数 2.3W/（m²·K），普通玻璃，密度 2500kg/m³，比热容 840 J/（kg·K），导热系数 0.96W/（m·℃），发射率 0.96； 5. 木门厚 0.05m，传热系数 2.9W/（m²·K），密度 730kg/m³，比热容 2310J/（kg·K），导热系数 0.147W/（m·℃）； 6. 模拟边界条件温度：室外依据模拟日期、时间对应的温度，室内为固定温度 20℃（工作时间段）和 5℃（非工作时间段）； 7. 散热器厚 0.001m，密度 7300kg/m³，比热容 502.48J/（kg·K），导热系数 50W/（m·℃），发射率内部 0.27、外部 0.96；散热器热流密度分别为 219.24W/m²（C 区）、226.44W/m²（B 区）、232.62W/m²（A 区）
模拟过程	划分结构化六面体网格，计算区域网格总数约 48799 个，边界条件均为壁面边界类型。模拟采用（RNG）k-ε 方程、能量方程和辐射方程。离散方式为有限差分法，使用 SIMPLE 算法求解，设定步长为 10000

我国严寒气候区高校第 7 类教室空间热场模拟过程概况列表　　　　表 2-44

顺序	主要过程	过程主要参数
1	 （1）第 7 类教室空间模型	 （2）模型主要数据统计界面截图
2	 （3）第 7 类教室空间热场模拟网格划分	 （4）网格划分主要参数设置截图

续表

顺序	主要过程	过程主要参数
3	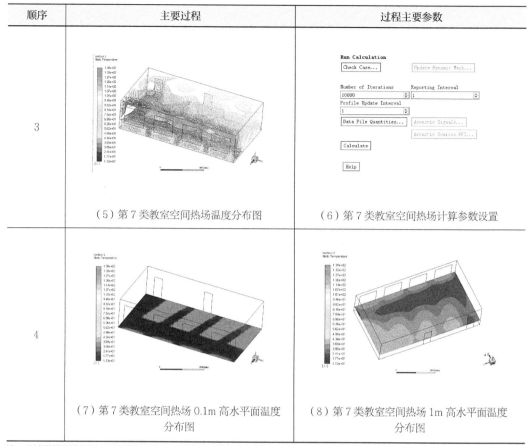 （5）第7类教室空间热场温度分布图	（6）第7类教室空间热场计算参数设置
4	（7）第7类教室空间热场 0.1m 高水平面温度分布图	（8）第7类教室空间热场 1m 高水平面温度分布图

注：上述模拟参数仅是 3312 种工况中的 1 种（限于篇幅原因其他工况均没有列出，只在后期数据统计中使用相应模拟数据）。本表列出的仅为呼伦贝尔市南向教室典型教室空间 12 月 21 日 14:00 的热场。

2.5.8　第 8 类教室空间热环境模拟

第 8 类模型的几何尺寸为 9.6m×6.6m×3.4m；沿长边一侧设为外墙，墙上有窗口 2 个，各窗口尺寸为 2.2m×2.5m，窗台高 0.9m，窗间墙宽 1.2m；外墙对侧墙上设门 2 个，各门尺寸为 2.6m×1m，门间距 6.5m；窗下墙设与窗等宽散热器 2 片，散热器简化为长方体，尺寸为 2.5m×0.7m×0.1m，散热器距墙和地面各 0.1m。划分网格采用结构化六面体网格，计算区域网格总数约 37270 个。计算时边界条件均为壁面边界类型。

第 8 类教室空间热环境模拟选用的计算模型与第 1 类教室空间热环境模拟所使用的模型一样。模拟的边界条件，除散热器热流密度分别为 135.84W/m²（C 区）、140.31W/m²（B 区）、144.13W/m²（A 区）以外，其他边界条件的设置与第 1 类教室空间热环境模拟的边界条件设置方法与参数一致。模拟基本参数与边界条件见表 2-45。

第 8 类教室不同工况的模拟均依照统一的流程完成，见表 2-46。包括模型的建立（8 号典型教室空间）、网格划分、参数设置与模拟、后处理获得统计数据四个过程。

我国严寒气候区高校第 8 类教室空间热场模拟参数表　　　表 2-45

项目	主要参数
模型尺寸	几何尺寸 9.6m×6.6m×3.4m；窗口 2 个，尺寸 2.2m×2.5m，窗台高 0.9m，窗间墙宽 1.2m；门 2 个，尺寸 2.6m×1m，门间距 6.5m；散热器 2 片，尺寸 2.5m×0.7m×0.1m，距墙和地面各 0.1m
边界条件	1. 外墙厚 0.37m，传热系数 0.5W/（m²·K）； 2. 屋顶厚 0.2m，传热系数 0.45W/（m²·K）； 3. 内墙与地面厚 0.12m，传热系数 2.9W/（m²·K）；混凝土密度 1000kg/m³，比热容 970J/（kg·K），导热系数 1.7W/（m·℃）；发射率内部 0.7、外部 0.6； 4. 窗厚 0.01m，传热系数 2.3W/（m²·K），普通玻璃，密度 2500kg/m³，比热容 840J/（kg·K），导热系数 0.96W/（m·℃），发射率 0.96； 5. 木门厚 0.05m，传热系数 2.9W/（m²·K），密度 730kg/m³，比热容 2310J/（kg·K），导热系数 0.147W/（m·℃）； 6. 模拟边界条件温度：室外依据模拟日期、时间对应的温度，室内为固定温度 20℃（工作时间段）和 5℃（非工作时间段）； 7. 散热器厚 0.001m，密度 7300kg/m³，比热容 502.48J/（kg·K），导热系数 50W/（m·℃），发射率内部 0.27、外部 0.96；散热器热流密度分别为 135.84W/m²（C 区）、140.31W/m²（B 区）、144.13W/m²（A 区）
模拟过程	划分结构化六面体网格，计算区域网格总数约 37270 个，边界条件均为壁面边界类型。模拟采用（RNG）k-ε 方程、能量方程和辐射方程。离散方式为有限差分法，使用 SIMPLE 算法求解，设定步长为 10000

我国严寒气候区高校第 8 类教室空间热场模拟过程概况列表　　　表 2-46

顺序	主要过程	过程主要参数
1	 （1）第 8 类教室空间模型	 （2）模型主要数据统计界面截图
2	 （3）第 8 类教室空间热场模拟网格划分	 （4）网格划分主要参数设置截图

续表

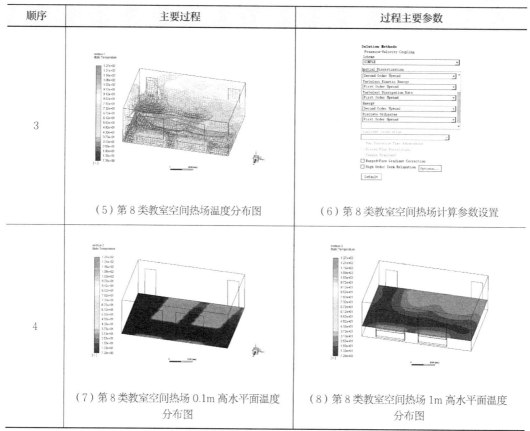

顺序	主要过程	过程主要参数
3	（5）第 8 类教室空间热场温度分布图	（6）第 8 类教室空间热场计算参数设置
4	（7）第 8 类教室空间热场 0.1m 高水平面温度分布图	（8）第 8 类教室空间热场 1m 高水平面温度分布图

注：上述模拟参数仅是 3312 种工况中的 1 种（限于篇幅原因其他工况均没有列出，只在后期数据统计中使用相应模拟数据）。本表列出的仅为呼伦贝尔市南向教室典型教室空间 12 月 21 日 14:00 的热场。

2.5.9 第 9 类教室空间热环境模拟

第 9 类模型的几何尺寸为 15.5m×12.6m×4.2m；空间两个长边设为外墙，每个外墙上有窗口 6 个，各窗口尺寸为 3.4m×1.2m，窗台高 0.4m，窗间墙宽 1.4m；空间短边墙上设门1 个，尺寸为 2.9 m×2.9m；窗下墙设与窗等宽散热器 12 片，散热器简化为长方体，尺寸为1.2m×0.6m×0.1m，散热器距墙和地面各 0.1m。划分网格采用结构化六面体网格，计算区域网格总数约 27.9 万个。计算时边界条件均为壁面边界类型。

第 9 类教室空间热环境模拟选用的计算模型与第 1 类教室空间热环境模拟所使用的模型一样。模拟的边界条件，除散热器热流密度、空间外墙为两长边和门对侧的短边墙、无非靠山墙情形以外，其他边界条件的设置与第 1 类教室空间热环境模拟的边界条件设置方法与参数一致。第 9 类教室空间散热器热流密度分别为 153.39W/m²（C 区）、158.43W/m²（B 区）、162.75W/m²（A 区）。模拟基本参数与边界条件见表 2-47。

第 9 类教室不同工况的模拟均依照统一的流程完成，见表 2-48。包括模型的建立（9 号典型教室空间）、网格划分、参数设置与模拟、后处理获得统计数据四个过程。

我国严寒气候区高校第 9 类教室空间热场模拟参数表　　　　表 2-47

项目	主要参数
模型尺寸	几何尺寸 15.5m×12.6m×4.2m；窗口 6 个，尺寸 3.4m×1.2m，窗台高 0.4m，窗间墙宽 1.4m；门 1 个，尺寸 2.9m×2.9m；散热器 12 片，尺寸 1.2m×0.6m×0.1m，距墙和地面各 0.1m
边界条件	1. 外墙厚 0.37m，传热系数 0.5W/（m²·K）； 2. 屋顶厚 0.2m，传热系数 0.45W/（m²·K）； 3. 内墙与地面厚 0.12m，传热系数 2.9W/（m²·K）；混凝土密度 1000kg/m³，比热容 970J/（kg·K），导热系数 1.7W/（m·℃）；发射率内部 0.7、外部 0.6； 4. 窗厚 0.01m，传热系数 2.3W/（m²·K），普通玻璃，密度 2500kg/m³，比热容 840J/（kg·K），导热系数 0.96W/（m·℃），发射率 0.96； 5. 木门厚 0.05m，传热系数 2.9W/（m²·K），密度 730kg/m³，比热容 2310J/（kg·K），导热系数 0.147W/（m·℃）； 6. 模拟边界条件温度：室外依据模拟日期、时间对应的温度，室内为固定温度 20℃（工作时间段）和 5℃（非工作时间段）； 7. 散热器厚 0.001m，密度 7300kg/m³，比热容 502.48J/（kg·K），导热系数 50W/（m·℃），发射率内部 0.27、外部 0.96；散热器热流密度分别为 153.39W/m²（C 区）、158.43W/m²（B 区）、162.75W/m²（A 区）
模拟过程	划分结构化六面体网格，计算区域网格总数约 27.9 万个，边界条件均为壁面边界类型。模拟采用（RNG）k-ε 方程、能量方程和辐射方程。离散方式为有限差分法，使用 SIMPLE 算法求解，设定步长为 480

我国严寒气候区高校第 9 类教室空间热场模拟过程概况列表　　　　表 2-48

顺序	主要过程	过程主要参数
1	 （1）第 9 类教室空间模型	 （2）模型主要数据统计界面截图
2	 （3）第 9 类教室空间热场模拟网格划分	 （4）网格划分主要参数设置截图

续表

顺序	主要过程	过程主要参数
3	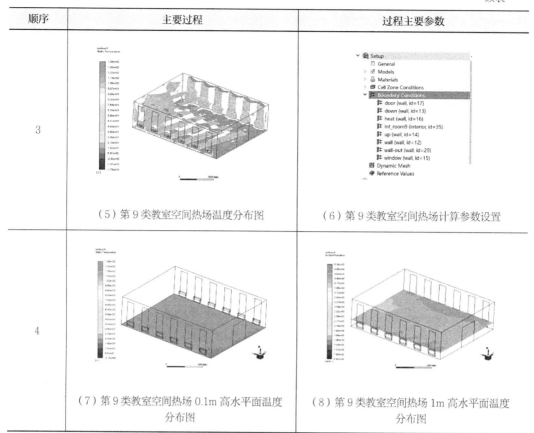（5）第9类教室空间热场温度分布图	（6）第9类教室空间热场计算参数设置
4	（7）第9类教室空间热场 0.1m 高水平面温度分布图	（8）第9类教室空间热场 1m 高水平面温度分布图

注：上述模拟参数仅是 3312 种工况中的 1 种（限于篇幅原因其他工况均没有列出，只在后期数据统计中使用相应模拟数据）。本表列出的仅为呼伦贝尔市南向教室典型教室空间 12 月 21 日 14:00 的热场。

2.5.10　第 10 类教室空间热环境模拟

第 10 类模型的几何尺寸为 16m×8.3m×3.9m；沿长边一侧设为外墙，墙上有窗口 5 个，各窗口尺寸为 2.4m×2.1m，窗台高 0.8m，窗间墙宽 1.2m；外墙对侧墙上设门 2 个，各门尺寸为 2.7m×1.2m，门间距 11.2m；窗下墙设与窗等宽散热器 5 片，散热器简化为长方体，尺寸为 2.1m×0.6m×0.1m，散热器距墙和地面各 0.1m。划分网格采用结构化六面体网格，计算区域网格总数约 87666 个。计算时边界条件均为壁面边界类型。

第 10 类教室空间热环境模拟选用的计算模型与第 1 类教室空间热环境模拟所使用的模型一样。模拟的边界条件，除散热器热流密度分别为 252.58W/m²（C 区）、260.88W/m²（B 区）、268W/m²（A 区）以外，其他边界条件的设置与第 1 类教室空间热环境模拟的边界条件设置方法与参数一致。模拟基本参数与边界条件见表 2-49。

第 10 类教室不同工况的模拟均依照统一的流程完成，见表 2-50。包括模型的建立（10 号典型教室空间）、网格划分、参数设置与模拟、后处理获得统计数据四个过程。

我国严寒气候区高校第 10 类教室空间热场模拟参数表　　　　表 2-49

项目	主要参数
模型尺寸	几何尺寸 16m×8.3m×3.9m；窗口 5 个，尺寸 2.4m× 2.1m，窗台高 0.8m，窗间墙宽 1.2m；门 2 个，尺寸 2.7m× 1.2m，门间距 11.2m；散热器 5 片，尺寸 2.1m×0.6m× 0.1m，距墙和地面各 0.1m
边界条件	1. 外墙厚 0.37m，传热系数 0.5W/（m²·K）； 2. 屋顶厚 0.2m，传热系数 0.45W/（m²·K）； 3. 内墙与地面厚 0.12m，传热系数 2.9W/（m²·K）；混凝土密度 1000kg/m³，比热容 970J/（kg·K），导热系数 1.7W/（m·℃）；发射率内部 0.7、外部 0.6； 4. 窗厚 0.01m，传热系数 2.3W/（m²·K），普通玻璃，密度 2500kg/m³，比热容 840J/（kg·K），导热系数 0.96W/（m·℃），发射率 0.96； 5. 木门厚 0.05m，传热系数 2.9W/（m²·K），密度 730kg/m³，比热容 2310J/（kg·K），导热系数 0.147W/（m·℃）； 6. 模拟边界条件温度：室外依据模拟日期、时间对应的温度，室内为固定温度 20℃（工作时间段）和 5℃（非工作时间段）； 7. 散热器厚 0.001m，密度 7300kg/m³，比热容 502.48J/（kg·K），导热系数 50W/（m·℃），发射率内部 0.27、外部 0.96；散热器热流密度分别为 252.58W/m²（C 区）、260.88W/m²（B 区）、268W/m²（A 区）
模拟过程	划分结构化六面体网格，计算区域网格总数约 87666 个，边界条件均为壁面边界类型。模拟采用（RNG）k-ε 方程、能量方程和辐射方程。离散方式为有限差分法，使用 SIMPLE 算法求解，设定步长为 10000

我国严寒气候区高校第 10 类教室空间热场模拟过程概况列表　　　　表 2-50

顺序	主要过程	过程主要参数
1	（1）第 10 类教室空间模型	（2）模型主要数据统计界面截图
2	（3）第 10 类教室空间热场模拟网格划分	（4）网格划分主要参数设置截图

续表

顺序	主要过程	过程主要参数
3	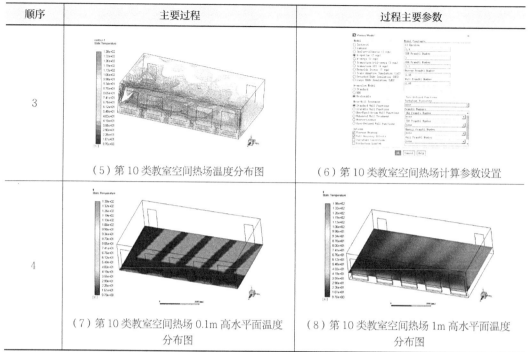 （5）第10类教室空间热场温度分布图	（6）第10类教室空间热场计算参数设置
4	（7）第10类教室空间热场 0.1m 高水平面温度 分布图	（8）第10类教室空间热场 1m 高水平面温度 分布图

注：上述模拟参数仅是 3312 种工况中的 1 种（限于篇幅原因其他工况均没有列出，只在后期数据统计中使用相应模拟数据）。本表列出的仅为呼伦贝尔市南向教室典型教室空间 12 月 21 日 14:00 的热场。

2.6 本章小结

本章通过研究已有的有关建筑空间热场的研究方法，对比分析了适用于本研究的现场调研手段、软件模拟法以及相关理论依据。通过实地测试建筑空间热场相关参数获得了基础数据，并为后续的建筑空间热场模拟研究提供了基础和参照分析对象。通过分析建筑空间热场模拟相关参数，进一步确定模拟方案，过程中分析研究排除了天然采光、通风、人等因素对热场的影响，从而找到建筑空间影响热场（热环境）的最直接依据。最后本章对聚类分析获得的 10 类典型教室空间的热场全年热状态进行了连续的静态模拟。通过调整地区差异（热工分区）、季节、时间、朝向、空间所处建筑中位置等参数信息，排列组合获得了 3312 种工况，并完成了相应的模拟工作获取了相应的热场数据。以此作为后续热场特征分析与评价的基础。

3

教室空间热场特征分析

本环节的研究是在前文对严寒气候区高校教室空间热场进行实地调研和数据模拟的基础上，利用统计分析法，从整体温度水平、温度波动状态、温度分布状态三个方面对数据进行系统分析。为细化分析内容，定义了标准面平均温度、标准面温度差、最大一致温度区域等重要参数，并对不同参数的特征及其与热环境中温度指标差异性进行了对比分析，最后围绕相关参数进一步研究了我国严寒气候区高校教室空间热场的特征。

3.1　教室空间热场温度水平分析

建筑空间热场温度水平：是指某一时刻建筑空间热环境中特定区域内的温度平均值的高低。

由于实地测试的教室空间热环境参数具有不全面、不连续的问题，因此，本研究采用前面教室空间热场的模拟数据进行温度水平的相关分析研究。包括空间平均温度、标准面平均温度、空间平均温度与标准面平均温度关系、教室空间热场温度水平的影响因素共四个方面。

3.1.1　教室空间平均温度分析

3.1.1.1　空间平均温度的定义与作用

本研究定义的空间平均温度是指建筑空间内部热环境中所有温度点（含垂直高度上的各温度点）的平均值。由于空间平均温度值是将不同水平面高度上的温度点值进行累加求平均，所以这个空间平均温度值能够在一定程度上反映建筑空间内部热环境的整体温度水平，而1m高水平面上各点的平均温度值仅能够代表人坐姿活动区域的平均温度。

3.1.1.2　空间平均温度的基本特征

按照2.5节的模拟方法模拟了不同教室空间在不同条件下的室内热环境，共获得了约2400个空间平均温度值，绘制了空间平均温度统计图（图3-1），分析得到以下结论：

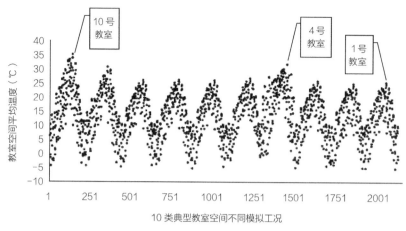

图 3-1　我国严寒气候区高校教室空间平均温度分析图

（1）我国严寒气候区不同类型高校教室空间平均温度变化范围在 5～35℃，其中 20℃左右的空间平均温度数量最多，如果以 18℃ 为标准，则说明绝大多数教室空间温度满足热环境标准。

（2）由于案例模拟的条件设置具有一定的规律，所以获得的空间平均温度分布也存在一定的规律，其中 1500 号左右的案例的空间平均温度是 4 号教室模型的模拟结果，该数值明显高于其他数值，可见具有大面积横向长窗的教室空间对其内部平均温度有较大影响。

（3）我国严寒气候区高校教室空间平均温度的最大值为 32.3℃，最小值为 3.2℃，均值为 15.6℃（表 3-1）。

（4）对上述所有教室空间的平均温度值进行类别分析发现，所有空间平均温度可划分为四类，各类的平均温度分别约为 8℃、21℃、28℃、16℃，各类空间平均温度对应的数量为69 个、67 个、12 个、80 个，分别占到总数的 30%、29%、5% 和 35%（表 3-2）。可见我国严寒气候区高校教室中约有一半数量的教室空间平均温度情况是偏低的，低于 18℃的常规认可舒适温度水平。

（5）如果按照"生物气候图"中指出的人体舒适温度范围为 18～26℃，对上述教室空间平均温度值及其案例数再进行统计，获得在此范围内的案例数共计 76 个（统计总数为 228个），可得我国严寒气候区高校教室空间平均温度符合舒适温度的比例约为 33%。假设教室空间内不同高度均有使用者（如阶梯教室、中庭空间），若空间平均温度较低则可以说明整个空间内人体舒适度水平更低。

我国严寒气候区高校教室空间平均温度统计表　　　　　　　　　　表 3-1

项目	全距	极小值	极大值	均值
空间平均温度（℃）	29.101	3.215	32.316	15.637

项目	聚类1	聚类2	聚类3	聚类4
空间平均温度（℃）	7.71	21.43	27.71	15.81
案例数（个）	69	67	12	80

我国严寒气候区高校教室空间平均温度分类统计表　　表 3-2

3.1.2 教室标准面平均温度分析

3.1.2.1 标准面平均温度的定义与作用

标准面平均温度是指建筑空间内部 1m 高水平面上所有温度点累加后再求平均的结果，这个平均值的获得方法和意义与我国《建筑热环境测试方法标准》JGJ/T 347—2014 中要求的室内平均温度测试方法和意义一致。

3.1.2.2 标准面平均温度的基本特征

本环节的研究数据来源于软件模拟数据。对我国严寒气候区高校教室标准面平均温度的模拟结果进行统计分析得到如下结论：

（1）本研究对随机抽取的 228 个（10%）教室标准面平均温度数据进行了统计分析，如表 3-3 所示。可知教室标准面平均温度最小值约为 2.86℃，最大值约为 28.3℃，平均值约为 15℃，这三个数值与相应空间平均温度数值接近。

我国严寒气候区高校教室标准面平均温度统计表　　表 3-3

项目	极小值	极大值	均值	标准差
标准面平均温度（℃）	2.86	28.30	15.04	5.95

（2）在我国严寒气候区高校教室空间中，教室标准面平均温度的变化范围为 5~30℃（图 3-2）。

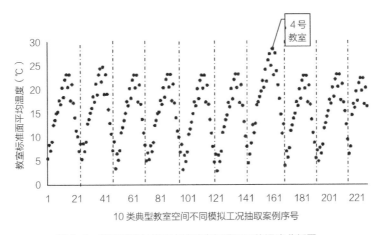

图 3-2　我国严寒气候区高校教室标准面平均温度分析图

对教室标准面平均温度进行聚类分析得到表 3-4，四类标准面平均温度对应的中心温度，第一类为 6.7℃，对应的案例数为 54 个，占总数的 24%；第二类为 22.7℃，对应的案例数为 48 个，占总数的 20%；第三类为 18℃，对应的案例数为 70 个，占总数的 31%；第四类为 12.8℃，对应的案例数为 56 个，占总数的 25%。

对 228 个教室标准面平均温度的模拟数据的舒适温度比例进行统计，按照公认的舒适温度取值范围为 18 ~ 26℃计算，在此范围内的教室数量为 72 个，约占总数的 31.6%，这说明模拟的我国严寒气候区高校教室中只有少数教室的 1m 高水平面平均温度，即标准面平均温度满足舒适状态。

我国严寒气候区高校教室标准面平均温度分类统计表　　　表 3-4

项目	聚类 1	聚类 2	聚类 3	聚类 4
标准面平均温度（℃）	6.703	22.696	18.017	12.812
案例数（个）	54	48	70	56
占比（%）	24%	20%	31%	25%

3.1.3　空间平均温度与标准面平均温度对比分析

为对比我国严寒气候区高校教室空间内部非均匀热环境中的空间平均温度与标准面平均温度的差异性，本研究据筛选案例的相应数据，同时绘制了 10 类教室的空间平均温度值、标准面平均温度值，如图 3-3 所示，图中黑色短竖线表示模拟教室的空间平均温度与标准面平均温度之间的差异大小。可见，绝大多数教室的空间平均温度与标准面平均温度差异不大，说明两个参数间存在紧密关系。

在图 3-3 中 4 号模型区域和 8 号模型区域的标准面平均温度与空间平均温度差异较大，在不考虑微小差异的情况下查找 10 类教室模型图，可知 4 号模型的开窗形式及 8 号模型的空间高宽比例关系均与其他模型的差异较大。

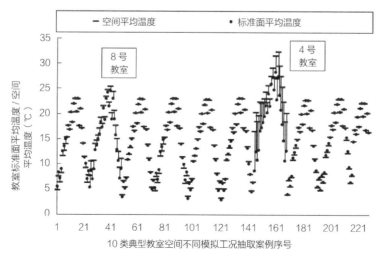

图 3-3　我国严寒气候区高校教室标准面平均温度与空间平均温度差异分析图

由此可见，教室的空间平均温度与标准面平均温度的差异性受空间形态特征的影响，尤其是教室空间的开窗形式和教室空间高宽比例关系影响显著，而两个温度值之间的差异能够反映出教室空间热场中垂直面温度的差异性和均匀性。

3.1.4 教室空间热场温度水平影响因素分析

为研究严寒气候区高校教室空间整体温度水平的影响因素，尤其是教室的空间平均温度、标准面平均温度两个参数的影响因素，本研究利用相关性分析方法计算了这两个参数与建筑空间朝向、评价日期等影响因素之间的关系。

3.1.4.1 时间因素

对我国严寒气候区高校教室空间内部非均匀热环境的温度水平及其可能的影响参数热工分区、朝向、层数（所处空间位置）、日期等进行相关性分析，发现日期因素即软件模拟时设定的日期（该日期同时也是后期用于建筑空间热场评价时对应的评价日期）与教室（建筑空间）的标准面平均温度和空间平均温度密切相关，相关系数分别为 0.913 和 0.903，如表 3-5 所示。

我国严寒气候区高校教室空间平均温度、标准面平均温度影响因素相关性分析　　表 3-5

相关系数　　变量 变量	热工分区	朝向	层数	日期	标准面平均温度	空间平均温度
热工分区	1	0	0	0	-0.055	-0.049
（教室）朝向	0	1	0	0	0.004	0.008
层数（所处空间位置）	0	0	1	0	-0.081	-0.141
模拟或评价日期	0	0	0	1	-0.913**	-0.903**
（教室）标准面平均温度	-0.055	0.004	-0.081	-0.913**	1	0.991**
（教室）空间平均温度	-0.049	0.008	-0.141	-0.903**	0.991**	1

注：1. 热工分区包括严寒 C 区、严寒 B 区、严寒 A 区，分别用 1、2、3 代表，即 C-1、B-2、A-3；
2. 朝向包括南向、北向、东向、西向，分别用 1、2、3、4 代表，即 S-1、N-2、E-3、W-4；
3. 层数（所处空间位置）包括中间层非端部房间、中间层端部房间、顶层非端部房间、顶层端部房间，分别用 1、2、3、4 代表，即 M-1、MS-2、T-3、TS-4；
4. ** 表示在 0.05 水平上显著相关。

相关性分析结果显示热工分区、朝向、层数与标准面平均温度、空间平均温度相关性不显著。这一结论与常识相违背。分析其原因主要是在利用模型进行模拟计算时，设置了复杂的边界参数模拟上述参数，而在对热工分区、朝向、层数进行统计分析计算时，只能够使用不同数值代号作为计数的依据。如热工分区中严寒 A 区为 3、严寒 B 区为 2、严寒 C 区为 1；建筑朝向中南向为 1、北向为 2、东向为 3、西向为 4；层数中中间层为 1、中间层靠山墙为 2、顶层为 3、顶层靠山墙为 4。因此，不能够简单地就认为教室空间内部的温度水平与朝向、热工分区、所处空间位置不相关，因为这些参数还与建筑的围护结构、不同气候区建筑设计标准、室外环境密切相关。考虑到在实际应用过程中这些参数过于复杂，且不能够直接指导建筑空间设计，因此本研究不再深入讨论，而进一步讨论日期与教室空间平均温度、标准面平均温度之间的关系。

3.1.4.2　建筑空间因素

研究我国严寒气候区高校教室空间内部非均匀热环境的温度水平与教室空间参数之间的相关性问题，首先考虑教室空间整体特征与内部热环境温度水平的相关性。如果两者相关，再进一步分析建筑空间不同参数与该空间热场相关温度水平指标（空间平均温度、标准面平均温度）之间的相关性，作为对比因素同时分析的还有日期参数。

首先利用 SPSS 软件中的降维方法[①] 将建筑空间所有参数合成为一个因子，称为建筑空间因子。这些参数包括：教室空间的长度、宽度、高度、门窗参数。再利用相关性分析方法对建筑空间因子、日期、空间平均温度、标准面平均温度进行相关性分析计算得到表 3-6。高校教室建筑空间因子与内部空间平均温度、标准面平均温度在 0.05 水平上显著相关，相关系数分别为 0.442 和 0.927。

我国严寒气候区高校教室空间平均温度、标准面平均温度与建筑空间因子、日期相关性分析　　　　表 3-6

相关系数　变量 变量	空间平均温度	建筑空间因子	日期	标准面平均温度
空间平均温度	1	0.442**	0.293**	0.927**
建筑空间因子	0.442**	1	0.071	0.342**
日期	0.293**	0.071	1	0.269**
标准面平均温度	0.927**	0.342**	0.269**	1

注：** 表示在 0.05 水平上显著相关。

由于本环节设定的建筑空间因子代表建筑空间的整体特征，因此可以初步认为：建筑空间特征与标准面平均温度的关系要比与空间平均温度的关系更密切。作为对比参数建筑空间因子与日期不具有相关性，计算结果合理。

进一步拆解建筑空间参数和日期参数，即教室空间的长度、宽度、高度、门窗参数及模拟时刻对应的月份、日期、时刻，分别讨论这些参数与教室标准面平均温度的关系（因为空间平均温度与标准面平均温度密切相关，此处只选择一个参数进行分析）得到计算结果如表 3-7、表 3-8 所示。可知：

（1）教室空间参数影响教室内部温度水平

我国严寒气候区高校教室空间的长度、宽度、高度及教室的窗高度、窗宽度、门高度、门宽度等参数与教室标准面平均温度显著相关，即教室空间特征参数会影响教室内 1m 高水

[①]　ASHRAE. ASHRAE guide and data book: application for 1966 and 1967[M]. NewYork，1966.

平面的温度值。其中，教室的窗高度参数对标准面平均温度影响最显著。

（2）外部气候条件显著影响教室内部温度水平

月、日参数与教室标准面平均温度密切相关，说明我国严寒气候区高校教室现状不足以有效抵御外部环境，不同季节、全天外部气候环境的变化会引起此类建筑空间内部平均温度的显著变化。

我国严寒气候区高校教室标准面平均温度与建筑空间参数、
日期参数相关性分析（一）　　　　表 3-7

相关系数 变量 \ 变量	空间长度	空间宽度	空间高度	窗数量	门数量	窗高度	窗宽度	窗间墙宽
空间长度	1	0.771**	0.042	0.527**	0.214**	0.206**	−0.240**	0.201**
空间宽度	0.771**	1	−0.256**	0.904**	0.034	0.217**	−0.478**	0.159*
空间高度	0.042	−0.256**	1	−0.231**	−0.425**	0.730**	0.760**	−0.376**
窗数量	0.527**	0.904**	−0.231**	1	−0.310**	0.330**	−0.506**	0.214**
门数量	0.214**	0.034	−0.425**	−0.310**	1	−0.763**	0.044	−0.269**
窗高度	0.206**	0.217**	0.730**	0.330**	−0.763**	1	0.223**	0.012
窗宽度	−0.240**	−0.478**	0.760**	−0.506**	0.044	0.223**	1	−0.800**
窗间墙宽	0.201**	0.159*	−0.376**	0.214**	−0.269**	0.012	−0.800**	1
窗台高度	−0.311**	−0.486**	−0.171*	−0.556**	0.627**	−0.733**	0.355**	−0.315**
门高度	0.195**	0.047	0.170*	0.008	−0.410**	0.506**	−0.378**	0.686**
门宽度	0.311**	0.518**	0.406**	0.676**	−0.770**	0.902**	−0.114	0.192**
门间距	0.416**	0.181**	−0.469**	−0.104	0.773**	−0.687**	−0.308**	0.180**
月	−0.006	−0.029	0.003	−0.006	−0.084	0.043	−0.073	0.131
日	0.123	0.146*	0.069	0.144*	−0.097	0.156*	−0.043	0.046
小时	0	−0.002	−0.008	0.025	−0.026	−0.010	−0.012	0.029
标准面平均温度	−0.025	−0.074	0.296**	−0.078	−0.075	0.189**	0.274**	−0.193**

注：* 表示在 0.1 水平上显著相关，** 表示在 0.05 水平上显著相关。

我国严寒气候区高校教室标准面平均温度与建筑空间参数、
日期参数相关性分析（二）　　　　表 3-8

相关系数 变量 \ 变量	窗台高度	门高度	门宽度	门间距	月	日	小时	标准面平均温度
空间长度	−0.311**	0.195**	0.311**	0.416**	−0.006	0.123	0.000	−0.025
空间宽度	−0.486**	0.047	0.518**	0.181**	−0.029	0.146*	−0.002	−0.074
空间高度	−0.171*	0.170*	0.406**	−0.469**	0.003	0.069	−0.008	0.296**
窗数量	−0.556**	0.008	0.676**	−0.104	−0.006	0.144*	0.025	−0.078
门数量	0.627**	−0.410**	−0.770**	0.773**	−0.084	−0.097	−0.026	−0.075

相关系数 变量 变量	窗台高度	门高度	门宽度	门间距	月	日	小时	标准面平均温度
窗高度	-0.733**	0.506**	0.902**	-0.687**	0.043	0.156*	-0.010	0.189**
窗宽度	0.355**	-0.378**	-0.114	-0.308**	-0.073	-0.043	-0.012	0.274**
窗间墙宽	-0.315**	0.686**	0.192**	0.180**	0.131	0.046	0.029	-0.193**
窗台高度	1	-0.610**	-0.802**	0.409**	-0.045	-0.162*	0.051	0.001
门高度	-0.610**	1	0.453**	-0.150*	0.132	0.103	-0.010	-0.016
门宽度	-0.802**	0.453**	1	-0.626**	0.046	0.174*	0.010	0.091
门间距	0.409**	-0.150*	-0.626**	1	-0.030	-0.025	-0.017	-0.120
月	-0.045	0.132	0.046	-0.030	1	0.184**	-0.051	0.148*
日	-0.162*	0.103	0.174*	-0.025	0.184**	1	-0.026	0.188**
小时	0.051	-0.010	0.010	-0.017	-0.051	-0.026	1	0.056
标准面平均温度	0.001	-0.016	0.091	-0.120	0.148*	0.188**	0.056	1

注: * 表示在 0.1 水平上显著相关, ** 表示在 0.05 水平上显著相关。

3.2 教室空间热场温度波动分析

建筑空间热场的温度波动是指建筑内部非均匀热环境中特定区域内（空间、标准面、测试点）的温度值随时间而变化的状态，这些特定区域包括标准面、最大一致温度区域、全空间、特定测点等。

采用实测法研究建筑空间内部温度随时间变化的状态需要使用连续的测试数据，受实测条件所限，本研究使用前期的软件模拟数据进行我国严寒气候区高校教室空间内部非均匀热环境的空间温度波动分析。按照时间差异（小时、日、月、年）将分析的主要问题划分为：标准面时温度差、标准面日温度差、标准面年温度差分析。由前文的分析结果可知，我国严寒气候区高校教室空间平均温度与标准面平均温度差异性较小。因此在考虑各种平均温度差值时只使用标准面平均温度差值。

3.2.1 教室标准面时温度差分析

3.2.1.1 标准面时温度差的定义与作用

标准面时温度差是指建筑空间内 1m 高水平面上各点温度的平均值在 1h 内最高值与最低值的差值，数值上取 1 天内所有差值中的最大值。在高校教室的全天工作时间段内，标准面上逐时的温度差值不同，选择 1 天中差值的最大值作为教室标准面时温度差，能够有效地描述标准面上温度变化的剧烈程度。因此该值可用来反映人体在短时间内感受到的温度变化的强度，也就是教室内学生从一节课开始至结束过程中感受到的温度变化。教室标准面时温度差值越小，说明该教室标准面上的温度越稳定，人体在这个空间的感受就越舒适。

3.2.1.2　教室标准面时温度差特征

我国严寒气候区绝大部分高校教室标准面时温度差在 0～1℃之间。依据我国《暖通空调常用数据手册》中对建筑空间室内温度设计时间的规定，教育类建筑的工作时间为 8:00～18:00，工作时间段内的室内设计温度为 20℃，其余时间为 5℃，而所调研高校教室的使用时间均在 6:00～22:00。如果建筑设计与供暖设备设计按照"标准"进行，则 6:00～8:00、18:00～22:00 使用时间段外的标准面平均温度为 5℃（冬季）。如果该时间段也按工作时间段设计，则标准面平均温度会与工作时间段的温度接近。

由于上述两种情况不同，本研究累计了不同情况下的教室标准面平均温度差数据。一种是将不稳定的非工作时间段温度与工作时间段温度进行比较求差值；另一种是在稳定时间段内求温度差值。

本研究利用软件模拟法（见 2.5 节）获得了我国严寒气候区 10 种典型教室内 6:00～22:00 每小时的温度差与 8:00～18:00 每小时的温度差数据，然后选择 1d 中每小时温度差的最大值作为标准面时温度差，统计结果如图 3-4、图 3-5 所示。可见所模拟的教室标准面时温度差在 0～5℃之间（温度差出现负值说明是下午或晚上，后一个时间段的温度值小于前一个时间段的温度值）。

8:00～18:00 标准面时温度差的统计结果显示在本研究模拟的我国严寒气候区 10 种典型教室的不同工况下，绝大部分教室的标准面时温度差在 0～1℃之间，说明每小时教室内温度变化较小，还有少部分空间的标准面时温度差在 2～5℃之间。较大的温度差异易发生于北方教室的中午和早晚时间段，这样的温度变化会给使用者（自习者、教师）带来明显的不舒适感。

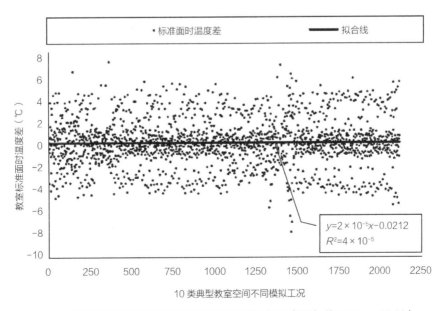

图 3-4　我国严寒气候区高校教室标准面时温度差分析图（累计时间 6:00～22:00）

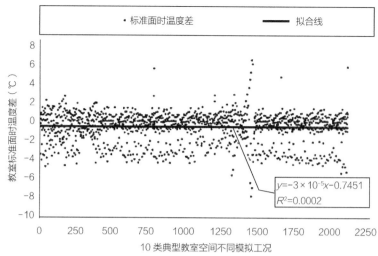

图 3-5 我国严寒气候区高校教室标准面时温度差分析图（累计时间 8:00～18:00）

3.2.2 教室标准面日温度差分析

3.2.2.1 标准面日温度差的定义与作用

标准面日温度差是指建筑空间内 1m 高水平面上 1d 中每小时温度平均值的最大值与最小值的差，这个差值用来衡量建筑空间内部使用时间段内（24h）人员工作水平高度区域温度稳定性。标准面日温度差值越大，不同时间段内使用者（学生）对教室空间热场主观感受的差异越大。

3.2.2.2 教室标准面日温度差特征

我国严寒气候区大部分高校教室标准面日温度差在 5～12℃之间。标准面日温度差的研究方法与标准面时温度差的研究方法类似，计算的是工作时间段内温度的最高值与最低值之差，同样包括两种工作时间段的界定（6:00～22:00 和 8:00～18:00），对两种情况的标准面日温度差进行统计分析，结果如表 3-9 所示。

我国严寒气候区高校教室标准面日温度差分析 表 3-9

项目		日温度差（℃）6:00～22:00	日温度差（℃）8:00～18:00
全距		17.2	17.1
极小值		4.3	0.9
极大值		21.5	18.0
百分①位数	20	9.3	2.7
	40	11.1	4.3
	60	12.0	4.8
	80	13.1	6.8

---

① 百分位数是统计学术语，如果将一组数据从小到大排序，并计算相应的累计百分位，则某一百分位所对应数据的值就称为这一百分位的百分位数。可表示为：一组 n 个观测值按数值大小排列。如，处于 $p\%$ 位置的值称第 p 百分位数。

（1）我国严寒气候区高校教室标准面日温度差的最大值约为21℃，最小值约为4℃。

（2）标准面日温度差较小的案例比较少。因为统计案例的百分位数为20%时，6:00～22:00为计算标准时，标准面日温度差约为9℃；8:00～18:00为计算标准时，标准面日温度差约为3℃；百分位数为40%～80%时两种情况对应的标准面日温度差在10℃以上和4℃以上。

对典型教室6:00～22:00工作时间段累计的标准面日温度差（图3-6）、同一教室8:00～18:00工作时间段累计的标准面日温度差（图3-7）进行统计。可见，我国严寒气候区高校教室中绝大多数教室内全天热环境明显呈现不稳定状态，标准面日温度差在5℃与12℃左右，两种温度差异主要是由于工作时间段取值不同引起的。

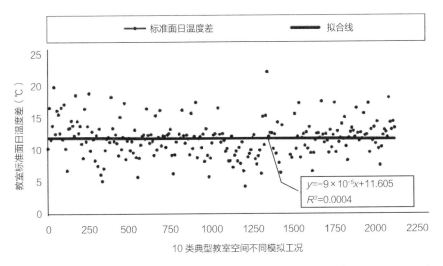

图3-6　我国严寒气候区高校教室标准面日温度差分析图（累计时间6:00～22:00）

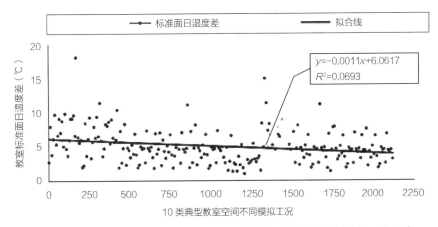

图3-7　我国严寒气候区高校教室标准面日温度差分析图（累计时间8:00～18:00）

3.2.3 教室标准面年温度差分析

3.2.3.1 标准面年温度差的定义与作用

标准面年温度差是指建筑空间内 1m 高水平面上任意一年内平均温度的最高值与最低值的差。标准面年温度差值越大说明建筑空间内温度水平在全年时间段内变化越大,建筑受外界影响小则全年温度波动小,受外界影响大则全年温度波动大。因此该值也可以反映建筑对抗外部气候条件的水平。对现代建筑而言该值在一定程度上还能够间接反映建筑的气密性和热工性能。如超低能耗建筑的气密性好、围护结构热工性能好,所以建筑内部的年温度差异并不显著。

3.2.3.2 教室标准面年温度差特征

我国严寒气候区绝大部分高校教室标准面年温度差高于 30℃。统计分析 10 类典型教室空间模型的标准面年温度差见表 3-10,可得我国严寒气候区高校教室标准面年温度差的最高值约为 35.7℃,最低值约为 27.9℃。

我国严寒气候区高校教室标准面年温度差统计表　　　　表 3-10

年温度差极小值	年温度差极大值	百分位数			
		20	40	60	80
27.885	35.680	28.620	30.354	31.025	33.338

我国严寒气候区高校教室标准面年温度差在 28~36℃之间。如图 3-8 所示,我国严寒气候区高校教室内 1m 高水平面上温度波动(标准面年温度差)在 30℃左右的热场数量较多,标准面年温度差接近或超过 35℃的热场数量较少,绝大多数教室的标准面年温度差在 28~36℃之间。温度差异大的主要原因应该与建筑热工性能、建筑供热方式以及室外气候条件有关。尤其是室外气候条件对我国严寒气候区高校教室内部热环境影响较大,教室的舒适度水平受季节影响显著。

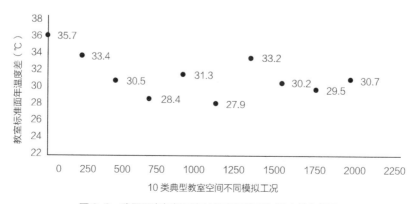

图 3-8　我国严寒气候区高校教室标准面年温度差分析图

3.2.4　教室空间热场温度波动影响因素分析

3.2.4.1　开窗特征因素

明晰我国严寒气候区教室类建筑空间热场温度波动的影响因素能够为减小该温度波动及优化室内热环境提供控制依据。

本研究对 10 类典型教室空间不同模拟工况下的标准面平均温度进行了统计分析，如图 3-9 所示。

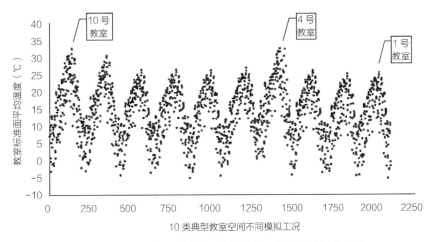

图 3-9　我国严寒气候区高校教室标准面平均温度统计图

可见教室标准面平均温度值的全年变化情况具有一定的规律。其中，4 号模型标准面平均温度比其他模型标准面平均温度略高。在除建筑空间特征以外的其他条件完全一致的情况下，可以认为建筑空间特征会在一定程度上影响标准面平均温度。而 4 号教室空间的典型特征是双侧横向通长长窗。因此可以初步判断，开窗方式对温度场有影响。

3.2.4.2　严寒气候条件因素

对第 1 类典型教室标准面平均温度与空间平均温度的模拟数据进行 10% 随机抽取形成图 3-10。

按照图形变化规律，将各案例对应的温度从左至右划分为 12 个温度段。1～12 号案例为第 1 段，13～24 号案例为第 2 段，25～50 号案例为第 3 段，51～60 号案例为第 4 段，61～70 号案例为第 5 段，71～100 号案例为第 6 段，101～110 号案例为第 7 段，111～120 号案例为第 8 段，121～150 号案例为第 9 段，151～160 号案例为第 10 段，161～170 号案例为第 11 段，171～191 号案例为第 12 段。将上述温度段进一步划分为 3 个组，第一组温度在 20℃以上，包括第 2、5、8、11 段；第二组温度在 10～20℃之间，包括第 1、4、7、10 段；第三组温度在 10℃以下，包括第 3、6、9、12 段。

对比第一组、第二组、第三组温度数据，分析 3 组数据出现高温（20℃以上）、中温（10～20℃）和低温（10℃以下）三种情况的原因，得到以下结果：

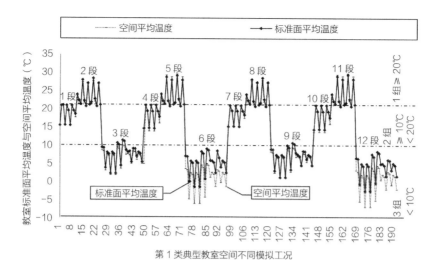

图 3-10　我国严寒气候区高校教室标准面平均温度与空间平均温度抽取案例统计图

（1）第一组（高温组，模拟温度值在 20℃ 以上）与第二组、第三组的原始数据的差异在于第一组模拟的数据是 6 月 21 日（夏季）14:00 的室内温度。

（2）第二组（中温组，模拟温度值在 10~20℃）与第一组、第三组的原始数据的差异在于第二组模拟的数据是夏季 8:00 的室内温度。

（3）第三组（低温组，模拟温度值在 10℃ 以下）与第一组、第二组的原始数据的差异在于第三组模拟的是冬季（冬至日）的室内温度。

可见室外气候条件对我国严寒气候区高校教室标准面平均温度和空间平均温度的影响最大，夏季的中午和早上时间段的室内温度差异较大，冬季中午和早上的室内温度差异较小。

3.2.4.3　时间、教室空间位置因素

对各组内部温度值进行差异性对比分析发现（图 3-10），组内的温度差异主要受三个因素影响：模拟空间在建筑中所处的位置（是否靠山墙）、热工分区的不同（表现为地理纬度、太阳辐射量和室外温度的不同）、建筑空间朝向不同。

（1）时间因素分析

第 1、2、3 段对应的模拟参数的最大差异是模拟的时间条件不同。

第 1 段模拟的是 6 月 21 日 8:00 的温度，段内的小范围波动因素为热工分区和建筑朝向差异；第 2 段模拟的是 6 月 21 日 14:00 的温度，段内差异原因与第 1 段相同；第 3 段模拟的是 12 月 21 日 8:00（第 3 段前部）与 14:00（第 3 段后部）的温度。可见室外气候变化（夏季 6 月 21 日、冬季 12 月 21 日）是我国严寒气候区高校教室这类非采暖建筑空间内部温度变化的最主要影响因素。夏季太阳辐射强度对室内温度的影响较大，表现为标准面平均温度波动范围较大；冬季室内获得的太阳辐射热量较少且室内温度低，标准面平均温度波动范围较小。

（2）空间位置因素分析

第 1 段与第 4 段温度的差异表现为第 4 段空间平均温度值低于标准面平均温度值。对

比两个温度段的原始数据发现，第 1 段是中间层中间部位教室的标准面平均温度和空间平均温度，第 4 段是顶层中间部位教室的空间平均温度和标准面温度。第 7 段与第 10 段的差异也是这样，第 7 段模拟的是中间层靠山墙教室内部的温度，第 10 段模拟的是顶层靠山墙教室内部的温度。可见建筑空间是否靠山墙会影响室内标准面平均温度与空间平均温度差值的大小。

第 3、6、9、12 段的整体温度偏低，基本在 10℃以下且四个温度段之间的温度也不同。由模拟的原始数据可知在其他参数条件一致的情况下，第 3 段模拟的是中间层非靠山墙房间的温度，第 6 段模拟的是中间层靠山墙房间的温度，第 9 段与第 12 段类似，模拟的是顶层房间的温度，其中第 9 段模拟的是顶层中间房间的温度，第 12 段模拟的是顶层靠山墙房间的温度。

可见，冬季建筑空间所在位置的不同，间接反映了建筑围护结构设计标准对应的围护结构性能不同，这是导致建筑空间内部空间平均温度与标准面平均温度出现显著差异的主要原因。

3.3　教室空间热场温度分布分析

建筑空间热场温度分布是指任一时刻建筑空间内部特定区域范围内多点温度值在空间中排布的状态。这种状态可用所处区域的温度值、不同温度点的空间位置和不同温度值所占区域比例三个方面描述。在研究教室空间热场温度分布过程中，主要利用了教室空间热场实测数据和 Fluent 模拟数据进行分析。

3.3.1　教室同一水平面温度差异性分析

（1）我国严寒气候区高校教室内同一水平面温度存在差异

为研究教室内同一水平面上的温度差异本研究在前期调研时对教室内的温度进行了多点测试和区域划分。通过对实测数据进行统计分析发现我国严寒气候区高校单一教室空间内部温度存在差异且分布存在一定的规律。

将教室平面内的座位区域按照从窗到门、从黑板到背墙的顺序进行编号，分为靠窗区 1~6 号座位，中间区 7~12 号座位，靠门区 13~18 号座位；每个区又分为前部、中部和后部，分别对应的座位编号是靠窗区前部 1、2 号，靠窗区中部 3、4 号，靠窗区后部 5、6 号，中间区前部 7、8 号，中间区中部 9、10 号，中间区后部 11、12 号，靠门区前部 13、14 号，靠门区中部 15、16 号，靠门区后部 17、18 号（图 3-11）。

对所有调研教室的各个区域实测温度进行总体统计和比较分析发现：教室内靠窗区、中间区、靠门区三个区的

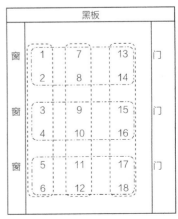

图 3-11　教室区域划分示意图

平均温度从窗到门逐步递减，其中靠窗区到中间区温度降低约 0.3℃，中间区到靠门区温度降低约 0.05℃，温度的差异与靠窗部位光照有关。靠窗区从前到后温度递减，前部至中部、中部至后部分别约有 0.1℃的温度差；中间区从前到后温度递增，前部至中部、中部至后部的差异分别为 0.07℃和 0.03℃；靠门区从前到后温度递增，前部至中部、中部至后部的差异分别为 0.01℃和 0.04℃。

不同区域存在温度差异的原因包括：靠窗区温度从前到后逐步降低与太阳照射方向有关。在北方地区的南北向教室，太阳光通常先照射到教室靠窗区前部，该区域在没有其他内部热源供给的条件下获得的太阳能比较多，提高了该区域的空气温度。中间区与靠门区前部的温度低于后部的温度，产生这种现象的原因是统计数据中含有部分阶梯教室，教室地面前低后高。室内温度具有分层差异，教室后部区域地面抬高，其温度测点的水平高度较前部区域地面温度测点的水平高度高，因此温度有所提升。同时太阳光对这两个区照射的时间短，由太阳照射引起的温度差异不显著。这说明当太阳光对室内温度影响较小时，室内空间特征对室内温度分布起决定作用，也可以理解为太阳光照影响较小的情况下，教室地面高度会对室内温度产生更大影响。

利用教室各测点不同水平面高度上的测试值计算出教室各测点温度的平均值。抽取部分教室的测试数据并绘制不同教室各测点的平均温度统计图，如图 3-12 所示，其中细实线对应左侧纵坐标轴，表示各案例之间的温度差值和抽取案例的温度水平，粗实线是放大后的某一个教室各测点的温度值，对应右侧纵坐标轴，通过查看放大的右侧纵坐标轴可以看出该教室各测点的温度差异情况。

对图 3-12 进行分析发现：第一，教室空间内靠窗区的各个测点的平均温度较高，越靠近门侧各个测点的平均温度越低；第二，教室中间部位即 3、4、9、10、15、16 号测点所在区域的温度从窗到门逐渐降低，从靠窗区中部到中间区中部温度降低约 0.2℃，从中间区中部到靠门区中部温度降低约 0.1℃；第三，教室靠窗区后部的 5、6 号测点，中间区后部的11、12 号测点和靠门区后部的 17、18 号测点的温度呈递减趋势，教室后部区域靠窗区到靠门区温度降低约 0.1℃。

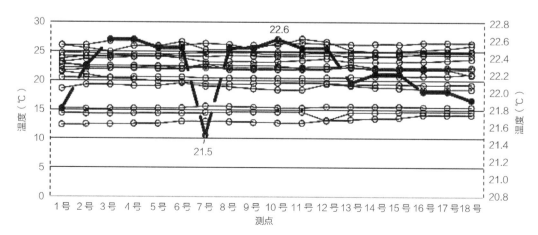

图 3-12 我国严寒气候区高校教室同一水平面温度差异统计图

（2）我国严寒气候区高校教室同一水平面温度差异受气候条件、教室所在空间位置、测试时间、供热方式等多种因素影响，但存在一定规律

通过定点考察 1 号模型标准面内不同温度点的分布情况，能够揭示温度分布状态与建筑空间的关系。本研究将 1 号模型标准面上的温度点云对应的温度值提取出来并在建筑空间中还原，形成了典型时间条件下的建筑空间热场标准面平均温度分布分析图，如图 3-13 所示。

对比图 3-13（a）和图 3-13（b）。图 3-13（a）为严寒 C 区南向教室 6 月 21 日 8:00 中间层中间位置房间的标准面温度分布情况，图 3-13（b）为严寒 C 区南向教室 6 月 21 日 8:00 顶层靠山墙房间的标准面温度分布情况。两者的不同在于模拟的房间位置不同。对比两张图可见，夏季早晨教室标准面上靠窗区域的温度低于标准面上其他区域的温度，而南向教室标准面上靠外墙部位温度较高。

对比图 3-13（b）和图 3-13（c）。图 3-13（b）为严寒 C 区南向教室 6 月 21 日 8:00 顶层靠山墙房间的标准面温度分布情况，图 3-13（c）为严寒 C 区南向教室 12 月 21 日 8:00 顶层靠山墙房间的标准面温度分布情况。两者的不同在于模拟的时间分别是夏季和冬季。对比两张图可见，冬季教室靠窗部位受散热器影响温度较高，靠外墙部位受太阳光辐射影响温度也略有提升，这两个区域的温度高于标准面上其他区域的温度。

对比图 3-13（c）和图 3-13（d）。图 3-13（c）为严寒 C 区南向教室 12 月 21 日 8:00 顶层靠山墙房间的标准面温度分布情况，图 3-13（d）为严寒 C 区南向教室 12 月 21 日 14:00 顶层靠山墙房间的标准面温度分布情况。由于模拟时刻的不同两个标准面温度分布呈现的特征也不同，可知随着室外太阳辐射强度的增大标准面靠墙区域的温度也明显提升。

对比图 3-13（d）和图 3-13（e）。图 3-13（d）为严寒 C 区南向教室 12 月 21 日 14:00 顶层靠山墙房间的标准面温度分布情况，图 3-13（e）为严寒 C 区北向教室 12 月 21 日 14:00 顶层靠山墙房间的标准面温度分布情况。对比两张图可以说明冬季北向教室外墙受太阳辐射的影响温度略有提升，但从提高的温度所占标准面的区域比例看这种由外墙受热引起的内部空气温度上升的程度小于内部空气直接受太阳辐射加热引起的温度上升的程度。

3.3.2 教室不同水平面温度差异性分析

（1）实测数据显示我国严寒气候区高校教室空间垂直高度方向温度差异约为 0.02℃/m

所调研教室在不同高度上存在温度差异，选取部分教室垂直温度差异数据，并放大其中一间教室垂直温度数据，形成图 3-14。图中虚线表示抽取的多个案例，粗实线表示某一个分析的案例，左侧温度坐标表示抽取案例的整体温度差异，右侧温度坐标表示某一个案例内各个测点的温度差异。

可见实地调研教室在 0.2 ~ 1.5m 高度范围内测试温度值随着高度的升高而有所提升，但是整体提升不大，约在 0.02℃/m 范围内。相关研究结果显示人体易察觉的温度变化范围是 0.5℃，这说明当教室内存在 0.02℃/m 的温度差异时并不会显著影响人的主观感受。

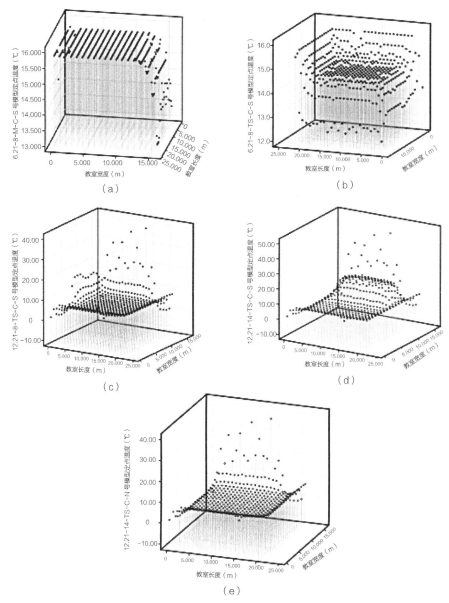

图 3-13 我国严寒气候区高校教室空间热场不同条件室内标准面平均温度分布分析图

（a）6 月 21 日 8:00 南向中间层；（b）6 月 21 日 8:00 南向顶层靠山墙；（c）12 月 21 日 8:00 南向顶层靠山墙；（d）12 月 21 日 14:00 南向顶层靠山墙；（e）12 月 21 日 14:00 北向顶层靠山墙

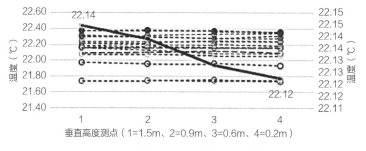

图 3-14 教室同一测点不同高度温度差异分析

　　对所调研的不同教室的 18 个测点数据进行案例抽取，并对各个案例的不同水平面平均温度进行统计分析，如表 3-11 所示。每个测点中包含多个数值点，这些数值点是多个案例在某一个测点上不同高度的测试值。可见不同案例中各个测点的不同高度测试值并没有完全重合，这说明各个测点在不同高度存在温度差，但这个温度差并不显著仅在部分测点（如 1、13、14、17 号测点）中有较大差异，这与测试误差和测试精度有关。可以确定我国严寒气候区高校教室空间热场中存在垂直温度差异，但这种差异并不显著，约为每升高 1m 温度提高 0.02℃。

我国严寒气候区高校教室空间热场不同高度测点模拟温度差异统计表　　表 3-11

（2）模拟数据显示我国严寒气候区冬季靠山墙教室局部区域存在 1～3℃的垂直温度差异

我国建筑室内温度测量标准规定，在建筑空间内部工作面高度（教室为 1m）均匀布点并以所测各点温度的平均值作为该空间的室内温度。依据上述规定选择 1m 高水平面的温度平均值作为研究对象，为进行对比分析选择 0.5m 高水平面的温度平均值作为参照，1m 高水平面上的平均温度与空间温度平均值不同，但与《建筑热环境测试方法标准》JGJ/T 347—2014 中的规定最接近。

利用模拟数据统计不同工况下教室 0.5m 高与 1m 高水平面平均温度散点图，如图 3-15 所示。按照图形变化规律将各案例对应的温度从左至右划分为 12 个温度段。1～11 号案例为第 1 段，12～21 号案例为第 2 段，22～51 号案例为第 3 段，52～61 号案例为第 4 段，62～71 号案例为第 5 段，72～101 号案例为第 6 段，102～111 号案例为第 7 段，112～121 号案例为第 8 段，122～151 号案例为第 9 段，152～161 号案例为第 10 段，162～171 号案例为第 11 段，172～191 号案例为第 12 段。

对比不同温度对应的原始参数可见：夏季教室空间内部 0.5m 高与 1m 高水平面平均温度的差异性不大（如第 1、2、4、5、7、8、10、11 段）；冬季教室空间内部 0.5m 高水平面平均温度高于 1m 高水平面平均温度（如第 3、6、9、12 段）；冬季靠山墙的教室空间内部垂直温度差大于非靠山墙的教室空间内部垂直温度差。冬季靠山墙的教室空间内部 0.5m 高水平面与 1m 高水平面垂直温差较大，约为 1～3℃。

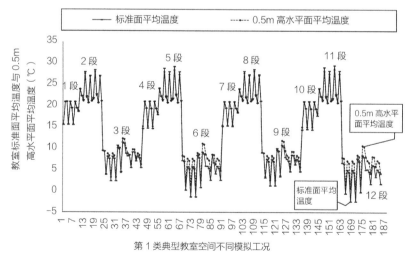

图 3-15　我国严寒气候区高校教室标准面平均温度与 0.5m 高水平面平均温度分析图

3.3.3　教室内最大一致温度区域与温度特征分析

3.3.3.1　最大一致温度区域

（1）概念提出

本研究在对教室空间温度分布特征进行分析时发现：在一个建筑空间内，温度在靠近建筑空间边界处变化明显，在建筑空间中间区域变化较小。建筑空间内部温度呈现出在建筑空间中心区域温度接近一致的状态，这个具有一致温度状态的区域，通常在建筑空间整体或内部某一水平面上占有绝对的比例，本研究将其定义为最大一致温度区域（后文中简称为区域），该区域的大小用最大一致温度区域比例（简称为区域比例）表述，该区域对应的温度称为最大一致温度区域温度（简称为区域温度）。最大一致温度区域描述的是建筑空间内或建筑内某一平面上（通常是1m高水平面）的一个特定区域，所以将其分别定义为空间最大一致温度区域（简称为空间区域）和标准面最大一致温度区域（简称为标准面区域），两者分别有各自对应的温度。

（2）微积分原理借鉴

根据微积分原理可知，任何一个体积或面积都可以划分成无数个可计算的微小单元，微小单元和体积之间存在一定的量化关系，而根据两者的关系，可在一方已知的条件下对另一方（微小单元和整体）进行推算。

本研究依据该原理，对建筑空间热场最大一致温度区域进行分析，如图3-16所示。图中最外层实线表示的立方体为建筑空间内围合的热环境，即本研究的建筑空间热场，内部虚线表示的形体为空间内最大一致温度区域（区域），图中水平截面的实体平面为建筑空间热场标准面，标准面内的虚线小区域平面为标准面最大一致温度区域。空间最大一致温度区域、标准面最大一致温度区域的大小，分别用空间最大一致温度区域比例（空间区域比例）、标准面最大一致温度区域比例（标准面区域比例）表示。为了说明空间区域与标准面区域的关系，图中共假设了两种情况：最大一致温度区域分别为图中的立方体和四棱锥所示区域。

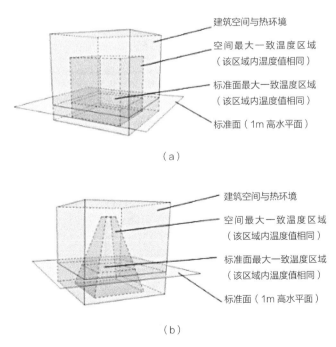

图3-16　建筑空间热场最大一致温度区域示意图
（a）状态一：室内各个区域温度一致；（b）状态二：室内各个区域温度不同

如果将建筑空间热场内整体的温度看作是无数个标准面温度的累加，那么理想的状态是建筑空间热场的空间区域比例与标准面区域比例、空间区域温度与标准面区域温度一致，此时可以认为建筑空间热场没有垂直温度差。如果两者不一致，则说明建筑空间热场存在垂直方向的温度差，并且这两者差异越大建筑空间热场垂直温度差越大，这个差异包括比例差与温度差。

3.3.3.2 最大一致温度区域温度特征分析

标准面区域温度与标准面平均温度不同，两值越接近说明水平方向温度越均匀。

为了进一步分析建筑空间内标准面区域的特征，本研究对标准面不同温度所占的区域比例和该标准面的平均温度进行了统计，将标准面的温度划分为三类数值，分别为舒适度范围 18～26℃、低于舒适度范围、高于舒适度范围，如图 3-17 所示。图中虚线部分为超出舒适度范围温度的区域比例，实线部分为舒适度允许温度范围，研究设定该范围为 18～26℃，图中以 20℃ 为界限（无数据连线的空心圆形标记为 20℃），直线为低温，断线为高温。研究对比了 190 个模拟结果的标准面不同温度区域比例与标准面平均温度值如图 3-18 所示。

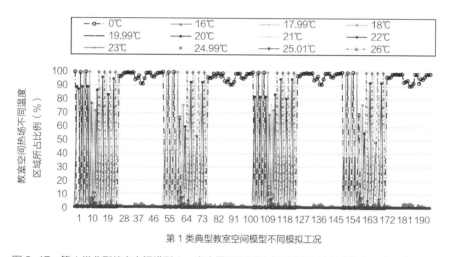

图 3-17　第 1 类典型教室空间模型 1m 高水平面不同温度区域所占比例分析与平均温度对比图

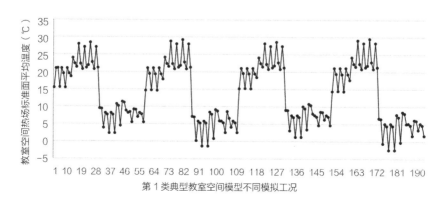

图 3-18　第 1 类典型教室空间模型 1m 高水平面温度平均值分析图

由图 3-18 可知教室空间内 1m 高水平面（标准面）平均温度与标准面区域温度密切相关。但是如 11 号点附近标准面平均温度约为 22～24℃，而对应的约 20℃的区域就占到整个标准面的约 80%，这个温度区域是绝大部分学生在教室中活动的区域。因此可以得到以下结论：①教室空间内标准面上存在一个最大一致温度区域，这一区域对应的温度与标准面平均温度相关。②标准面最大一致温度区域占教室空间或建筑空间工作面的绝大部分，该区域是空间使用者的主要活动区域，该区域的温度指标值可排除标准面内的过低温度区域（如冷山墙）和温度波动较大区域（如采暖空间的散热器附近）的温度值。③标准面区域温度与标准面平均温度不同，该区域的温度更能够代表使用者主要活动区域的温度，该温度才是空间内绝大部分使用者感受到的真实温度。④在建筑空间内标准面平均温度相同的情况下，标准面最大一致温度区域比例与温度可以有多种状态，不同的区域比例和温度更能够说明非均匀热环境水平温度分布特征。

为了讨论标准面最大一致温度区域变化规律，本研究使用 SPSS 软件对 10 类典型教室空间模型的 190 个模拟工况的标准面上不同温度、不同温度对应的面积数据进行了相似度计算，并依据相似度计算结果进行分类，共分为 4 类。再对这 4 类分类计算结果和各案例对应的标准面平均温度进行对比，分别描述各组标准面最大一致温度区域的变化规律。

同时绘制 4 个分类案例的标准面平均温度分析图和标准面不同温度区域比例关系图，如图 3-19～图 3-26 所示。对比每组两张图，可见：

第 1 类案例的标准面不同温度区域比例关系可分为 3 组，第一组是低温区域（–1～13℃），比例约 80% 以上；第二组比例不变，但温度略有提升；第三组也是低温区域（9～15℃），但比例在 50%～85% 范围。可见教室空间内只需局部提高温度就可以显著地提升空间内部平均温度，但是这种局部提高温度的空间其绝大部分人活动的区域并不属于舒适温度区域，如图 3-19 中的 37～51 号案例。

第 2 类案例可划分为 3 组，见图 3-21。第一组（1～21 号），教室空间内标准面平均温度在 1～18℃之间，但对比不同区域的温度会发现，该类空间内低温区域比例较高，高温区域比例约为 20%；第二组，标准面平均温度约为 16～18℃，16～18℃温度区域比例，约为 60%～80%；第三组，标准面平均温度在 20℃左右，高温区域比例较高。对应图 3-22 可见，3 个组的绝大部分平均温度值是接近的，平均温度一致，不同温度所占平面区域比例完全不同。在这种空间中绝大部分人的感受不同。

第 3 类案例可分为两组，见图 3-23。第一组为标准面高温区域占主导，标准面平均温度在 20℃以上，20℃以上温度区域比例约为 80%；第二组为标准面低温区域占主导，标准面平均温度在 10℃左右，0～16℃温度区域比例在 80% 以上。在这类案例的模拟数据中，第一组的平均温度较高约为 20℃，高温区域所占的比例也高，空间温度较均匀一致，热环境感受应当较好，如图 3-24 中的第一组。

第 4 类案例中的空间区域温度特征是空间中以某一温度为主导，而标准面平均温度与该主导温度接近。但是从图 3-25 来看标准面上的低温区域比例与高温区域比例变化规律并不明显。如图 3-26 所示，第一组标准面平均温在 0～18℃之间，0～16℃温度区域比例较高，约为 80%；第二组标准面平均温度主要在 20℃左右，16～18℃温度区域比例较高，约为 50%～80%；第三组标准面平均温度低于 10℃，0～16℃温度区域比例较高，约在 80% 以上。

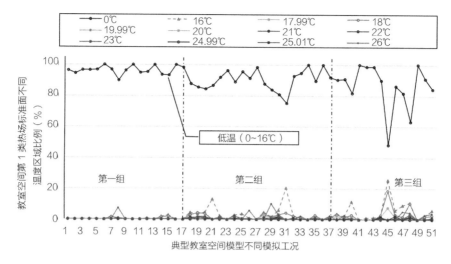

图 3-19　我国严寒气候区高校教室空间第 1 类热场标准面不同温度区域比例关系图

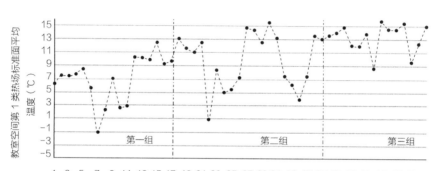

图 3-20　我国严寒气候区高校教室空间第 1 类热场标准面平均温度分析图

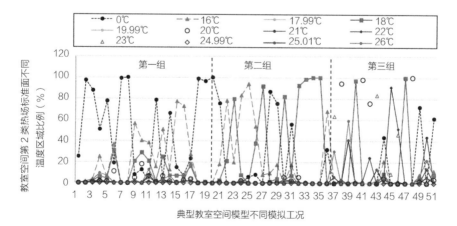

图 3-21　我国严寒气候区高校教室空间第 2 类热场标准面不同温度区域比例关系图

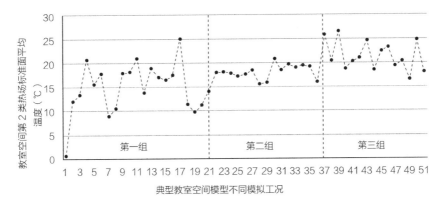

图 3-22 我国严寒气候区高校教室空间第 2 类热场标准面平均温度分析图

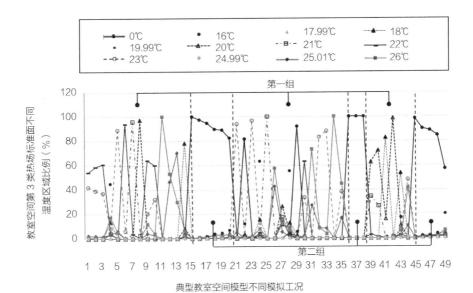

图 3-23 我国严寒气候区高校教室空间第 3 类热场标准面不同温度区域比例关系图

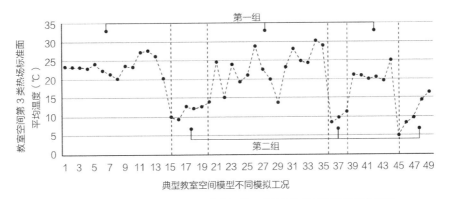

图 3-24 我国严寒气候区高校教室空间第 3 类热场标准面平均温度分析图

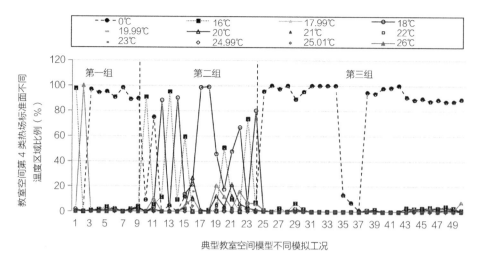

图 3-25 我国严寒气候区高校教室空间第 4 类热场标准面不同温度区域比例关系图

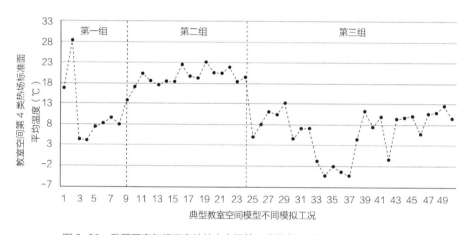

图 3-26 我国严寒气候区高校教室空间第 4 类热场标准面平均温度分析图

通过对第 4 类案例教室空间标准面平均温度与区域温度的分析，可得标准面平均温度单一值是无法表达空间内不同区域温度差异的。而使用标准面最大一致温度区域值更能够接近真实的温度差异表达。

3.3.4 教室空间热场温度分布影响因素分析

（1）我国严寒气候区高校教室空间标准面不同温度及其区域比例受气候、时间、建筑空间朝向影响

本研究利用 SPSS 对教室空间热场（具有空间指标特征的非均匀热环境）标准面上不同温度和不同温度对应的区域比例进行影响因素分析，影响因素包括热工分区、建筑朝向、层数（所处空间位置）、日期和时间。

建筑空间热场标准面上不同温度区域比例与建筑热工分区、日期、时间密切相关，部分温度区域大小与朝向相关，如16℃区域和20℃区域；标准面上不同温度区域比例的大小与层数（空间在建筑中的位置）完全不相关。

（2）我国严寒气候区高校教室空间温度分布受所属气候区域划分影响较大

利用模拟数据对我国严寒气候区高校教室空间热场内不同温度及其所占区域比例与热工分区、层数、朝向、时间进行相关性分析。显示：

1）热工分区差异与教室内部空间不同温度区域比例、区域温度相关。热工分区与空间不同温度区域比例的中高温度部分（18～22℃区域）密切相关，如与18℃区域相关系数为0.349，0.05水平显著相关；热工分区与空间不同温度区域比例的低温部分（0～16℃区域）相关性较小，如与0～16℃区域相关系数为-0.1，0.01水平显著相关；热工分区对空间不同温度区域比例的高温部分（22℃以上）几乎没有影响。

2）朝向对建筑空间热场不同空间区域对应的温度影响较小，朝向与空间区域温度的16～20℃部分的相关系数为0.156。层数（所处空间位置）与建筑空间热场不同空间区域温度的相关性不显著。

3）室外温度、季节、太阳高度角等与日期有关的因素对建筑空间热场空间区域温度影响较大，其中对建筑空间热场的空间平均温度和0～16℃温度影响较大，相关性计算结果分别为-0.903和0.865，呈显著相关。

4）一天中不同时间点（8:00，14:00）也会对建筑空间热场空间区域比例产生影响，时间会对建筑空间热场空间平均温度、18℃左右的空间区域比例及26℃左右的空间区域比例产生影响。

5）建筑空间热场不同空间区域温度之间关系密切，高温区域比例对空间平均温度影响较大。

3.4 本章小结

本章通过实地调研和软件模拟的方式获取我国严寒气候区高校教室空间热场相关参数数据，再利用统计分析法对这些数据进行分析，通过对教室空间热场温度水平、温度波动、温度分布以及相关影响因素进行分析，获得相关结论如下：

（1）建筑空间热场是具有空间指标的非均匀热环境，其特征可用如下指标进行描述：空间平均温度、标准面平均温度、标准面时温度差、标准面日温度差、标准面年温度差、空间最大一致温度区域比例、空间最大一致温度区域对应温度、标准面最大一致温度区域比例、标准面最大一致温度区域对应温度、建筑空间系列参数、时间系列参数等。

（2）我国严寒气候区高校教室空间平均温度与标准面平均温度关系密切，但又有一定差异，同时两者都与建筑空间参数和对应时间参数密切相关。

（3）我国严寒气候区高校教室空间标准面时温度波动范围在2～5℃之间，标准面日温度波动范围在5～12℃之间，标准面年温度波动范围在28～36℃之间。

（4）我国严寒气候区高校教室空间热场温度波动特征受气候条件与空间在建筑中的位置影响较大。

（5）我国严寒气候区高校教室空间热场温度在水平面和垂直面存在温度分布不均的情况，水平面温度差约为1℃，垂直面温度差约为0.02℃/m。

（6）建筑空间热场的温度分布整体特征可利用空间最大一致温度区域和标准面最大一致温度区域的温度和比例进行描述。

4

建筑空间热场评价
方法研究

事物的评价方法多种多样，科学、合理的评价方法是建立事物评价模型的重要基础，也是客观、真实地反映事物特征的必要条件。

本章以第 3 章我国严寒气候区高校教室空间热场特征研究为基础，总结出评价这种具有空间特征的非均匀热环境的方法；在此基础上，提出建立适宜于该环境的建筑空间热场评价体系需遵守的原则。通过对比分析建筑空间热场评价方法与现有热环境评价方法的差异性，明确了建筑空间热场评价体系需具备的功能，在对现有灰色系统理论、人工神经网络理论及相关评价理论方法与本研究的评价对象进行适宜性分析后，提出建立以灰色系统理论为指导的适宜于我国严寒气候区高校教室空间内部非均匀热环境的建筑空间热场评价体系研究框架。

4.1 建筑空间热场评价原则分析

4.1.1 评价对象特点分析

（1）建筑空间热场与均质热环境有共性也有差异性

建筑空间热场是建筑空间内部具有空间区域特征的非均匀热环境，它与建筑空间内的均质热环境有共性也有差异性。建筑热环境是指建筑空间内部具有温度、湿度、气流速度等参数特征的物理环境，其空间指向性弱，空间边界不明显。建筑空间热场是空间内的非均匀热环境，是建筑热环境的一种状态，其界定的空间特征、区域特征更细。如图 4-1 所示。

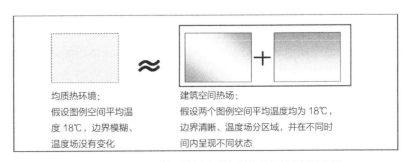

图 4-1 建筑热环境与建筑空间热场特征差异性分析示意图

建筑空间热场与建筑热环境都具有温度参数特征，然而建筑空间热场更加突出其较强的区域性和阶段性的温度特征，可用于描述一个热环境的不同时间段和不同空间范围的综合特征。因此本研究认为建筑空间热场与建筑热环境存在局部一致性和部分差异性，本研究拟在后续论述中研究建立严寒气候区高校教室空间热场评价体系应能够既符合热环境基本评价的需求，又能够反映出热环境中存在的温度空间差异与时间变化两个非均匀热环境特征。

（2）同类型建筑空间内部非均匀热环境各有不同

同类型建筑空间内部非均匀热环境即建筑空间热场各有不同。假设建筑外部气候环境一定的情况下，同类型的建筑内部热环境控制标准一致，温度处于18℃时，由于建筑空间形态的不同，同类型、不同形态下的建筑内部热环境在其温度水平、温度分布、温度波动等多方面存在差异。再如某一时刻热环境同为18℃的两间教室，两者的年温度差一个为5℃、一个为10℃，则这一时刻两间教室的热环境是相同的，但是两者的热场并不一样，如图4-2所示。本研究拟建立的建筑空间热场评价体系，应能够全面地反映出这种由建筑空间形态引起的内部热环境差异，并提出公平有效的、能够体现其差异性的衡量标准。以便建筑设计师与热环境评价相关人员在应用该评价体系时，能够更加便捷地判断出何种建筑空间形态更有利于营造舒适的内部热环境。

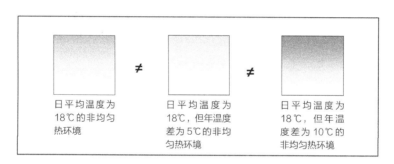

图4-2 同类型建筑空间内非均匀热环境的差异性示意图

（3）建筑空间热场核心要素已知，其他因素不明确

对于我国严寒气候区高校教室内部热环境来说，其内部的温度指标是该环境的核心，但是同一环境中还有湿度、气流速度、内部辐射等指标参数相互影响。由于这些指标无法全面覆盖，并且指标之间的相关关系并不明确，所以本研究在建立建筑空间热场评价体系时并不涉及这些指标，而假定这些指标均为不明确因素。仅拟定采用核心的温度指标参数对严寒气候区高校教室空间热场整体特征进行评价。对于这种使用部分参数评价实物整体的问题，与传统的使用全部参数评价实物整体的问题不同，前者更需要一套科学有效的评价方法。而只有采用行之有效的科学评价方法，才能够充分利用现有数据，全面地反映出我国严寒气候区高校教室空间热环境的整体特征。

4.1.2 评价原则与建立依据

建筑空间热场评价体系的建立应遵守客观性原则、公平性原则和科学性原则。这些原则是在仔细分析建筑空间热场问题特征的基础上提出的，并对评价体系成立与否有重要影响，三者的关系如图 4-3 所示。

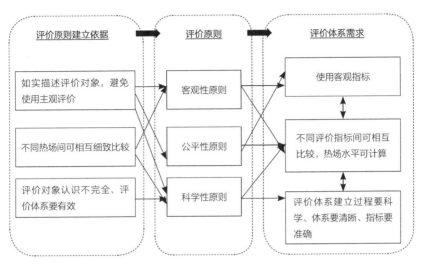

图 4-3　建筑空间热场评价体系评价原则、评价原则建立依据、评价体系需求关系图

（1）建立评价体系的客观性需求

建筑空间热场是具有空间特征的非均匀热环境，是热环境的一种状态。建筑空间热场和热环境是使用者能够同时感受到的同一对象。因此同一使用者，如教室内的学生，对这个对象的感知结果不应出现相互矛盾的情况。本研究在建筑空间热场评价体系的建立过程中，尽可能使用热环境的客观评价参数，如温度参数，而排除人为影响较大的主观评价参数。考虑上述原因本研究提出在建立严寒气候区高校教室空间内部非均匀热环境的评价方法过程中应遵循客观性原则。

客观性原则是尽量降低主观评价在事实判断中起到的作用，确保评价结果中的人为影响因素更少、评价结论与事实更接近，进而使评价结果与使用者的主观感受更接近。

客观性原则要求在评价过程中客观地获取评价指标数据、客观地进行计算，在整个评价过程中去除人为的主观论断，确保评价结果客观真实。

（2）建立评价体系的公平性需求

不同建筑空间形态内的非均匀热环境不同，主要体现在不同区域的温度差异。因此在研究适宜于该类热环境的评价方法时，应能够体现出这种差异。本研究认为不能够仅使用平均温度指标来衡量该类空间，而应当采用多种环境指标，且这些指标的标尺应当一致。为此本研究提出在建立适宜于评价我国严寒气候高校教室空间热环境的体系时应遵守公平性原则。

公平性原则包括公平地评判建筑空间热场的各项评价指标与公平的判断建筑空间热场整体水平两个方面。公平地评判建筑空间热场的各项评价指标，是指在建筑空间热场评价指标研究过程中，各个指标间可以定量化地进行比较。这就要求该体系的评价指标应尽量减少主观评价值而增加客观评价值。公平地判断建筑空间热场整体水平，是指在建筑空间热场评价过程中所使用的评价体系及其评价指标不会因为评价对象的改变而改变，且评价结果能够反映出不同建筑空间热场的差异与水平。采用客观评价参数，避免使用主观评价结果作为评价参数，能够使评价结果更客观、准确地反映建筑空间热场这一评价对象的特征。

公平性原则需要在建立整个评价体系的过程中充分考虑两种情况的公平性。其一，使用该评价体系能够正确地反映出评价对象的热环境水平，即评价结果与人的认知、感受、客观物理环境测试结果整体一致。这要求该评价体系的评价结果与现有评价体系的评价结果方向一致，且是现有评价结果的深入讨论。其二，公平性原则要求所建立的评价体系能够充分考虑被测试建筑的特征，对于同类建筑的不同案例能够准确地区分出其共同点及差异之处，所使用的客观指标能够在任意测评对象中获得。

（3）建立评价体系的科学性需求

严寒气候区高校教室空间内部非均匀热环境是一个复杂的系统，系统要素之间存在相互作用关系，如外部气候环境、照度、建筑空间围护结构性能、围护结构开窗位置和面积等均对室内温度有影响。同时该系统也是一个内涵并不完全清晰的系统，非均匀热环境中温度相关指标仅是该系统的要素之一，还有表面辐射温度、人的行为、空间使用者和设备等的散热量等对该环境产生影响，其影响方式与指标并不完全清晰。因此，依据不确定性系统研究理论[1]对这种内涵不确定的对象进行评价时，应采用更科学、可靠的研究方法，以减少由于这种不确定性引起的误差。因此，本研究在建立严寒气候区高校教室空间热场评价方法时着重思考评价方法应具有科学性和可靠性。

科学性原则要求在建筑空间热场评价体系建立的过程中全面准确地把握对象的特征，从多方面、多手段衡量和研究对象。因此，本研究在评价指标元素构建的过程中考虑了指标的丰富性、全面性和层次性，以及指标的转换与替代的可能性；而在评价体系结构构建的研究过程中，考虑使用两种统计分析方法，弥补相互的不足。这些多层次、多角度、多种科学数理统计方法的使用是出于对评价体系建立的科学性原则的考虑。

4.2　建筑热环境常用评价方法比较分析

建筑热环境的评价包括主观评价和客观评价两种。客观评价指标有室内温度、湿度、空气流速、热辐射温度等，这些指标容易测量，能够客观反映环境的情况。主观评价指标以热舒适指数为主，主要用于描述人体对热环境的真实感受。本研究通过分析现有建筑热环境主观评价方法与客观评价方法，为本研究提出的建筑空间热场的区域温度分析、温度波动分析及室内热场计算方法提供理论依据，并进一步明确目前已有的热环境评价方法与本研究提出的建筑空间热场评价方法的差异。

---

① 系统的诸因素中含有不能用确定的量进行描述的系统或呈现有不确定性信息的系统称为不确定性系统。

4.2.1　基于人体感受的热环境评价方法

（1）PMV-PPD 评价方法是基础

Bedford[1] 在其著作中提出了贝氏 7 级热舒适评价方法。该方法被 ASHRAE[2] 采用，并对应认知习惯优化了 7 级人体热感觉标度方法。

Fanger[3] 指出空气温度、室内平均辐射温度、气流速度、相对湿度、人体活动水平和着装水平 6 个主要因素直接影响人体热舒适度水平。1972 年他首次将多个环境变量拟合在了一个方程式中，给出了第一个评价人体热舒适度的方程式[4]：

$$
\begin{aligned}
&M - W - 0.00305\left[5733 - 6.99(M-W) - P_a\right] - 0.42(M-W-58.15) - \\
&0.0000173M(5867 - P_a) - 0.0014M(34 - T_a) = \\
&3.96\times10^{-8}f_{cl}\left[(T_{cl}+274)^4 - (T_{mrt}+273)^4\right] + f_{cl}h_c(T_{cl}-T_a)
\end{aligned}
\tag{4-1}
$$

但是这个方程式只能告诉人们在满足此参数组合时人体感受到的热舒适度水平，而环境发生变化时，如空间内温度变化、着装水平不同、新陈代谢率存在差异等情况时，不能利用公式（4-1）进行计算、预测空间的热舒适度水平。为了解决上述问题，Fanger 又在之后的研究中提出了 PMV 的计算方法[5][6]，来评判由不同差异所引起的热舒适度整体感受水平，使其与绝大部分人体感受一致。PMV 的计算方法为：

$$
\begin{aligned}
\text{PMV} = &\left(0.303\mathrm{e}^{-0.036M} + 0.028\right) \\
&\left\{
\begin{aligned}
&M - W - 0.00305\left[5733 - 6.99(M-W) - P_a\right] - 0.42(M-W-58.15) - \\
&0.0000173M(5867 - P_a) - 0.0014M(34 - T_a) \\
&-3.96\times10^{-8}f_{cl}\left[(T_{cl}+274)^4 - (T_{mrt}+273)^4\right] + f_{cl}h_c(T_{cl}-T_a)
\end{aligned}
\right\}
\end{aligned}
\tag{4-2}
$$

该公式的计算结果仍然对应 ASHRAE 的 7 级人体热感觉标度方法。

利用 PMV 指标计算热舒适感受时有一定局限：

1）由于该指标应用以及提出的实验环境是一个处于稳态的热环境，因此在变化的热环境中计算或判断人体热舒适感受时该指标具有一定局限性；

---

① Bedford T. The warmth factor in comfort at work: A physiological study of heating and ventilation[M]. 1936.

② ASHRAE. ASHRAE guide and data book: Application for 1966 and 1967[M]. New York, 1966.

③ Fanger P O. Calculation of thermal comfort, introduction of a basic comfort equation[J]. Ashrae Transactions, 1967, 73(2)：1-20.

④ Fanger P O. Thermal comfort: Analysis and applications in environment engeering[J]. Thermal Comfort Analysis & Applications in Environmental Engineering, 1972：225-240.

⑤ Fanger P O. Assessment of man's thermal comfort in practice[J]. British Journal of Industrial Medicine, 1973, 30(4)：313.

⑥ Fanger P O, Ipsen B M, Langkilde G, et al. Comfort limits for asymmetric thermal radiation[J]. Energy & Buildings, 1985, 8(3)：225-236.

2）由于季节差异、人的行为习惯不同等因素时刻存在，在应用该指标时较难准确确定人的服装热阻和人体活动情况的参数值，导致计算结果与事实存在误差；

3）采用 PMV 计算热舒适度时存在计算参数数值统计烦琐、公式参数多、计算复杂等问题，这也是建筑设计师和非专业使用者较难使用的主要原因；

4）PMV 指标表示的是热环境中人体热感觉的平均值，由于使用者性别等个体的差异显著且普遍，因此，PMV 仍不能够代表所有人的感觉。考虑到上述 PMV 的局限性，又有学者提出了表示室内人员不满意度的指标 PPD，并给出了两者之间的定量化关系式 [1]：

$$PPD = 100 - 95\exp\left[-\left(0.03353PMV^4 + 0.2179PMV^2\right)\right] \qquad (4\text{-}3)$$

由公式（4-3）可见：PPD 指标是以 PMV 指标为基础的，该指标同样存在上述 PMV 指标的局限性问题。

由于人的因素的存在，PMV-PPD 指标更适用于对已建成的建筑热环境进行主观评价，而对建筑设计方案阶段进行建筑热环境预测的指导意义并不显著。

（2）非均匀热环境人体热感觉评价方法是均匀热环境人体热感觉评价方法的拓展

非均匀热环境包括空间内热环境的温度梯变、温度周期性变化、温度突变三种状态 [2]。现有的非均匀热环境的评价方法也主要是围绕这三种状态展开的。针对非均匀热环境的三种状态分别提出了相应的评价方法，如下：

国内外使用较多的针对存在温度梯变的非均匀热环境的评价方法是 1989 年 Wyon 等 [3] 提出的等效均一温度评价方法（Euivalent Homogeneous Temperarure，EHT），该方法以人体散热量为衡量标准。EHT 是指当非均匀热环境中与均匀热环境中人体散热量相等时，可用均匀热环境下的人体散热量指标值表示非均匀热环境下的人体散热量水平，这一均匀热环境的温度值为非均匀热环境的等效均一温度。可利用下式进行计算：

$$P + C + Q_S = R_{EHT} + C_{EHT} \qquad (4\text{-}4)$$

式中 R——非均匀热环境中人与环境的辐射换热量；

　　　　C——非均匀热环境中人与环境的对流换热量；

　　　　Q_S——人体得到的太阳辐射热；

R_{EHT}、C_{EHT}——理想均匀热环境中的人体辐射换热量和对流换热量。

与此类似还有采用基于人体热感觉节段参数与环境参数的 EQT（Equivalent Temperature）

① Ergonomics of the thermal environment-Analytical determination and interpretation of thermal comfort using calculation of the PMV (predicted mean vote) and PPD (predicted percentage of dissatisfied) indices and local thermal comfort. ISO 7730:2005[S].

② ASHRAE. ASHRAE Standard 55—2010 (Thermal Environmental Conditions for Human Occpancy)[S]. Atlanta, ASHRAE Inc Press, 2010.

③ Wyon D P, Larsson S, Forsgren B, et al. Standard procedures for assessing vehicle climate with a thermal manikin[C]//Subzero Engineering Conditions Conference and Exposition. 1989.

指标[①]、平均有效温度[②]（Average Equivalent Temperarure，AET）和标准有效温度[③]（Standard Effective Temperature，SET）等指标进行非均匀热环境热舒适度评价的方法。

人体整体热感觉评价方法和局部热感觉评价方法是对存在温度突变的非均匀热环境进行评价的主要方法。如张宇峰等[④]指出人体整体热感觉投票数与局部热感觉投票数有关；金权[⑤]在其研究中，依据 122 组人工环境气候时的人体测试数据，利用统计分析方法研究了人体整体热感觉与局部热感觉的关系，提出人体整体热感觉的分段式评价计算公式。

$$\left\{\begin{array}{l} TSV_0 = TSV_h \\ TSV_0 = TSV_h + \alpha(TSV_{max}^+ - TSV_h) + \beta(TSV_{max}^- - TSV_h) \\ TSV_0 = TSV_h + \alpha(TSV_{max}^+ - TSV_h) + \beta TSV_{max}^- \\ TSV_0 = TSV_h + \alpha TSV_{max}^+ + \beta(TSV_{max}^- - TSV_h) \end{array}\right\} \quad (4\text{-}5)$$

式中　TSV_0——人体整体热感觉；

　　　TSV_h——人体局部平均热感觉；

　　　TSV_{max}^+——人体正向最大热感觉；

　　　TSV_{max}^-——人体负向最大热感觉；

　　　α、β——回归系数。

四种计算方法分别对应最大正、负向热感觉小于 0.5，最大正、负向热感觉与平均热感觉差大于等于 0.5，夏季最大负向热感觉大于最大负向热感觉与平均热感觉之差，冬季最大正向热感觉小于最大正向热感觉与平均热感觉之差四种情况。

相对热不舒适指数 RI[⑥]（Relativity Index）是一种对具有温度周期性变化特征的非均匀热环境的舒适性水平进行评价的方法。该指数可用于评价不同气候区建筑室内长期热环境水平，其值为 0～1，也可以比 1 大（说明建筑围护结构起反作用）。该值越小说明人体处于建筑室内的热不舒适程度与处于室外的热不舒适程度相差越大，说明建筑围护结构效果越好；该值越大说明建筑围护结构效果越差。

统计上述评价方法见表 4-1，分析可见，使用上述方法评价热环境水平时，均需使用人体热特性的相关参数。使用这些参数存在两方面问题：一方面，建筑设计师与热环境评判者不容易掌握这些与人体相关的参数；另一方面，由于无法在建筑设计方案阶段获得公式中的某些参数，如标准有效温度下的饱和水蒸气分压力参数，所以上述方法对未建成建筑的热环

① Tanabe S, Zhang H, Arens E A, et al. Evaluating thermal environments by using a thermal manikin with controlled skin surface temperature[J]. Ashrae Transactions, 1994, 100(1)：39-48.

② Matsunaga K, Sudo F, Tanabe S, et al. Evaluation and measurement of thermal comfort in the vehicles with a new thermal manikin[J]. SAE Paper Series, 1993：35-43.

③ Kohri I, Kataoka T. Evaluation method of thermal comfort in a vehicle by SET* using thermal manikin and theoretical thermoregulation model in man[J]. ImechE, 1995, C496(22)：357-363.

④ 张宇峰，赵荣义. 局部热暴露对人体全身热反应的影响 [J]. 暖通空调，2005，35（2）：25-30.

⑤ 金权. 非均匀热环境过渡过程人体热感觉的研究 [D]. 大连：大连理工大学，2012.

⑥ 蔡靓. 基于气候条件的居住建筑室内长期热环境评价方法研究 [D]. 长沙：湖南大学，2012.

境水平进行评价存在局限性，不符合本研究提出的建筑空间热场的预判原则和客观性原则。

不同热环境评价方法与评价特征对比分析表　　　表 4-1

热环境不同评价方法	热环境评价特征							
	热环境特征		对象特征		评价对象时间维度时长		指标特性	
	均匀	非均匀	建成	未建成	当时（时）	日／月／年	主观	客观
贝氏 7 级评价	√		√		√		√	
热舒适方程	√		√		√		√	√
PMV	√		√		√		√	
PMV-PPD	√		√		√		√	
等效均一温度 EHT	√	√	√		√			√
等效温度 EQT	√	√	√		√			√
标准有效温度 SET	√	√	√		√			√
人体热感觉	√	√	√		√		√	
相对热不舒适指数 RI		√	√			长期	√	√
建筑空间热场评价（本研究）		√	√	√		√		√

上述分析还可以说明：

（1）对建筑内部非均匀热环境进行研究和评价时可通过分析热环境整体与局部的关系、热环境稳定与不稳定状态的关系进一步揭示非均匀热环境的特征。

（2）在前面研究的基础上进一步深入讨论非均匀热环境局部温度差异特征和不稳定状态是深入研究热环境的重要内容，对优化建筑热环境是有意义的。

（3）已有研究证明建筑空间热场区域温度、温度波动研究有重要意义并已经展开讨论，这些研究成果为本研究提供了研究非均匀热环境中温度分区概念和温度波动概念的理论基础。这说明进一步讨论非均匀热环境中温度分区概念和温度波动概念是深入了解建筑热环境的重要途径。

4.2.2　热环境客观评价方法

（1）热环境客观评价方法以温度指标为核心

《室内人体热舒适环境要求与评价方法》GB/T 33658—2017 中定义热环境为影响人体散热的环境特征，并指出可接受热环境的指标包括：操作温度（作业温度）、湿度、空气流速、垂直温度差、地面温度、温度的漂移或斜变等。

其中，作业温度反映了空气温度与平均辐射温度对人体热感觉的综合影响结果，是热环境舒适度计算的重要指标之一，其计算公式为：

$$T_o = \frac{h_r T_r + h_c T_a}{h_r + h_c} \tag{4-6}$$

式中　T_o——作业温度；

　　　T_r——平均辐射温度；

　　　T_a——空气温度；

　　　h_r——辐射换热系数；

　　　h_c——对流换热系数。

温度的漂移与斜变直接与作业温度有关，是指不同时间段内作业温度变化的最大值。如《室内热环境条件》GB/T 5701—2008 中规定每小时作业温度变化不超过 2.2℃，每 2h 作业温度变化不超过 2.8℃。

（2）客观评价方法与主观感受密切相关

现有建筑热环境的客观评价方法与主观感受有密切关系。如有学者[①] 提出使用适应性预测模型（Adaptive Modle）预测不同人群的人体热感觉。

由人体适应性预测模型图（图 4-4）可知，该模型讨论的是包含人的心理、行为、生理等因素在内的人体热感觉评价模型。这个模型并不能够对建筑热环境进行完全客观的评价，这与本研究提出的以建筑空间热场作为对象，客观性作为其评价原则不同。

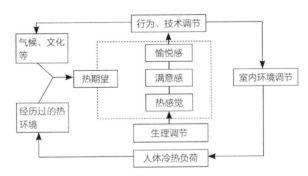

图 4-4　人体适应性预测模型图（来源：Dear R J D, Brager G S, Cooper D. Developing an adaptive model of thermal comfort and preference-final report on RP-884.）

后续相关研究[②] 依据该模型提出了以中性温度（Neutrality）作为适应性热舒适的评价标准。其计算公式是：

$$T_{comf} = 0.31 T_{a,out} + 17.8 \qquad (4\text{-}7)$$

式中　T_{comf}——建筑内部人体感觉舒适的热中性温度；

　　　$T_{a,out}$——室外月平均温度。

类似的计算公式见表 2-28，它们已被国内外学者和相关领域广泛采用，以此作为自然通风建筑中非均匀热环境舒适度的评价标准。但是该评价方法无法在建筑设计方案阶段对热环

① Dear R J D, Brager G S, Cooper D. Developing an adaptive model of thermal comfort and preference-final report on RP-884[J]. ASHRAE Transactions, 1997, 104(1)：73-81.

② Dedear R J, Auliciems A. Validation of the predicted mean vote model of thermal comfort in six Australian field studies[J]. ASHRAE Transactions, 1985, 91(2)：452-468.

境设计进行指导，也无法评判既有建筑的热环境水平。

从上述两点可知适应性预测模型及其计算方法均与本研究的建筑空间热场评价模型具有本质的不同。

4.2.3 建筑空间热场评价方法特征分析

通过对比 4.2.1 节、4.2.2 节有关建筑热环境的评价方法，可知两种核心的评价方法均可以对既有建筑热环境进行高效的评价。但是建筑热环境丰富多样，建筑设计、建造、使用时期不同，则建筑外部环境与空间上也存在较大差异。此时仅仅使用已有评价方法，无法准确、细致表达热环境的特征，无法从建筑设计角度对热环境提出优化途径。基于上述思考本研究提出适宜于我国严寒气候区高校教室空间的建筑空间热场评价应具有以下特征：

（1）建筑空间热场评价是对建筑热环境的客观评价，没有人体主观感受评价的参与。通过分析现有基于人体感受的热环境评价方法，如 PMV-PPD 热舒适度计算方法，发现此类评价方法主要数据与人相关，而人的个体差异和无人状态空间的现实条件是制约该类方法准确度和使用条件的重要因素。为解决该问题本研究拟通过细化热环境客观物理参数的方法弥补未使用人体感受参数的不足。而仅使用客观参数对热环境进行深入评价是本评价的特征之一。

（2）建筑空间热场评价以热环境中温度相关指标为主要指标，同时还增加了温度波动、温度分布等相关指标。建筑空间热场评价指标是集成了温度水平、温度波动、温度分布相关指标的指标体系。

现有热环境客观评价方法主要是对建筑空间内某一时刻的热环境水平进行评价，如温度指标。但是在严寒气候区由自然通风引起的非均匀热环境建筑中，建筑内部热环境是一个不断变化的过程，室内温度分布不均、温度波动的情况时时存在。虽然现有研究成果中存在对某一个具体环境的特征进行描述，但是还没有系统地分析同类环境的差异等级和准确变化规律的相关成果。为明确此类热环境的具体变化规律，本研究先开展了相关调研和模拟研究，并依据该变化规律提出了对该类热环境的温度波动、分布状态水平的评价方法，即本研究提出的建筑空间热场评价方法，这也是该评价方法所具有的第二个显著特征。

（3）本研究所建立的建筑空间热场评价方法，不仅能够对已建成的严寒气候区高校教室热环境进行评价，同时还能够与建筑空间参数特征进行关联，在建筑设计方案阶段由设计师对该类建筑热环境进行快速预测和判断。

4.3 综合评价方法理论研究与借鉴

4.3.1 灰色系统综合评价法

（1）灰色系统

从认识事物的信息量来看，系统指若干部分相互联系、相互作用，形成的具有某些功能的整体。如果系统对象或整体的信息缺乏称为"黑"系统，信息完全称为"白"系统，则信息不充分、不完全称为"灰"系统。信息不完全的系统称为灰色系统，如图 4-5 所示。这里的信息不完全包括：系统要素不完全明确、系统因素关系不完全清楚、系统结构不完全了解、系统作用原理不完全明了。

从认识事物的过程来看，认识事物的过程是循序渐进的，事物的真实面目是被逐层揭开的。在完全认识事物之前，存在一段"模糊认识"的阶段，即事物的一部分信息是已知的，一部分信息是未知的，此时若要对事物进行评价就需要考虑事物的不确定性、不完全特征因素。这与热场特征非常一致。

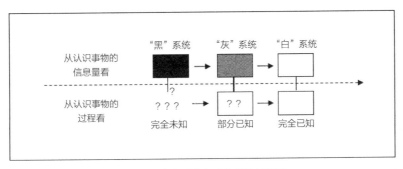

图 4-5　灰色系统与事物认知关系图

（2）灰色系统理论

为解决上述问题，我国学者邓聚龙提出了灰色系统理论[①]。该理论依据控制理论中使用颜色的深浅来描述信息明确程度的方法，定义灰色系统是指不完全信息系统或不确定性系统。

灰色系统理论是以灰色关联空间为基础的分析体系、以灰色模型 GM（Grey Modle）为主体的模型体系、以灰色过程和生成空间为基础的方法系统，主要研究框架包括灰色系统分析、灰色建模、灰色预测、灰色决策、灰色评估五个主要部分[②]，其中灰色系统分析方法是本研究主要借鉴的用以研究热场评价的方法，如图 4-6 所示。

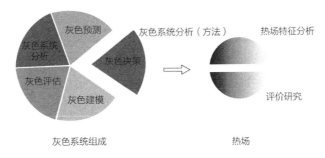

图 4-6　灰色系统组成与建筑空间热场研究关系

---

① 邓聚龙. 灰色系统综述 [J]. 世界科学，1983（7）：3-7.

② 邓聚龙. 灰色系统理论教程 [M]. 武汉：华中理工大学出版社，1990.

（3）灰色系统的优势分析

灰色系统理论与模糊数学、概率统计是三种不确定性系统研究方法。三者的差异在于，灰色系统理论的研究对象有明确边界但组成信息不确定，即事物（对象）的外延是清晰的，而内涵是不确定的；模糊数学正好与之相反，研究对象的具体组成信息是明确的，但其整体边界不清晰，即事物的内涵是确定的，而外延并不清晰；概率统计则是对历史对象的考察，重点考察对象发生的可能性大小。三者对基础数据的要求也不同，灰色系统研究只需要少数、不完全信息样本数据即可；模糊数学研究的样本为完全信息样本；概率统计需要大样本，且样本服从典型分布。相比模糊数学、概率统计理论，灰色系统理论具有显著的特征和优势。

（4）灰色系统基本原理

灰色系统包括 6 个重要基本原理。本研究依据这六个重要基本原理，进一步辨析我国严寒气候区高校教室空间内部非均匀热环境的灰色系统特性，如表 4-2 所示。

灰色系统基本原理与建筑空间热场特征对比分析表　　　　表 4-2

序号	灰色系统基本原理	建筑空间热场应用灰色原理分析
1	差异信息原理	热场新信息包括：空间区域温度与标准面区域温度差、空间区域比例与标准面区域比例差、标准面区域温度、空间区域温度、标准面时温度差、标准面日温度差等
2	解的非唯一性原理	使用温度波动参数、区域温度分布参数等尽可能多地反映建筑空间热场状态
3	最少信息原理	仅使用热场的温度相关指标认知该环境
4	认知根据原理	使用热场的不完全信息——温度相关信息获得热场的不完全、不确定认知
5	新信息优先原理	使用前文研究的热场特征指标——区域温度等，构建具有较大权重的热场灰色权值
6	灰性不灭原理	对建筑空间热场的认识不断深入，永不结束

1）差异信息原理。假设信息 A 改变了我们对事物 B 的认知程度，那么信息 A 就与事物 B 的原有已知信息存在差异。信息 A 的信息含量越大，信息 A 与事物 B 的原有已知信息的差异越大，所以灰色系统是对信息 A 的研究。依据该原理可挖掘我国严寒气候区高校教室空间内部非均匀热环境的更多信息，讨论其与传统非均匀热环境中温度等参数信息的差异。

2）解的非唯一性原理。该原理是指在信息不完全、不确定的情况下，确定出一个或多个满意解，使最终结果接近目标，信息得到补充和认识得到深化。针对本研究对象严寒气候区高校教室空间内部非均匀热环境，是指使用该环境的较少信息参数如温度波动参数、区域温度分布参数来尽可能多地反映非均匀热环境的信息，使其更接近该环境的原本状态。

3）最少信息原理。灰色系统的最少信息原理是充分利用已获得的最少信息，分析研究整个系统。温度信息和空间信息是本研究讨论的严寒气候区高校教室空间热场的最少信息，使用这两个信息求解、认知该环境系统，符合灰色系统理论的最少信息原理。

4）认知根据原理。认知可以分为完全认知和不完全认知。使用完全的、确定的信息可以获得完全、确定的认知，使用不完全、不确定的信息可以获得不完全、不确定的认知，这种认知就是灰认知。本研究使用建筑空间热场的温度波动参数等不完全信息，深入挖掘对非均匀热环境的不完全认知。

5）新信息优先原理。该原理是指在灰色系统中赋予新信息更大的权重，使其在认知中的作用大于旧信息，这也是信息时效性的具体体现。依据该原理，建筑空间热场温度波动参数是本研究挖掘出的该环境系统的新信息，使用灰色系统理论方法建立非均匀热环境评价体系，是通过加大此类参数在体系中的权重，突出该类信息在评价体系中的作用。

6）灰性不灭原理。该原理是指对事物的认知是永远不会结束的，认知事物总是从不确定到确定再到不确定循环往复。所以信息的不完全、不确定是永久存在的。因此，对于非均匀热环境的认知也是循环往复的，均需经历从不确定到确定再到不确定的循环过程。

对照灰色系统理论，发现建筑空间热场评价均具有参数不明确、结构不明确、行为不明确、边界不明确四个典型特征[①]。可以认为建筑空间热场评价问题是普遍的灰类问题，可以采用灰色系统理论研究建筑空间热场的评价方法。其具体的对应关系和分析主要依据灰色系统理论中的灰数、灰色关联空间分析方法，分别研究建筑空间热场参数、关系和评价体系计算方法。本研究也依据相关研究理论，对调研和模拟的严寒气候区高校教室空间内部非均匀热环境的数据进行转化和分析，形成建筑空间热场的评价指标和评价体系。

4.3.2　灰色系统中数的生成与运算

（1）灰数的白化

灰色系统理论的基础是灰数，灰数是只知道大概范围而不知道确切数值的全体实数，记为⊗，灰数是客观系统中大量存在的含混的参数集合。由于灰数是一个整体数、集合数，那么处理有关灰数的问题时就会遇到困难。因此，量化处理灰数问题，就是要将不确定的灰数按照一定的关系转变为确定的白数，这个过程称为灰数的"白化"。灰色系统理论主要是解决灰数的"白化"问题，灰数转化为白数所依据的关系为白化权函数，白化权类似于权重、概率分布曲线，但其作用、意义完全不同。

灰数的白化值可以用下面的数学方法描述。假设a为一个区间，a_i为a中的一个数，如果灰数⊗在a区间内取值，则a_i为灰数⊗的一个白化值。⊗是一个灰数，$\tilde{\otimes}(a_i)$是以a_i为白化值的灰数，$\tilde{\otimes}(a_i)$或$\tilde{\otimes}$是灰数的白化值。

（2）数据筛选

通过对建筑空间热场测试和模拟获得的相关参数，由于各个参数的量纲不同，且在数值上差异较大，因此，在做量化分析前应对测试参数数值进行处理。减小由于数据不规则波动引起的计算偏差。计算步骤如下：

首先设原始数据集为：

$$X = \left(x(1), x(2), \cdots, x(n) \right),\ x(i) > 0, i = 1, 2, \cdots, n;$$

再给原始数列增加缓冲算子后得到新数列：

---

① 周华任. 综合评价方法及其军事应用 [M]. 北京：清华大学出版社，2015.

$$XD_2 = \left(x(1)d_2, x(2)d_2, \cdots, x(n)d_2\right), \ x(i) > 0, i = 1, 2, \cdots, n;$$

其中：$x(k)d_2 = \sqrt{x(k)x(n)}$，$D_2$ 为缓冲算子。

数据筛选是对上述原始数据进行关联度计算。经过上述数据处理方法可以形成多个案例的建筑空间热场新参数特征序列：

$$X_0 = \left(x_0(1), x_0(2), \cdots, x_0(n)\right) \quad \text{且} x_i(k) > 0, i = 1, 2, \cdots, m, \quad k = 1, 2, \cdots n$$

形成相关因素序列为：

$$X_1 = \left(x_1(1), x_1(2), \cdots, x_1(n)\right)$$
$$\vdots$$
$$X_i = \left(x_i(1), x_i(2), \cdots, x_i(n)\right)$$
$$\vdots$$
$$X_m = \left(x_m(1), x_m(2), \cdots, x_m(n)\right)$$

给定一个实数 $\gamma\left(x_0, x_i\right)$，如果 $\gamma\left(X_0, X_i\right) = \dfrac{1}{n} \sum\limits_{k=1}^{n} \gamma\left(x_0(k), x_i(k)\right)$ 满足：

1）$0 < \gamma\left(x_0, x_i\right) \leqslant 1$，$\gamma\left(x_0, x_i\right) = 1 \Leftarrow x_0 = x_i$；

2）对于 $X_i, X_j \in X = \left\{X_s \mid S = 0, 1, 2, \cdots m; m \geqslant 2\right\}$ 有
   $\gamma\left(X_i, X_j\right) \neq \gamma\left(X_j, X_i\right)$，$i$ 不等于 j；

3）对于 X_i, X_j 有 $\gamma\left(X_i, X_j\right) = \gamma\left(X_j, X_i\right) \Leftrightarrow X = \left\{X_i, X_j\right\}$；

4）$\left|x_0(k) - x_i(k)\right|$ 越小，$\gamma\left(x_0(k), x_i(k)\right)$ 越大。

则称 $\gamma\left(X_0, X_i\right)$ 为 X_0 与 X_i 的灰色关联度，$\gamma\left(x_0(k), x_i(k)\right)$ 为 X_0 与 X_i 在 K 点的关联系数。

4.3.3　人工神经网络综合评价法

人工神经网络算法是基于 19 世纪初人类大脑的工作方法研究成果发展而来，当时发现了脑神经细胞处理、传递信息的方式。随着计算机技术的迅猛发展，科学家利用机器模拟了人脑神经细胞树突 - 细胞核 - 轴突 - 突触结构和信息输入与输出方法，实现了使用机器模拟人脑进行复杂计算的目标。如图 4-7 所示，左侧为人脑神经细胞结构，右侧为人工神经网络结构，两者均包含数据输入端、数据输出端、数据处理核心。

人工神经网络模型多种多样，较为完善和基础的神经网络模型包括：自适应神经网络模型、误差反向传播神经网络模型、Hopfield 神经网络模型、Boltzmann 机以及自组织神经网

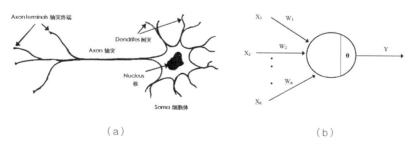

（a）　　　　　　　　　　　　　　（b）

图 4-7　人脑神经细胞结构与人工神经网络结构
（a）人脑神经细胞结构；（b）人工神经网络结构
（来源：马锐 . 人工神经网络原理）

络模型[1]。通过分析上述不同神经网络模型之间的差异来确定本研究拟采用的神经网络模型。

（1）自适应神经网络模型

自适应神经网络模型包括感知机和自适应线性元件两个主要模型。感知机互联结构的基础是 M-P 模型，学习模式是由输入层与输出层通过权值进行连接，并且连接的权值是可以调整的，但是这种学习模式仅限于在两层数据之间进行。

自适应神经网络的学习过程是先对输入层和输出单元之间的连接权值以及输出单元的阈值随机赋值，范围在（–1，+1），再计算各处理单元的实际输出。计算公式为：

$$y_j^k(t) = f\left(\sum_{i=1}^{n}\omega_{ij}(t)x_i^k - \theta_j(t)\right) \quad j=1,2,\cdots,q \tag{4-8}$$

式中　$y_j^k(t)$——t 时刻的实际输出值；

$\theta_j(t)$——处理单元阈值；

$\omega_{ij}(t)$——输入层与输出层的连接权值；

x_i^k——输入值。

利用公式 $e_j^k(t)=d_j^k - y_j^k(t)$ （$j=1,2,\cdots,q$）计算出输出单元的期望输出值与实际输出值之间的误差后，再利用公式（4-9）和公式（4-10）计算出输入层与输出层之间的权值和输出层的阈值，重复进行计算，直至实际输出结果与期望输出结果接近于 0 或小于预先给定的误差值时，结束计算。

$$\omega_{ij}(t+1) = \omega_{ij}(t) + \Delta\omega_{ij}(t) \tag{4-9}$$

$$\theta_j(t+1) = \theta_j(t) + \Delta\theta_j(t) \tag{4-10}$$

（2）误差反向传播神经网络模型

误差反向传播神经网络又称为 BP（Error Back Propagation）神经网络，是采用 BP 学习算法的三层或三层以上结构的无反馈、层内无互联结构的神经网络（图 4-8）。BP 神经网络至少包括三层，网络的首尾分别为输入层和输出层，中间夹杂一个或多个隐藏层。该网络的算法是先从输入层顺序计算到输出层，当输出值与期望输出值存在误差时，计算从输出层再向输入层返回，以此方法往复计算。

其计算方法包括以下四个主要过程：

1）分别随机为输入层至隐藏层、隐藏层至输出层赋予连接权值 w、v，为隐藏层赋予阈值 θ，为输出层赋予阈值 γ。

2）按照下列公式计算隐藏层的输入值和输出值：

$$s_j^k = \sum_{i=1}^{n}\omega_{ij}x_i^k - \theta_j \quad j=1,2,\cdots,p \tag{4-11}$$

$$b_j^k = f(s_j^k) \tag{4-12}$$

3）利用各神经元的净输入值和实际输出值，计算隐藏层的矫正误差，计算公式为：

① 马锐. 人工神经网络原理 [M]. 北京：机械工业出版社，2014.

$$e_j^k = \left[\sum_{t=1}^{q} v_{jt} d_t^k\right] f'\left(s_j^k\right) \quad j = 1,2,\cdots,p \qquad (4\text{-}13)$$

4）如果计算得到的全局误差 E 满足设定的精度要求，则到输入层至隐藏层的权值 w 和隐藏层至输出层的权值 v，否则循环继续。

$$\Delta w_{ij} = \beta e_j^k x_i^k \qquad (4\text{-}14)$$

$$\Delta \theta_j = \beta e_j^k \qquad (4\text{-}15)$$

（3）Hopfield 神经网络模型

Hopfield 神经网络模型的最大特点是其结构层为"单层"，它摒弃了传统网络模型的层级结构，但考虑了层级内部彼此的互联关系（见图 4-9）。Hopfield 神经网络的学习模式与无反馈型神经网络的学习模式完全不同，由于 Hopfield 神经网络中的神经元彼此相联系，当一个神经元发生变化时必然会引起其他神经元的变化，所以 Hopfield 神经网络通过随机选取一个变化的神经元进行计算，直至所有神经元都不再变化处于稳定状态时作为计算结束的信号。其计算公式为：

$$S_j = \sum_{i=1}^{n} x_i \omega_{ij} - \theta_j \qquad (4\text{-}16)$$

$$y_j = f\left(s_j\right) = \mathrm{sgn}\left(s_j\right) = \begin{cases} 1, & s_j > 0 \\ -1, & s_j \leqslant 0 \end{cases} \qquad (4\text{-}17)$$

式中输入数据为 $x_i\left(i = 1,2,\cdots,n\right)$，输出数据为 y_j。

当 $y_j\left(t+1\right) = y_i\left(t\right) = f\left(s_j\left(t\right)\right)$ 时，网络结束计算。

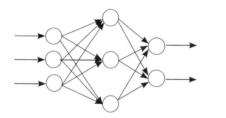

图 4-8　BP 神经网络　　　　图 4-9　Hopfield 神经网络

（4）Boltzmann 机

Boltzmann 机的网络结构与 Hopfield 神经网络结构非常接近，同样是单层反馈型网络（见图 4-10），但 Boltzmann 机考虑了元素之间的分类问题，其计算方法也与 Hopfield 神经网络计算方法接近，重点在于 Boltzmann 机的计算过程中设定了一个特定值作为整个网络运算结束的信号，Boltzmann 机的这种算法称为退火算法，使用能量函数表示 Boltzmann 机在时刻 t 的状态为：

$$E_j\left(t\right) = -\frac{1}{2}\sum_{i=1}^{n} \omega_{ij} x_i s_j + \theta_j x_j \qquad (4\text{-}18)$$

则 t 时刻到 $t+1$ 时刻神经元的能量变化为：

$$\Delta E_j = E_j(t+1) - E_j(t) \qquad （4-19）$$

当 ΔE_j 等于设定的数值时，Boltzmann 机结束计算。

（5）自组织神经网络模型

自组织神经网络又称为自适应共振（Adaptive Resonance Theory）神经网络、ART 神经网络。ART 神经网络通常只有输入层和输出层，没有隐含层，层与层之间有反馈信息，层内神经元采用竞争学习模式（见图 4-11）。

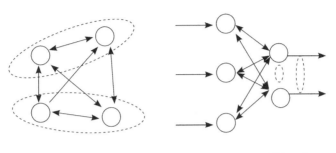

图 4-10　Boltzmann 机　　　　图 4-11　ART 神经网络

自适应共振神经网络的特点是既能够对原有的知识进行学习，又能够在原有知识的基础上进行训练形成新的知识，这两个状态是同时存在的，不像之前的神经网络，所有的原有知识需要划分学习集和训练集，先学习再训练。

ART 神经网络的计算方法是先为神经网络权值随机赋值（在 −1～+1 之间），再随机选取一个计算模式提供给网络的输入层，计算各神经元的净输入，计算公式参见公式（4-16）。

再根据"胜者为王"的原则，计最大获胜神经元输出为 1，其他神经元输出为 0。当获胜神经元输出为 1 后与这个神经元连接的权值需要进行修正，计算公式如下：

$$\begin{cases} \Delta \omega_{ij} = a\left(\dfrac{x_i}{N} - \omega_{ij} \right) \\ \omega_{ij+1} = \omega_{ij} + \Delta \omega_{ij} \end{cases} \qquad i = 1,2,\cdots,n, \quad j \text{为获胜神经元} \qquad （4-20）$$

式中　a——学习系数，其值一般在 0.01～0.3 之间；

　　　N——输入值为 1 的神经元个数。

再选择下一个学习模式提供给网络，并进行输出值和权值调整。如此往复，直至调整的权值接近于设定值，网络结束计算。

除上述基本的神经网络模型外，还有粒子群神经网络、模糊神经网络、混沌神经网络和学习神经网络等其他神经网络。

4.3.4　建筑空间热场的评价问题特征分析

（1）建筑空间热场认识问题的不确定性

建筑空间热场属于建筑热环境研究范畴。建筑空间热场与建筑热环境研究的主要差异在于建筑空间热场着眼于热环境局部，如热环境中的区域温度的特征。而这个特征目前还不是十分清晰。这个热环境中的区域温度的变化规律、影响因素、计算方法等都有待于进一步探究。严寒气候区高校教室空间内具有区域温度特征的热环境该如何评价、存在什么问题？都具有一定的不确定性。

（2）建筑空间热场影响因素的不确定性

严寒气候区高校教室空间热场受室外气候、内部热源、人体活动、室内气流速度、建筑空间围护结构特征等因素影响，同时该对象是否受建筑空间参数影响、是否还与室内材质有关？这些因素尚不确定。因此建筑空间热场影响因素具有不确定性特征，这导致对建筑空间热场进行评价研究时需要挖掘更多影响因素，并依据尽可能多的影响因素，更深入地讨论建筑空间热场的评价方法。

（3）建筑空间热场评价的不确定性

建筑空间热场的评价内容是不确定的。从哪些角度对建筑空间热场进行评价才能更全面地反映建筑空间热场特征？温度、湿度的变化、分布等都是看待建筑空间热场的视角，如何取舍或寻找新的视角是需要进一步探讨的问题。什么指标能够准确地反映建筑空间热场特征？是单一指标还是多指标的组合评价，是单方面的人为罗列还是多角度的科学筛选？这些问题都需要细致分析。

（4）建筑空间热场评价方法的不确定性

建筑空间热场是从区域温度特征出发研究的建筑热环境，是建筑热环境的一部分。目前建筑热环境的主观评价方法与客观评价方法比较丰富。但是对于一个新角色从新视角进行评价是选择现有评价方法，还是对现有评价方法进行优化改善或是重新建立一套评价方法，需要事实的支持和论证。因此适合于评价我国严寒气候区高校教室空间内部非均匀热环境的评价方法还不确定。

4.3.5 建筑空间热场的综合评价需求分析

如4.2节所述，目前国内外有关建筑热环境的评价方法较多。这些评价方法中包括单项指标评价（如温度指标）和综合评价（如热环境适应性评价模型）两种情况。单项指标评价具有标准单一明确的特点，评价指向性强，但无法进行更全面的评价。综合评价往往具有多个指标，评判复杂而抽象，但是能够对评价对象的多因素作用效果进行综合性的、概括性的判断。

在综合评价过程中，评价方法是综合评价结果科学性和有效性的最重要影响因素之一，综合评价方法的选择对评价框架、评价指标有重要影响。近几十年来，综合评价技术理论已经取得很大的发展，新的评价理论不断提出，旧有理论也得到不断的优化。从最初的评分评价法、综合指数法、功效系数法到后来AHP层次分析法、模糊综合评级法、人工神经网络分析法、灰色系统评价法等。这些评价方法在科学研究的各个领域都已被广泛应用，各种方法均已经形成了完善的体系、明确的评价对象特征。综合分析上述方法的适用范围，本研究初步选择灰色系统评价法和人工神经网络分析法。并在后文中对照建筑空间热场特征分析阐述两种方法的相关理论、计算原理及其在本研究中应用的过程。

4.4 建筑空间热场评价方法研究框架

4.4.1 建筑空间热场系统灰色关系分析

我国严寒气候区高校教室空间内部非均匀热环境是一个多层次、多目标的复杂系统。系统中部分要素之间是相互独立的关系，如建筑空间与时间要素；部分要素之间的关系密不可分，如时间与热环境；还有部分要素之间的关系并不明确有待于探讨，如建筑空间与热环境，甚至还有部分未知的要素。这种对象清晰而内部关系不清晰，甚至内部部分要素已知而部分要素未知的系统是一种典型的灰色关系系统。而广泛使用的层次分析法对于分析要素清晰、关系为"一对一"的情况是有效的，对于分析要素不明确、关系相对复杂的情况会有较大局限。因此本研究使用灰色系统分析法对建筑空间热场进行分析，通过提取有价值的信息挖掘未知信息对整个系统进行判断。

根据相关灰色系统理论，灰色聚类分析仅适用于指标意义相同且量纲相同的指标；而对意义不同、量纲不同的指标进行灰类聚类计算时会导致某些指标参与聚类的作用十分微小[1]。可见灰色聚类在确定量纲不同的指标类别过程中存在不足，所以本研究在充分考虑建筑空间热场指标特征的情况下，确定采用人工神经网络分析法对这种具有复杂关联关系的、量纲不同的指标进行聚类分析。最终将人工神经网络分析法与灰色系统分析法进行结合完成建筑空间热场评价体系研究。

4.4.2 建筑空间热场评价研究思路

本研究依据综合评价方法、灰色系统分析法和认识事物的逻辑方法，设定了适用于我国严寒气候区高校教室空间内部非均匀热环境对象的建筑空间热场评价体系研究框架，如图4-12所示。

图4-12体现了建筑空间热场评价体系构建需经历的6个环节与过程，包括：

（1）通过逻辑辨析、灰色系统分析、统计分析及指标转换明确适用于我国严寒气候区高校教室空间内部非均匀热环境的建筑空间热场评价指标集；

（2）使用灰色关联分析法筛选指标，结合人工神经网络分析法建立评价指标的层级结构；

（3）采用均方差定权法计算各级评价指标的体系权重；

（4）依据建筑热环境感受等级、模拟测试数据特征使用灰色系统分析法对评价指标进行灰类划分评价，并形成适宜于我国严寒气候区高校教室空间内部非均匀热环境的灰类划分标准；

（5）通过对建筑空间热场评价指标参数进行白化，划分其所属体系灰类，再次利用均方差计算原理形成各级评价指标灰色权矩阵；

（6）依据综合评价方法中多要素评价体系权值计算方法，确定评价模型中的指标体系权

---

① 刘思峰，谢乃明. 灰色系统理论及其应用 [M]. 北京：科学出版社，2010.

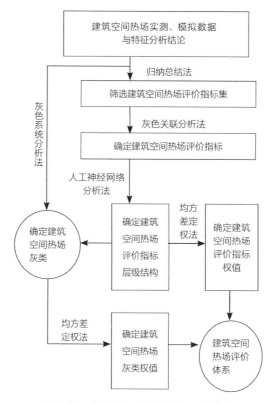

图 4-12　建筑空间热场评价体系研究框架

重和灰类权重计算方法，最终形成适宜于我国严寒气候区高校教室空间内部非均匀热环境的建筑空间热场评价体系。

图 4-12 还可以说明建筑空间热场评价体系的构建包含评价指标、评价层级、评价标准（指标权值）三个核心内容。该评价体系研究中主要采用的构建方法涉及综合评价方法、灰色系统理论相关方法，如灰色关联分析法、灰类划分法、指标白化权计算方法等，同时还采用了自组织神经网络聚类分析法、均方差定权法。整个计算过程主要借助的工具为 Matlab R2017a 软件。

4.5　本章小结

本章通过分析我国严寒气候区高校教室空间内部非均匀热环境特征、建筑空间热场评价特征、灰色系统理论方法特征，提出采用灰色系统理论方法构建适宜于我国严寒气候区高校教室空间内部非均匀热环境的建筑空间热场评价体系研究框架。研究过程中获得了以下几个重要结论：

（1）拟建立的建筑空间热场评价方法与现有热环境主、客观评价方法有显著差异；建筑空间热场评价方法可用于对建筑空间内部温度水平、温度波动和温度分布特征进行定量化综合评价。

（2）依据建筑空间热场内涵不确定的特征，可采用灰色系统理论相关方法建立建筑空间热场评价体系研究框架。

（3）采用自组织神经网络聚类分析法能更有效地解决指标关联与分类问题，适用于对建筑空间热场评价的相互关联指标进行分类研究。

（4）确定了建筑空间热场评价体系构建的 6 个环节，包括：确定建筑空间热场评价指标集、建立评价指标层级结构、确定评价指标体系权重、建立建筑空间热场灰类、计算建筑空间热场灰色权值和整合建筑空间热场评价体系。

5

建筑空间热场评价体系
指标元素构建研究

评价体系包含评价指标、评价层级、评价标准三个核心内容。本章针对建筑空间热场评价体系的指标，即评价指标元素及其层级结构进行研究。首先依据前期获得的我国严寒气候区高校教室空间热场调研和模拟数据结果，采用归纳总结法明确建筑空间热场评价体系的指标应具有的特征；其次利用逻辑分析法、灰色关联计算法，筛选确定可用于构建建筑空间热场评价体系的评价指标集；再次依据统计分析指标转换法，利用相关性原理和统计回归方法建立上述指标与建筑空间相关参数的回归模型，以便于指标值的获取；最后利用自组织神经网络分析法对上述指标集的 14 个指标进行分类计算，依据各类指标特征及其所属类型确定建筑空间热场评价指标体系的两级层级结构。

5.1 建筑空间热场评价指标元素构建思路

评价体系构建是一个"具体—抽象—具体"的复杂逻辑思维过程，是人们对事物现象逐步认识、逐步深化完善的过程，这个过程基本可以分为两个方面：指标元素构建和指标体系结构构建[1]。

指标元素构建是指确定指标体系是由哪些指标组成（即元素）、确定指标的界定、明确指标计算方法、计算单位等指标设计过程。

指标体系结构构建是指依据指标的意义，明确指标体系中各个指标之间的关系，确定指标的层次结构。

依据统计学中评价体系的上述相关理论，在本章节对评价指标体系中的指标（元素）进行研究，在第 6 章中继续论述整个体系结构的构建方法。

依据统计学原理对评价指标体系中的指标进行研究包括以下几个步骤：明确指标测量目的和确定测量对象的理论意义、给出指标的操作性定义、确定指标的计算内容与设计指标合成方法、实施指标测验[2]。因此本节对上述环节进一步细化，获得本研究讨论的建筑空间热场评价体系指标元素构建研究框架，如图 5-1 所示。

---

① 苏为华. 论统计指标体系的构造方法 [J]. 统计研究，1995（2）：63-66.
② 苏为华. 统计指标理论与方法研究 [M]. 北京：中国物价出版社，1998.

建立评价框架需要完成左侧主要任务的第一部分。针对建筑空间热场评价对象，一是要明确评价的目的，并采用逻辑分析法实现与建筑空间热场结合；二是对已有评价数据和指标的作用进行分析，采用定性分析法对获得的指标进行初步筛选，并明确需保留的指标的具体理论意义；三是使用定量分析法进一步筛选指标，使指标精炼避免重复；四是使用统计分析法确定获得指标的计算公式；五是采用自组织神经网络分析法对指标进行类别分析，从而构建指标体系结构。

依次完成上述环节已经能够明确评价体系中的各项指标以及指标的层级结构。在此基础上需要进一步完成的是确定评价体系的最终结构和指标之间的定量化关系（第6章部分），并完成评价体系的验证。

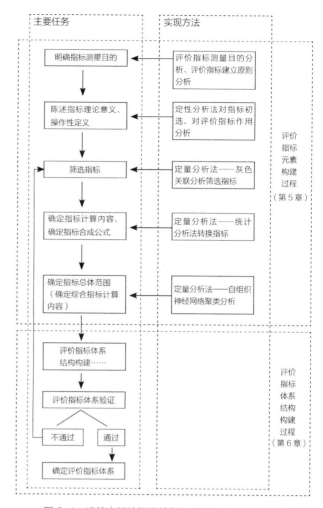

图 5-1　建筑空间热场评价指标元素构建过程分析图

5.1.1　建筑空间热场评价指标测量目的分析

进行建筑空间热场评价指标体系研究时，先思考了该研究环节中的以下关系：

（1）评价指标与评价对象特征的关系

严寒气候区高校教室空间热场是一个明确的复杂的系统对象，利用评价指标评价该对象时，所确立的相关评价指标应当尽可能全面反映严寒气候区建筑空间热场的各种特征，这说明在建立系统的评价指标时评价指标应尽可能完备。

（2）评价指标之间的关系

为了避免同一对象或因素被多次评价而出现重复评价的情况，降低因重复评价引起的评价结果误差，本研究所提出的各个评价指标应当具有独立性特征，即每个指标只说明我国严寒气候区高校教室空间热场的某一方面内容。为实现该目标本研究采用了逻辑分析法初选指标，并采用灰色关联分析法和统计分析法尽可能理性地筛选指标，从而明确指标之间的关系避免重复评价。

（3）评价指标与评价结果的关系

建筑空间热场评价指标体系研究的目标，是利用该体系对不同建筑空间热场进行比较和评判。为保证比较和评判结果的准确性，要求所使用的评判标准也就是评价指标应具有可比性。因此在建筑空间热场评价指标体系研究过程中应确保所提出的评价指标能够量化，这是具有可比性的前提条件。

（4）评价指标与使用者的关系

为了使后期建立的建筑空间热场评价体系能够被有效使用，应使形成的评价指标体系具有指标数值易获得和指标数量简练两个特征。为实现该目的本研究的评价指标获取途径包括两种：第一种途径是传统的热环境模拟获取数据，适宜于熟练掌握热环境模拟方法的相关人员或建筑设计师；第二种途径是使用指标转换的方法，将复杂的热环境模拟数据与建筑空间相关数据进行关联和转换，这种方法非常适合建筑设计师使用。建筑空间参数在方案设计阶段可直接获得，无需附加工作内容和人员成本。

5.1.2 建筑空间热场评价指标建立原则

（1）完备性原则

建筑空间热场是一个同时具有热环境参数、热环境分布参数及热环境变化参数的多维度物理场。对这样的物理场进行评价时，应使评价指标尽可能完整、全面地反映评价对象，并给出客观、准确、科学的度量标准。本研究提出的建筑空间热场评价指标，应当至少具有上述已知的三个方面的评价指标及标准。

（2）独立性原则

公平起见，在评价的过程中每个评价指标在评价指标体系中应只出现一次，但是对于建筑空间热场这样的评价对象，其具有客观参数与参数之间相互关联的特征，如室外温度与建筑空间内部温度密切相关。如果评价过程中将室外温度作为评价标准又将室内温度作为评价标准，会出现评价指标重叠导致的"失真"情况。因此，研究过程中需要对密切相关的参数进行相关处理，如因子分析、权重分析等。

（3）可比性原则

利用评价指标体系进行评价的对象，应当是共同具有某一类或多类相同特征的同类事物。需要通过建立评价体系对这些对象进行进一步区分和比较。因此评价体系中提出的评价指标，应当是这些评价对象共同具有的，不能出现某些评价对象没有的指标的情况，如有些教室具有空调系统而有些没有，这种情况就不能将空调系统参数或指标作为评价这两个教室的参考依据。本研究筛选的评价指标是所有教室空间均具有的参数且均为定量化指标，排除了定性评价指标。

（4）可操作性原则

评价指标应具有定量化特征，使数与数之间的对比简单清晰、容易计算。因此本研究将在建筑空间热场的评价指标中使用定量化评价指标。通过计算指标的大小能对建筑空间热场进行区分，这是本研究提出的建筑空间热场评价体系的目标之一。同时本研究希望建立的建筑空间热场评价指标体系能够在建筑设计方案阶段对建筑空间热场进行预测，只有在建筑设计方案阶段对建筑热环境进行控制，才能有效降低后期的室内热环境设备控制能耗成本。这说明本研究建立的建筑空间热场评价模型不仅能够对建成的建筑空间热场进行评价，还能够对未建成的建筑空间热场进行预评价。本研究所建立的评价指标体系不仅适用于热环境专家还适用于建筑设计师。

（5）简练性原则

基于可操作性原则，建筑空间热场的评价指标应当来自于建筑空间热场中容易获取的参数，如温度、时间及建筑的长度、宽度、高度等。对于较难获取的指标如太阳辐射、空间温度分布特征，则依据相关性原理利用已获取的指标进行转化和表达使建筑空间热场的评价指标体系尽量简单明了。

5.2 建筑空间热场评价指标分析

5.2.1 热场评价指标初步筛选

通过对建筑空间热场实地调研和数据模拟，得到了建筑空间热场相关参数，包括热环境参数、建筑空间参数和环境条件参数。

（1）热环境相关参数

包括：空间平均温度、标准面平均温度、空间平均温度与标准面平均温度差、标准面区域温度、空间区域温度、空间区域温度与标准面区域温度差、标准面区域比例、空间区域比例、空间区域比例与标准面区域比例差、标准面时温度差、标准面日温度差、标准面年温度差。

（2）建筑空间相关参数

包括：建筑空间长度、宽度、高度、窗宽度、窗高度、窗台高度、窗总面积、窗间墙宽、门宽度、门高度、门数量、门间墙宽、散热器尺寸。

（3）环境条件相关参数

包括：太阳辐射、风力、建筑朝向、室内外墙体传热系数、屋顶传热系数、门窗传热系数、围护结构厚度、散热器热流密度、墙体材料特性、门窗材料特性。

由于绝大部分环境条件参数都在建筑热工参数设计相关规范中有相应的规定，且建成的环境已满足相应热工标准中的规定。因此，本评价体系中不再体现这部分参数。这些指标包括室内外墙体传热系数、屋顶传热系数、门窗传热系数、围护结构厚度与传热系数、散热器热流密度、墙体材料特性、门窗材料特性。研究只保留能够体现室外温度和太阳辐射条件的月、日、小时参数。

显然，如果使用上述汇总的参数作为建筑空间热场的所有评价指标，会出现三个方面的问题。第一，参数过多会造成评价计算量过大，与指标设计的简练性原则相悖；第二，上述部分参数不能直接获得，这样不利于评价的推广和应用；第三，上述参数没有经过筛选，只是人为主观地进行划分，随意性过大且没有考虑评价指标之间的关系，如太阳辐射与围护结构传热系数对室内温度的影响等。

因此，为了解决上述问题，本研究利用灰色系统理论，首先对上述参数进行灰色关联分析计算，衡量参数之间的相关性大小；再利用自组织神经网络对相应指标进行分类学习，将参数划分为不同的类别，最终达到简化评价指标的目的。

5.2.2 热场评价指标作用分析

为确定评价指标之间的关系，本研究首先剔除不需要的环境条件参数。考虑到模拟计算的全面性和典型性，在随机筛选 5% 的模拟数据的基础上，结合灰色评价理论的小样本特征使筛选的模拟数据进一步减少到 10 个，最终剩下的 10 个样本具有典型室外环境特征与空间特征并含有不同的日期和时间特征。时间参数应包括一天中最热的时间段和最冷的时间段，空间特征间接反映热场分布特征，所以 10 个样本反映了 10 种不同空间的热场特征。

考虑不同参数的作用及相互之间的关系，确定了拟进行灰色关联计算的指标，如表 5-1 所示。表中对各参数进行了编号：热环境相关参数的序号为 a1 ~ a14 共 14 个，建筑空间相关参数的序号为 b1 ~ b12 共 12 个，时间、环境相关参数的序号为 c1 ~ c3 共 3 个，所有参与相关性计算的参数总共为 29 个。

后续研究是通过对这 29 个指标进行计算得到参数之间关系的关联系数，即参数之间的紧密程度。根据计算的关联系数结果衡量是否需要进一步删除不必要的参数，再对那些确定具有紧密联系的参数进行人工神经网络聚类分析，进一步降低人为分类带来的误差，从而在科学归类的基础上，形成建筑空间热场的二级参数（指标），从而建立建筑空间热场评价指标体系的层级结构。

我国严寒气候区高校教室空间热场评价相关参数与作用分析　　　　　　　　表 5-1

代号	建筑空间热场相关参数	参数作用（计算方法）
a1	标准面日平均温度	描述建筑空间 1m 高水平面的全天平均温度状态
a2	空间平均温度	描述特定时刻建筑空间内部整体的温度水平
a3	标准面平均温度	描述特定时刻建筑空间内部 1m 高水平面的温度水平
a4	空间平均温度与标准面平均温度差	描述建筑空间热场垂直方向温度差异特征
a5	标准面区域温度	描述建筑空间 1m 高水平面上核心区域的温度水平
a6	空间区域温度	描述建筑空间内部核心区域的温度水平
a7	标准面区域比例	描述建筑空间 1m 高水平面温度分布均匀性特征
a8	空间区域比例	描述建筑空间内部无温差区域大小
a9	空间区域温度与标准面区域温度差	描述建筑空间使用者活动的核心区域垂直温度差异
a10	空间区域比例与标准面区域比例差	描述建筑空间热场温度垂直分布特征
a11	标准面时温度差	描述 1h 内建筑空间 1m 高水平面的温度变化范围

代号	建筑空间热场相关参数	参数作用（计算方法）
a12	标准面日温度差	描述 1d 内建筑空间 1m 高水平面的温度变化范围
a13	标准面年温度差	描述 1 年内建筑空间 1m 高水平面的温度变化范围
a14	标准面舒适区域比例	描述建筑空间使用者能感受到的舒适区域大小
b1	教室长度	建筑空间形态表达
b2	教室宽度	建筑空间形态表达
b3	教室高度	建筑空间形态表达
b4	窗数量	建筑空间形态表达
b5	门数量	建筑空间形态表达
b6	窗高度	建筑空间形态表达
b7	窗宽度	建筑空间形态表达
b8	窗间墙宽	建筑空间形态表达
b9	窗台高度	建筑空间形态表达
b10	门高度	建筑空间形态表达
b11	门宽度	建筑空间形态表达
b12	门间墙宽	建筑空间形态表达
c1	月	建筑外部气候特征代表
c2	日	建筑外部气候特征代表
c3	小时	建筑外部气候特征代表

5.3　建筑空间热场评价指标筛选

5.3.1　热场评价指标筛选原理

灰色关联分析的应用涉及社会科学和自然科学的各个领域。灰色关联分析的基本原理是通过对统计数列的几何关系进行比较来区分体系中多个因素之间的关联程度，序列曲线的几何形状越接近则它们之间的关联度越大。

在使用灰色关联分析时其要求的数列样本数量至少为 4 个，即使数据之间没有规律同样适用，不会出现量化结果与定性分析结果不符的情况。利用该原理进行分析具体包括五个计算步骤，依次是确定分析数列、变量的无量纲化、计算关联系数、计算关联度、关联度排序。

（1）确定反映系统行为特征的参考数列和影响行为的比较数列。其中反映系统行为的数据序列称为参考数列；影响系统行为的因素所组成的数据序列称为比较数列。

因此，可得参考数列为 $Y=\{Y(k)|k=1,2,\cdots,n\}$；比较数列 $X_i=\{X_i(k)|k=1,2,\cdots,n\},i=1,2,\cdots,m$。

（2）由于系统中各种因素中的数据可能因为量纲不同，不便于比较或比较时难以得到正确的结论。因此在进行灰色关联分析时要对数据进行无量纲化处理。计算公式如下：

$$x_i(k)=\frac{X_i(k)}{X_i(1)}, k=1,2,\cdots,n; i=0,1,2,\cdots,m; X_i=\frac{1}{m}\sum_{k=1}^{m}X_i(k) \qquad （5\text{-}1）$$

（3）计算关联系数。

$x_0(k)$与$x_i(k)$的关联系数为：

$$\delta_i(k)=\frac{\displaystyle\min_i\min_k|y(k)-x_i(k)|+\rho\max_i\max_k|y(k)-x_i(k)|}{|y(k)-x_i(k)|+\rho\max_i\max_k|y(k)-x_i(k)|} \qquad （5\text{-}2）$$

当$\Delta_i(k)=|y(k)-x_i(k)|$时，则：

$$\delta_i(k)=\frac{\displaystyle\min_i\min_k\Delta_i(k)+\rho\max_i\max_k\Delta_i(k)}{\Delta_i(k)+\rho\max_i\max_k\Delta_i(k)} \qquad （5\text{-}3）$$

依据上述参考数列关联度计算方法利用 Matlab 软件编写程序，代入 10 组模拟分析数据（每组包含 29 个参数）对各参数进行灰色关联度计算，过程见 5.3.2 节。

5.3.2　热场评价指标筛选过程与结果

本研究使用的是 Matlab R2017a 版本的软件，依据灰色关联计算原理对上述已获取的严寒气候区高校教室空间热场所有相关参数样本进行灰色关联分析计算，建筑空间热场拟定评价指标灰色关联度分析程序如下：

```
>> sj=[ 数据 ]
sj =
>> x=zeros(29,1);
>> s=zeros(10);
>> for i=1:29
x(i)=mean(sj(i,:));
end
>> for i=1:29
s(i,:)=sj(i,:)/x(i);
end
>> ds=zeros(28,10);
>> for i=1:28
ds(i,:)=abs(s(1,:)-s(i+1,:));
end
>> ds_max=max(ds(:));
>> ds_min=min(ds(:));
>> ds_min=0;
>> r=0.5;
```

```
>> es=zeros(28,10);
>> for i=1:28
for j=1:10
es(i,j)=r*ds_max/(ds(i,j)+r*ds_max);
end
end
>> rs=zeros(28,1);
 >> for i=1:28
 rs(i,:)=mean(es(i,:));
 end
```

  通过上述计算获得关联计算结果，进行整理获得表 5-2。表中 29 个参数的相关系数均大于 0.5，按照灰色关联分析原理的关联条件，认为所有参数均有关系。其中"空间区域比例与标准面区域比例差"参数排在最后一位，关联系数为 0.774。虽然与其他指标差异较大，但由于该参数的关联系数大于 0.5，显示为有关系，所以本参数表中并没有将该参数删除。

  依据上述计算结果可知：本次评价体系研究过程中通过前期指标初步筛选（5.2.1 节）研究，优化实地热环境调研数据与模拟数据，最终留下的 29 个参数均密切相关，可作为评价指标体系中的指标元素。

我国严寒气候区高校教室空间热场相关参数关联度计算结果   表 5-2

建筑空间热场相关参数	代号	关联系数	排序
标准面日平均温度	a1	1	1
空间平均温度	a2	0.963	5
标准面平均温度	a3	0.956	6
空间平均温度与标准面平均温度差	a4	0.824	28
标准面区域温度	a5	0.969	2
空间区域温度	a6	0.969	3
标准面区域比例	a7	0.928	8
空间区域比例	a8	0.923	10
空间区域温度与标准面区域温度差	a9	0.860	26
空间区域比例与标准面区域比例差	a10	0.774	29
标准面时温度差	a11	0.897	19
标准面日温度差	a12	0.919	11
标准面年温度差	a13	0.968	7
标准面舒适区域比例	a14	0.913	15
教室长度	b1	0.891	21
教室宽度	b2	0.883	24
教室高度	b3	0.903	16

建筑空间热场相关参数	代号	关联系数	排序
窗数量	b4	0.899	17
门数量	b5	0.898	18
窗高度	b6	0.925	9
窗宽度	b7	0.859	27
窗间墙宽	b8	0.916	12
窗台高度	b9	0.915	14
门高度	b10	0.886	23
门宽度	b11	0.888	22
门间墙宽	b12	0.930	7
月	c1	0.915	13
日	c2	0.897	20
小时	c3	0.867	25

5.4　建筑空间热场评价指标转换

建筑空间热场的评价指标主要是热环境相关指标，如前所述这些指标在实际工作中较难获得。因此本研究使用回归计算法对这些指标参数进行转换，将建筑设计方案阶段容易获得的建筑空间参数与时间参数转换为热环境相关参数。利用计算获得的建筑空间参数、时间参数与热环境参数的关系式替换需要求得的热环境相关参数。

5.4.1　热场评价指标转换原理

回归分析包括线性回归、曲线回归、非线性回归和 Logistic 回归等。通过曲线拟合的前期计算，得出本研究提出的建筑空间参数、日期参数与热环境参数的关系接近于线性关系，本研究使用多元线性回归法对建筑热环境的每个参数进行回归计算。

多元线性回归法是指用多个自变量描述一个因变量的方法，其描述方程称为多元线性回归模型。其一般形式可以表示为：

$$y = a_0 + a_1 x_1 + a_2 x_2 + \cdots + a_n x_n + b \tag{5-4}$$

式中　　　　　y——因变量；

x_1，x_2，$\cdots$，x_n——自变量；

a_0，a_1，a_2，$\cdots$，a_n——模型系数；

b——误差项。

多元线性回归模型中的 a_0，a_1，a_2，$\cdots$，a_n 是根据最小二乘法求得的。计算公式为：

$$Q = \sum \left(y_i - \hat{y}_i \right)^2 = \sum \left(y_i - \hat{a}_0 - \hat{a}_1 x_1 - \cdots - \hat{a}_n x_n \right)^2 = \min; \tag{5-5}$$

$$
\begin{cases}
\dfrac{\partial Q}{\partial a_0}\bigg|_{a_0=\hat{a}_0}=0 \\[2mm]
\dfrac{\partial Q}{\partial a_i}\bigg|_{a_i=\hat{a}_i}=0, i=1,2,\cdots,n
\end{cases}
\tag{5-6}
$$

即利用最小残差平方和计算得出$\hat{a}_0$，$\hat{a}_1$，$\hat{a}_2$，…，$\hat{a}_n$方程组。因为b的期望值为0，所以在计算过程中根据相关原理满足假定$b=0$，则在最终得到的方程中不显示b。依据上述原理对本评价体系相关的热环境参数进行回归计算。

5.4.2 热场评价指标转换计算过程与结果

对建筑空间热场模拟参数进行特征分析、初步筛选获得了可进行建筑空间热场评价指标计算的29个参数，包括14个热环境参数、12个建筑空间参数和3个时间参数。对上述参数进行灰色关联分析发现29个参数之间关系密切，为减少建筑空间热场评价指标体系中的参数数量，选择了与热场密切相关的热环境参数对其进行分类研究，并且使用建筑空间参数与时间参数进行热环境相关参数的回归模型构建。

依据5.4.1节的回归计算原理，利用统计分析软件SPSS对建筑空间热场的每个热环境相关参数与建筑空间参数、时间参数进行回归计算，最终得到建筑空间热场的热环境参数与建筑空间参数、时间参数的回归模型，共计14个（表5-3、表5-4）。

我国严寒气候区高校教室空间热场指标值转换回归模型回归系数统计表　　表5-3

评价指标代号	教室长度(x_1)	教室高度(x_3)	窗数量(x_4)	窗间墙宽(x_8)	窗台高度(x_9)	门高度(x_{10})	门间墙宽(x_{12})	月(x_{13})	小时(x_{15})
A_1	0.077	-0.133	0.214	0.167	0.699	0.441	0.893	0.187	0.312
A_2	0.257	0.238	0.625	0.905	1.021	0.554	-0.807	0.694	0.773
A_3	0.272	0.300	0.453	1.214	0.775	0.881	-0.806	0.693	0.905
A_4	-0.440	0.443	0.110	0.598	-1.069	0.218	0.637	0.562	0.008
A_5	0.197	0.193	0.511	0.896	0.987	0.631	-0.882	0.577	0.746
A_6	-0.182	0.111	0.474	0.833	0.994	0.627	0.867	0.532	0.754
A_7	0.057	-0.778	-0.378	0.129	0.282	0.514	0.090	-0.117	-0.647
A_8	0.147	0.794	0.121	0.286	0.178	0.299	0.191	0.045	0.297
A_9	0.886	0.284	-1.485	-0.084	0.491	1.011	-0.143	0.249	0.018
A_{10}	0.543	0.052	-0.756	0.545	-0.223	0.694	0.393	-0.760	0.688
A_{11}	-0.329	1.154	0.295	-0.221	-0.278	0.627	1.193	0.089	-0.640
A_{12}	0.942	1.615	0.855	-0.349	0.166	0.808	-0.914	0.537	-0.799
A_{13}	0.498	0.927	0.448	-0.865	0.265	0.711	0.587	-0.216	-0.166
A_{14}	1.330	0.470	1.461	-1.050	0.473	1.306	0.991	0.124	-0.266

注：A_1—标准面日平均温度；A_2—空间平均温度；A_3—标准面平均温度；A_4—空间平均温度与标准面平均温度差；A_5—标准面区域温度；A_6—空间区域温度；A_7—标准面区域比例；A_8—空间区域比例；A_9—空间区域温度与标准面区域温度差；A_{10}—空间区域比例与标准面区域比例差；A_{11}—标准面时温度差；A_{12}—标准面日温度差；A_{13}—标准面年温度差；A_{14}—标准面舒适区域比例。

建筑空间热场评价指标值转换回归模型统计表　　　　　表 5-4

序号	建筑空间热场评价指标及回归模型
1	标准面日平均温度（A_1） $A_1=0.077x_1-0.133x_3+0.214x_4+0.167x_8+0.699x_9+0.441x_{10}+0.893x_{12}+0.187x_{13}+0.312x_{15}$
2	空间平均温度（A_2） $A_2=0.257x_1+0.238x_3+0.625x_4+0.905x_8+1.021x_9+0.554x_{10}-0.807x_{12}+0.694x_{13}+0.773x_{15}$
3	标准面平均温度（A_3） $A_3=0.272x_1+0.300x_3+0.453x_4+1.214x_8+0.775x_9+0.881x_{10}-0.806x_{12}+0.693x_{13}+0.905x_{15}$
4	空间平均温度与标准面平均温度差（A_4） $A_4=-0.440x_1+0.443x_3+0.110x_4+0.598x_8-1.069x_9+0.218x_{10}+0.637x_{12}+0.562x_{13}+0.008x_{15}$
5	标准面区域温度（A_5） $A_5=0.197x_1+0.193x_3+0.511x_4+0.896x_8+0.987x_9+0.631x_{10}-0.882x_{12}+0.577x_{13}+0.746x_{15}$
6	空间区域温度（A_6） $A_6=-0.182x_1+0.111x_3+0.474x_4+0.833x_8+0.994x_9+0.627x_{10}+0.867x_{12}+0.532x_{13}+0.754x_{15}$
7	标准面区域比例（A_7） $A_7=0.057x_1-0.778x_3-0.378x_4+0.129x_8+0.282x_9+0.514x_{10}+0.090x_{12}-0.117x_{13}-0.647x_{15}$
8	空间区域比例（A_8） $A_8=0.147x_1+0.794x_3-0.121x_4+0.286x_8+0.178x_9+0.299x_{10}+0.191x_{12}+0.045x_{13}+0.297x_{15}$
9	空间区域温度与标准面区域温度差（A_9） $A_9=0.886x_1+0.284x_3-1.485x_4-0.084x_8+0.491x_9+1.011x_{10}-0.143x_{12}+0.249x_{13}+0.018x_{15}$
10	空间区域比例与标准面区域比例差（A_{10}） $A_{10}=0.543x_1+0.052x_3-0.756x_4+0.545x_8-0.223x_9+0.694x_{10}+0.393x_{12}-0.760x_{13}+0.688x_{15}$
11	标准面时温度差（A_{11}） $A_{11}=-0.329x_1+0.154x_3+0.295x_4-0.221x_8-0.278x_9+0.627x_{10}+1.193x_{12}+0.089x_{13}-0.640x_{15}$
12	标准面日温度差（A_{12}） $A_{12}=0.942x_1+1.615x_3+0.855x_4-0.349x_8+0.166x_9+0.808x_{10}-0.914x_{12}+0.537x_{13}-0.799x_{15}$
13	标准面年温度差（A_{13}） $A_{13}=0.498x_1+0.927x_3+0.448x_4-0.865x_8+0.265x_9+0.711x_{10}+0.587x_{12}-0.216x_{13}-0.166x_{15}$
14	标准面舒适区域比例（A_{14}） $A_{14}=1.330x_1+0.470x_3+1.461x_4-1.05x_8+0.473x_9+1.306x_{10}+0.991x_{12}+0.124x_{13}-0.266x_{15}$

　　对 14 个建筑空间热场热环境参数回归模型进行分析，可见建筑空间热场的热环境参数主要与建筑空间长度、高度、窗数量、窗间墙宽、窗台高度、门高度、门间墙宽、热场评价指标计算所在月份数值和小时数值有关。由于教室空间具有特定的空间形态特征，即有一定范围内的空间开间进深比例以及规定的窗地面积比。因此在回归模型中有了空间长度参数就可对应去除空间宽度参数，有了教室高度参数就可对应去除窗高度参数。同理，窗宽度可利用房间宽度减去多个窗间墙宽替换。门的数量基本为 2，门宽度数值为 1，均为固定值，所以这些参数没有在回归模型中体现。

该评价指标的回归模型的作用在于，在使用建筑空间热场评价指标的过程中如果部分建筑空间热场的评价指标未知，如标准面舒适区域比例、空间区域比例与标准面区域比例差等，那么在无法进行环境模拟计算的条件下，可利用已知的建筑空间热场评价指标回归模型、测得的建筑空间参数、拟进行评价的建筑空间热场对应的时间数据进行回归计算，最终获得建筑空间热场评价指标值，该指标值同样可代入建筑空间热场评价体系进行后续的热场等级计算。

5.4.3 热场评价指标转换回归模型验证

对 14 个建筑空间热场热环境参数回归模型进行检验计算，整理 14 个回归模型的检验结果获得表 5-5，可见对各个回归模型的回归系数进行整体检验的 F 值结果都为 0，同时 14 个模型系数的显著性 sig 都为 0（sig<0.05），说明各个模型中的自变量可以有效地预测因变量。14 个模型的 R^2 检验结果都为 1，说明具有多个指标的回归方程对因变量的解释程度较高，回归模型有效。

对 14 个建筑空间热场热环境参数回归模型进行残差统计计算得到表 5-6，表中各个回归模型的标准化残差值均为 0，标准化偏差的预测值均为 1，说明各个回归模型的标准化残差接近正态分布，且该模型能够对随机误差进行很好的拟合，进一步证明了这些回归模型能够有效地预测因变量。

我国严寒气候区高校教室建筑空间热场评价指标回归模型方差分析表　　　　表 5-5

系数因变量		方差分析					决定系数 R^2
		平方和	df	均方	F	sig	
标准面日平均温度（A_1）	回归	375.084	9	41.676	0	0	1
	残差	0	0	0	0	0	
	总计	375.084	9	0	0	0	
空间平均温度（A_2）	回归	377.183	9	41.909	0	0	1
	残差	0	0	0	0	0	
	总计	377.183	9	0	0	0	
标准面平均温度（A_3）	回归	378.087	9	42.010	0	0	1
	残差	0	0	0	0	0	
	总计	378.087	9	0	0	0	
空间平均温度与标准面平均温度差（A_4）	回归	6.270	9	0.697	0	0	1
	残差	0	0	0	0	0	
	总计	6.270	9	0	0	0	
标准面区域温度（A_5）	回归	457.167	9	50.796	0	0	1
	残差	0	0	0	0	0	
	总计	457.167	9	0	0	0	

续表

系数因变量		方差分析					决定系数 R^2
		平方和	df	均方	F	sig	
空间区域温度（A_6）	回归	482.038	9	53.560	0	0	1
	残差	0	0	0	0	0	
	总计	482.038	9	0	0	0	
标准面区域比例（A_7）	回归	0.135	9	0.015	0	0	1
	残差	0	0	0	0	0	
	总计	0.135	9	0	0	0	
空间区域比例（A_8）	回归	0.212	9	0.024	0	0	1
	残差	0	0	0	0	0	
	总计	0.212	9	0	0	0	
空间区域温度与标准面区域温度差（A_9）	回归	1.667	9	0.185	0	0	1
	残差	0	0	0	0	0	
	总计	1.667	9	0	0	0	
空间区域比例与标准面区域比例差（A_{10}）	回归	105.895	9	11.766	0	0	1
	残差	0	0	0	0	0	
	总计	105.895	9	0	0	0	
标准面时温度差（A_{11}）	回归	10.176	9	1.131	0	0	1
	残差	0	0	0	0	0	
	总计	10.176	9	0	0	0	
标准面日温度差（A_{12}）	回归	97.010	9	10.779	0	0	1
	残差	0	0	0	0	0	
	总计	97.010	9	0	0	0	
标准面年温度差（A_{13}）	回归	193.590	9	21.510	0	0	1
	残差	0	0	0	0	0	
	总计	193.590	9	0	0	0	
标准面舒适区域比例（A_{14}）	回归	0.765	9	0.085	0	0	1
	残差	0	0	0	0	sig	
	总计	0.765	9	0	0	0	

我国严寒气候区高校教室空间热场评价指标回归模型残差统计量　　表 5-6

系数因变量		残差统计量			
		极小值	极大值	均值	标准化偏差
标准面日平均温度（A_1）	预测值	5.34000	23.66800	14.77920	6.455693
	残差	0	0	0	0
	标准化预测值	−1.462	1.377	0.000	1.000
	标准化残差	0	0	0	0

续表

系数因变量		残差统计量			
		极小值	极大值	均值	标准化偏差
空间平均温度（A_2）	预测值	7.85600	26.08000	15.75010	6.473734
	残差	0	0	0	0
	标准化预测值	−1.219	1.596	0.000	1.000
	标准化残差	0	0	0	0
标准面平均温度（A_3）	预测值	7.96300	26.84100	16.61720	6.481487
	残差	0	0	0	0
	标准化预测值	−1.335	1.577	0.000	1.000
	标准化残差	0	0	0	0
空间平均温度与标准面平均温度差（A_4）	预测值	0.04700	2.49600	1.10060	0.834661
	残差	0	0	0	0
	标准化预测值	−1.262	1.672	0.000	1.000
	标准化残差	0	0	0	0
标准面区域温度（A_5）	预测值	5.78000	25.50000	14.41500	7.127155
	残差	0	0	0	0
	标准化预测值	−1.212	1.555	0.000	1.000
	标准化残差	0	0	0	0
空间区域温度（A_6）	预测值	5.57000	26.10000	14.35400	7.318452
	残差	0	0	0	0
	标准化预测值	−1.200	1.605	0.000	1.000
	标准化残差	0	0	0	0
标准面区域比例（A_7）	预测值	0.27000	0.71000	0.55720	0.122327
	残差	0	0	0	0
	标准化预测值	−2.348	1.249	0.000	1.000
	标准化残差	0	0	0	0
空间区域比例（A_8）	预测值	0.41900	0.84000	0.69040	0.153429
	残差	0	0	0	0
	标准化预测值	−1.769	0.975	0.000	1.000
	标准化残差	0	0	0	0
空间区域温度与标准面区域温度差（A_9）	预测值	0.00000	1.40000	0.35100	0.430386
	残差	0	0	0	0
	标准化预测值	−0.816	2.437	0.000	1.000
	标准化残差	0	0	0	0
空间区域比例与标准面区域比例差（A_{10}）	预测值	0.08000	11.00000	1.23820	3.430170
	残差	0	0	0	0
	标准化预测值	−0.338	2.846	0.000	1.000
	标准化残差	0	0	0	0

续表

系数因变量		残差统计量			
		极小值	极大值	均值	标准化偏差
标准面时温度差（A_{11}）	预测值	2.03300	5.32000	3.82345	1.063347
	残差	0	0	0	0
	标准化预测值	−1.684	1.407	0.000	1.000
	标准化残差	0	0	0	0
标准面日温度差（A_{12}）	预测值	6.50000	17.77000	11.36580	3.283126
	残差	0	0	0	0
	标准化预测值	−1.482	1.951	0.000	1.000
	标准化残差	0	0	0	0
标准面年温度差（A_{13}）	预测值	28.02000	43.65000	32.13200	4.637882
	残差	0	0	0	0
	标准化预测值	−0.887	2.483	0.000	1.000
	标准化残差	0	0	0	0
标准面舒适区域比例（A_{14}）	预测值	0.00000	1.00000	0.69800	0.291616
	残差	0	0	0	0
	标准化预测值	−2.394	1.036	0.000	1.000
	标准化残差	0	0	0	0

5.5　建筑空间热场评价指标类别划分研究

5.5.1　基于人工神经网络法的热场指标分类分析

在本书第 3 章已经挖掘出我国严寒气候区高校教室空间内部非均匀热环境的部分特征和规律，如温度水平、温度分布、温度波动特征。针对这些特征需要选择不同的参数进行评价，依据参数及其所属的特征类型差异在评价体系中形成了一定的层级结构。同时温度波动、温度水平、温度分布等参数并不像热环境中的温度、湿度、空气流速一样，参数之间可以相互独立。建筑空间热场的很多参数之间存在相互影响和相互作用关系，如空间参数对室内温度有作用，室内平均温度对区域温度存在影响等。因此建筑空间热场参数的归类问题不是具有单独指向性的。针对这样的归类问题，作者查找相关灰色系统理论研究成果，但没有找到与之适应的灰色聚类分析方法。而综合评价方法中专门有人工神经网络分析法重点解决该类问题。因此本研究对建筑空间热场参数的类别划分采用人工神经网络相关分析方法进一步研究。

由 4.3.3 节对各类神经网络基本特征的分析可知，本研究的分析对象为我国严寒气候区高校教室空间热场环境参数，这些参数之间并非绝对独立而是密切相关的，且不同类别之间也关系密切。因此需要选择更适应此种具有反馈关系的自组织性竞争神经网络方法对建筑空间热场相关参数进行学习和计算，才能较好地完成最终的指标分类。

5.5.2 热场评价指标类别划分原理

本研究对建筑空间热场相关参数进行分类时，主要采用自组织神经网络分类方法，使用 Matlab 软件对相关参数进行学习计算，计算过程中主要采用内星学习规则，包括参数识别、比较、查找、训练四个主要阶段。

其计算机实现过程为：当给程序一个参数数值 X 时，如果 X 为非 0 数值且其识别层的输出值 R 非 0 时，识别控制输出 $G1$ 为 1，否则 $G1$ 输出为 0。如果 X 为 0 值，则 $G2$ 输出 X 所属类别对应输出值 R。当接受比较的第 i 个神经元的输入值、输出类别值、输出信号值相加大于等于 2 时，则第 i 个神经元的输出信号为 1，否则为 0。数学描述为：

$$c_i = \begin{cases} 1 & x_i + p_i + G1 \geqslant 2 \\ 0 & x_i + p_i + G1 < 2 \end{cases} \quad (5\text{-}7)$$

则第 k 个神经元记为 $P_i = \sum_{i=1}^{n} b_{ik} r_i$，其中：$b_{ik}$ 为比较层关联权值，r_i 为自识别层的输出值。

$$当 \sum_{i=1}^{n} b_{ik} r_i = \max\left\{ \sum_{i=1}^{n} b_{ik} r_i \big| 1 \leqslant j \leqslant m \right\} \quad (5\text{-}8)$$

m 为所划分的类别数量（1–m）时，竞争机制被链接（正）或抑制（负）。当输入输出数值相似度大于控制参数 $r=0.5$ 时，网络终止。

对于建筑空间热场测试共有 14 个对象，设有观测对象数为 n，每个观测对象有 10 个特征数据，记为 m，则有 $X_0 = (x_0(1), x_0(2), \cdots, x_0(n))$ 特征序列。

$$\begin{cases} X_1 = (x_1(1), x_1(2), \cdots, x_1(n)) \\ \cdots \\ X_i = (x_i(1), x_i(2), \cdots, x_i(n)) \\ \cdots \\ X_m = (x_m(1), x_m(2), \cdots, x_m(n)) \end{cases} \quad (5\text{-}9)$$

给定实数 $\gamma(X_0(k), X_i(k))$，如果 $\gamma(X_0, X_i) = \frac{1}{n} \sum_{k}^{n} \gamma(x_0(k), x_i(k))$，且满足规范性、整体性、偶对称性和接近性四条原则，即：

（1）$0 < \gamma(X_0, X_i) \leqslant 1$，$\gamma(X_0, X_i) = 1 \Leftarrow X_0 = X_i$；

（2）当 $X_i, X_j \in X = \{X_s | s = 0,1,2,\cdots,m; m \geqslant 2\}$ 时，有 $\gamma(X_0, X_i) \neq \gamma(X_j, X_i), i \neq j$；

（3）当 $X_i, X_j \in X$ 时，有 $\gamma(X_0, X_i) = \gamma(X_j, X_i) \Leftrightarrow X = \{X_i, X_j\}$；

（4）$|x_0(k) - x_i(k)|$ 越小，$\gamma(x_0(k), x_i(k))$ 越大。

此时，$\gamma(X_0, X_i)$ 为 X_i 和 X_0 的关联度，$\gamma(X_0(k), X_i(k))$ 为 X_i 和 X_0 在 k 处的关联系数。

由此根据前面的序列和关联度计算方法可得 X_i 和 X_j 的绝对关联度 ε_{ij} 的特征变量关联三角矩阵 A：

$$A = \begin{bmatrix} \varepsilon_{11} & \varepsilon_{12} & \cdots & \varepsilon_{1m} \\ & \varepsilon_{22} & \cdots & \varepsilon_{2m} \\ & & \ddots & \vdots \\ & & & \varepsilon_{mm} \end{bmatrix} \quad (5\text{-}10)$$

当 $\gamma \in [0,1]$，且 $\gamma > 0.5$，$\varepsilon_{ij} \geq \gamma(i \neq j)$ 时，X_i 和 X_j 为同类。

利用上述自组织神经网络聚类分析法，通过对建筑空间热场参数数值进行两两比较，来确定建筑空间热场不同参数的类别和最终分类结果。

5.5.3 热场评价指标类别划分过程与结果

如 5.2.1 节分析的建筑空间热场相关参数包括热环境相关参数、建筑空间相关参数、环境条件相关参数。通过对建筑空间热场相关参数进行灰色关联性分析可知，建筑空间热场中的热环境相关参数与建筑空间参数、时间参数密切相关，其中热环境相关参数是本研究的核心。

本环节在对建筑空间热场评价参数进行自组织神经网络聚类分析研究时参与计算的参数主要是建筑空间热环境相关参数，共计 14 个（a1 ~ a14）。

利用 Matlab 软件对 14 个参数进行人工神经网络聚类计算。其中每个计算参数含有 10 个样本。编写计算程序如下：

```
>> N=14;
>>str={' A1',' A2',' A3',' A4',' A5',' A6',' A7',' A8',' A9',' A10',' A11',' A12',' A13',
' A14'};
>> data=[ 数据 ]
data= 数据
>> whos
  Name     Size        Bytes  Class     Attributes
  N        1x1             8  double
  data     14x10        1120  double
  strr     1x14         1634  cell
>> net=selforgmap([2,2]);
data=mapminmax(data);
tic
net=init(net);
net=train(net,data([1,2,3,4,5,6,7,8,9,10,11,12,13,14],:));
>> toc
时间已过 14.400817 秒。
>> y=net(data([1,2,3,4,5,6,7,8,9,10,11,12,13,14],:));
result=vec2ind(y);
>> score=zeros(1,14);
>> for i=1:14
t=data(:,result==i);
```

```
score(i)=mean(t(:));
end
>> [~,ind]=sort(score);
result_=zeros(1,14);
for i=1:4
result_(result==ind(i))=i;
end
>> fprintf('热场指标    分类 \n');
热场指标    分类
>> for i=1:N
fprintf('  %-8s    第 %d 类 \n',strr{i},result_(i));
end
```

由上述程序计算可得表 5-7 所示结果。

我国严寒气候区高校教室空间热场评价指标分类统计表　　表 5-7

拟定评价指标	指标代号	类别
标准面时温度差（B1）	a11	1
标准面日温度差（B2）	a12	1
标准面年温度差（B3）	a13	1
标准面舒适区域比例（B4）	a14	1
标准面日平均温度（B5）	a1	2
标准面平均温度（B6）	a3	2
空间平均温度与标准面平均温度差（B7）	a4	2
空间区域温度与标准面区域温度差（B8）	a9	2
空间区域比例与标准面区域比例差（B9）	a10	2
空间平均温度（B10）	a2	2
标准面区域温度（B11）	a5	3
空间区域温度（B12）	a6	3
标准面区域比例（B13）	a7	3
空间区域比例（B14）	a8	3

5.6　建筑空间热场评价指标元素的层级结构构建

5.6.1　热场评价指标元素层级结构特点

经由上述建筑空间热场评价指标的关联分析、回归分析、聚类分析计算得到建筑空间热场评价指标体系及其层级结构。利用人工神经网络学习方法对建筑空间热场评价的热环境参数进行类别划分，将 14 个建筑空间热场评价的热环境参数划分为三类（见表 5-7 中类别结果）。

依据各类评价参数基础评价值的特征对分类后的参数进行命名。

第一类指标：标准面时温度差、标准面日温度差、标准面年温度差、标准面舒适区域比例主要表示建筑空间热场温度随时间的变化情况，因此命名其为温度波动指标；第二类指标：标准面日平均温度、标准面平均温度、空间平均温度与标准面平均温度差、空间区域温度与标准面区域温度差、空间区域比例与标准面区域比例差、空间平均温度均由建筑空间内的平均温度表示，而平均温度与热环境中的一个空间的温度指标表达概念接近，与人们对热环境的基础认知和感受一致，为突出其重要性和与原有热环境温度指标的衔接关系，命名该类指标为基本控制指标；第三类指标：标准面区域温度、空间区域温度、标准面区域比例、空间区域比例主要表示建筑空间热场中的某个特定区域特征，表明建筑空间热场中一个部分与另一个部分之间的差异，因此部分指标可以归为"分布"概念，可命名该类指标为温度分布指标。

由此形成建筑空间热场评价体系中两级层级结构的指标体系，一级指标 3 个，二级指标 14 个。

5.6.2　热场评价指标元素层级

由 5.6.1 节分析结果可整理出建筑空间热场评价指标的层级结构，如图 5-2 所示。建筑空间热场评价指标体系共两层，第二层的二级指标共计 14 个，包括标准面时温度差、标准面日温度差、标准面年温度差、标准面舒适区域比例、标准面日平均温度、标准血平均温度、空间平均温度与标准面平均温度差、空间区域温度与标准面区域温度差、空间区域比例与标准面区域比例差、空间平均温度、标准面区域温度、空间区域温度、标准面区域比例、空间区域比例。14 个指标可分为三类。

根据三类指标整体评价对象特征，可将三类指标归纳为：第一类，温度波动指标；第二类，基本控制指标；第三类，温度分布指标。这三类评价指标均属于建筑空间热场等级评价目标。

由此可得适宜于我国严寒气候区高校教室空间热场评价体系的指标体系层级结构。

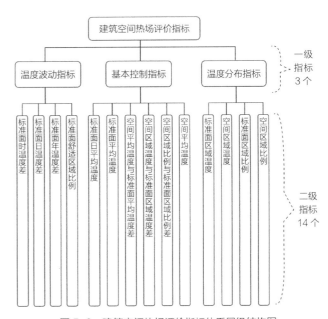

图 5-2　建筑空间热场评价指标体系层级结构图

5.7　本章小结

　　本章主要对适宜于我国严寒气候区高校教室空间内部非均匀热环境的建筑空间热场灰色评价体系的指标体系进行了研究。通过对相关指标进行筛选、回归分析、聚类分析等，最终确定了能够用于构建建筑空间热场灰色评价体系的多个评价指标，并明确了该体系的评价指标的层级。本章主要研究结论包括：

　　（1）建筑空间热场评价指标应具有完备性、独立性、可比性、可操作性和简练性五个重要特征。

　　（2）可用于进行建筑空间热场评价的指标共计14个。14个评价指标形成两级层级结构，一级指标3个，二级指标14个。

　　（3）建筑空间热场评价指标与建筑空间参数、时间参数密切相关。

　　（4）利用回归分析原理，得到了14个建筑空间热场评价指标与建筑空间参数、时间参数关系的回归计算模型。

6

建筑空间热场评价
体系结构构建

本章以构建适宜于我国严寒气候区高校教室空间内部非均匀热环境的建筑空间热场灰色评价体系为主要目标。基于建筑空间热场评价指标元素的研究结果（第5章内容），首先对所建立评价体系的评价指标之间的关系进行标准化计算和均方差计算，确定指标权重；再依据灰色评价理论划分建筑空间热场的灰类，通过对不同类型热场的灰类指标数据进行关系计算及白化权计算获得建筑空间热场的灰类权值；最终整合同时具有指标权重、指标灰类权值双层权重的建筑空间热场灰色评价体系的指标体系，明确各指标之间的关系，形成适宜于我国严寒气候区高校教室空间内部非均匀热环境的建筑空间热场灰色评价体系，并在获得评价体系的基础上进行了体系验证。

6.1 建筑空间热场评价指标合成方法研究

6.1.1 热场评价指标合成原理与计算

（1）问题提出——评价指标量纲不同

对第5章研究所提出的可用于评价我国严寒气候区高校教室空间内部非均匀热环境的建筑空间热场评价相关参数进行分析发现适宜于该评价体系的各个参数具有不同的量纲，如标准面平均温度单位为"℃"、标准面区域比例单位为"%"。由于各个参数单位不同这些指标无法相互比较、计算。

作为一个评价体系中的指标应具有两个特征：一是这些指标应具有可量性，如数量指标中的长度指标、品质指标中的定性指标"喜欢与不喜欢"等；二是这些指标应具有同质性。同质性又包括两方面内容：相同的量纲、相同的数值方向。相同量纲是指评价指标值应采用相同的计量单位；相同的数值方向是说体系中指标值越大越能够说明总体越有该性质或数值越小总体越有该性质。因此在构建评价体系时需要对原始数据进行变换以满足指标的同质性要求，这个过程称为评价指标的无量纲化或标准化。

而同质性是同一评价体系中各个指标具有可比性的前提条件。为实现评价指标的同质性，本研究先对评价指标进行标准化处理。这也是评价体系研究中比较不同指标在体系中的贡献度的重要环节。

（2）指标的标准化方法

在对比具有不同量纲的指标时应先将有量纲的指标转为统一的无量纲指标再进行比较，这一过程称为指标的标准化。

根据评价指标性质的不同可将评价指标分为：品质指标和数量指标。其中品质指标如职业、技术、质量等，可采用二态化方法（0/1）、序号法、两两比较评分法、分类统计法、专家评分法、直接主观评分法、定性排序量化法、尺度评分法、问题测验法、问题量表法、问题分解法等方法完成指标的转化和统一；对于数量指标（如本研究提出的热场评价指标）则可以采用直接分段评分法、分布位置百分法、标准百分法、名次百分法、相对化法、梯形变换法、累计评分法等方法进行指标转化和无量纲化（表6-1）[1]。本研究通过分析上述指标转化方法及其特征，对比本研究所提出的热场评价指标特征——连续数量指标，最终选择数量指标的梯形变换法作为本研究所提指标的无量纲转化方法。

指标转化方法分析统计表 表6-1

序号	指标转化方法	公式与过程	适用性
1	二态化方法	判断是与否，用 0/1 记录	品质指标
2	序号法	对指标排序，用 $1,2,\cdots,n$ 记录	品质指标
3	两两比较评分法	$b_i = b_0 \times w_i / w_0$	品质指标，需已知权重
4	分类统计法	$F_z = (a+b)(1/2 + z/k)$	品质指标，适用于指标单位数量非常多的情况
5	专家评分法	专家小组成员讨论给分	品质指标
6	直接主观评分法	评委直接给分，评委可以是单人或多人	品质指标
7	定性排序量化法	对指标值先定性排序，再进行加权计算	品质指标
8	尺度评分法	使用基本标尺，按方向和深度细化	品质指标，语义分析
9	问题测验法	编测验题—回答—积分—转化	品质指标
10	问题量表法	主观态度量表	品质指标
11	问题分解法	将复杂指标分解分析	品质指标，分解分析
12	直接分段评分法	10分，20分，$\cdots$,100 分	数量指标，数据需要有"突变和临界点"
13	分布位置百分法	$y_i = \dfrac{f_i / d \times (x_i - L) + S_{I-1}}{\sum F} \times 100$	数量指标，数据组内频数分布均匀
14	标准百分法	$y = \dfrac{x - \bar{x}}{s}$	数量指标
15	名次百分法	相对名次 $= \dfrac{x_{max} - x}{x_{max} - x_{min}} \times (n-1) + 1$	数量指标，为突出"名次"数据中一些信息会丢失
16	相对化法	$y = x / x_s$	数值指标，需要一个"标准基数"作为参考
17	梯形变换法	$y = \dfrac{x - x_0}{x_1 - x_0}$	数值指标，y 取值在 0~1 之间
18	累计评分法	$Y = KD^2 - Z$	数值指标，对象性质变化与指标数量之间不成直线关系

---

[1] 苏为华. 统计指标理论与方法研究 [M]. 北京：中国物价出版社，1998.

本研究首先使用梯形变换法作为指标标准化的计算方法，计算公式如下：

$$y_i = \frac{x_i - \min x_i}{\max x_i - \min x_i}$$ （6-1）

或
$$y_i = \frac{\max x_i - x_i}{\max x_i - \min x_i}$$ （6-2）

利用公式（6-1）对建筑空间热场评价指标增加缓冲算子的数值进行标准化转换，利用该计算方法可将不同量纲的统计数据转换成区间为 [0,1] 的数值以方便后期进行比较分析。

在对建筑空间热场评价指标合成的研究过程中，主要结合了灰色系统理论并使用了灰色理论计算工具（V1.0.2.1 软件）。利用该软件对 14 个建筑空间热场评价指标进行标准化计算得到 14 个指标的标准化值。其中每个指标选取 10 个计算样本进行标准化计算，再利用标准化的建筑空间热场评价指标参数进行后续权值的计算。

6.1.2 评价指标合成原理与计算方法

（1）评价指标合成计算方法
评价指标存在二级指标、一级指标、评价目标的等级关系。不同等级指标的评价结果是由其下级指标合成的，这个合成过程称为指标合成计算方法，即利用下级指标的参数逐层向上计算获得上级指标值的方法。指标合成的方法包括：线性加权法、乘法合成法、加乘混合法与代换法。

1）线性加权法
线性加权法是指利用单个评价指标值和指标权重，通过累加方式获得上层综合指标值的方法。计算公式为：

$$x = \sum_{i=1}^{n} \omega_i x_i$$ （6-3）

式中　x——综合指标值；

　　　n——评价指标个数；

　　　ω_i——第i个指标的权重；

　　　x_i——第i个评价值。

线性加权法适用于指标间相互独立的情况，能够突出指标权重中较大指标的作用。

2）乘法合成法
乘法合成法是多个指标或指标与权重的累成。计算公式为：

$$x = \left(\prod_{i=1}^{n} x_i\right)^{\frac{1}{n}}$$ （6-4）

或
$$x = \left(\prod_{i=1}^{n} x_i^{\omega_i}\right)^{\frac{1}{\sum \omega_i}}$$ （6-5）

乘法合成法适用于指标之间具有强烈关联的情况，其指标加权的效果不如线性加权的结果明显，乘法合成法要求各个指标间的差异小。

3）加乘混合法

加乘混合法可用于部分指标关联、部分指标独立的指标合成计算。计算公式为：

$$x = \prod_{k=1}^{l} \sum_{i=1}^{nk} \omega_i x_i \qquad (6\text{-}6)$$

该计算方法较复杂，其计算结果介于线性加权法和乘法合成法之间。

4）代换法

代换法的计算公式为：

$$x = 1 - \prod_{i=1}^{n} (1 - x_i) \qquad (6\text{-}7)$$

采用代换法计算合成指标时不需进行权重设置。

由前面所建立的建筑空间热场评价指标层级结构可知，结构中第二级指标均可分别获得其对应数值且具有不同的作用，这属于指标相互独立的条件。因此本研究选择线性加权法作为指标合成计算的方法。

（2）因素分层构权方法原理

在使用线性加权法过程中的一个重要问题就是如何获得指标权重 ω_i。苏为华在其所著的《统计指标理论与方法研究》一书中指出"权数（权重）是衡量总体中各个组成部分重要性程度的数值体系"，一个分项指标越重要，其所赋的权值就应该越大。而决定一个指标权数的高低、重要性和大小总有一定的依据，这个依据就是定权准则。在一个复杂的构权问题中同一个指标会在统计评价对象的不同方面体现出不同的"重要性"，而这些方面就是不同的定权准则。不同指标在不同定权准则下的"重要性"也不同。因此如果能分别在不同定权准则下给出各个指标的重要性分数，然后再求出各个指标在全部准则下的重要性的"总量"，这显然更科学。这种通过对重要性准则进行区分分层来确定权数的方法称为因素分层构权法。

本研究拟从两个不同视角分析认识建筑空间热场：视角一，从现状看该系统可以理解为白色系统，即所有指标关系确定且已知；视角二，从事物发展的角度看该系统可以理解为灰色系统，即仅知道系统的部分指标和部分关系。从这两个角度衡量建筑空间热场评价指标在体系中的重要程度，则能得到同一指标在不同准则下的重要性系数，即两个权重系数。前者对应白色系统定义为指标体系权值，后者对应灰色系统定义为指标灰类权值。在 6.2 节、6.3 节中分别对这两个权值进行研究。

6.2 建筑空间热场指标体系权值研究

6.2.1 热场评价指标体系权值计算过程

指标体系权值计算包括主观评价计权法和客观评价法。客观评价法又包括熵值法、逼近最小点法、主成分分析法、层次分析法与人工神经网络计算法等方法。对比不同计算方法的使用条件后，本研究选择均方差定权法作为建筑空间热场评价体系指标权重的计算方法。

均方差定权法也称为标准差权重法。其主导思想是评价个体相对于主体的离散程度作为某一个体在主体中作用的评价标准。首先，通过计算指标值之间的标准差，计算个体的离散程度。计算公式如下：

$$\sigma = \sqrt{\frac{1}{n}\sum_{i=1}^{n}(x_i-\mu)^2} \qquad (6-8)$$

式中　x_i——个体数值；

　　　μ——一组数值的平均值。

再利用标准差计算个体在主体（组）中的权重。计算公式为：

$$\omega_j = \sigma_j \bigg/ \sum_{j=1}^{p}\sigma_j \qquad (6-9)$$

式中　ω_j——第 j 个指标的权重。

指标体系权重的计算主要通过 Excel 软件的计算功能完成，首先是对标准化的指标样本进行均值化计算，再利用均值结果结合均方差计算公式计算各指标的均方差，最后利用指标体系权重计算公式计算各个指标的权重。

通过计算可获得二级指标的权重。一级指标的权重主要是依据二级指标的权重与评价体系层级关系利用合成指标计算方法计算获得。二级指标权重、一级指标权重及其计算过程如表6-2所示。

6.2.2　热场评价指标体系权重

通过对建筑空间热场评价指标权重的计算结果进行整理，可得建筑空间热场评价指标体系权重表（表6-3）。表6-3中所示一级指标权重和为1，二级指标对应每个一级指标的权重和为1。

由指标体系权重的意义可知适宜于我国严寒气候区高校教室空间内部非均匀热环境评价的建筑空间热场评价体系，其一级指标中基本控制指标的权重为0.7，说明对建筑空间热场特征影响最大的是基本控制指标，其次是温度分布指标和温度波动指标。

基本控制指标可分为平均温度相关指标（如B5、B6、B10）和温度差异指标（如B7、B8、B9），其中温度差异指标可以描述整个空间内温度垂直变化情况。

6.3　建筑空间热场指标灰类权值研究

评价指标的权重是评价指标在评价体系中贡献度的重要体现。灰类权值是指首先对整个评价目标按照灰色系统理论进行类别划分，然后计算评价指标在各个目标灰类中的贡献度。

灰色系统中评价结果可以用"非常好""好""不好""非常不好"等多种类别进行划分，这些类别称为灰类。

确定评价的灰类并计算灰类权向量是灰色系统评价与统计评价等常规评价理论的最大差异之处。通过确定灰色评价等级并对灰类权向量进行计算，能够使小样本计算出的模糊内涵对象的评价结果与实际更为接近。

我国严寒气候区高校教室空间热场评价指标体系权值计算过程

表6-2

评价指标与计算过程	标准面时温度差	标准面日温度差	标准面年温度差	标准面舒适区域比例	标准面日平均温度	标准面平均温度	空间平均温度与标准面平均温度差	空间区域温度与标准面区域温度差	空间区域比例与标准面区域比例差	空间平均温度	标准面区域温度	空间区域温度	标准面区域比例	空间区域比例
代号	A11	A12	A13	A14	A1	A3	A4	A9	A10	A2	A5	A6	A7	A8
分类	1.000	1.000	1.000	1.000	2.000	2.000	2.000	2.000	2.000	2.000	4.000	4.000	4.000	4.000
原始数据	1.323	0.919	1.110	1.146	0.410	0.605	1.015	0.000	8.884	0.499	0.430	0.432	1.095	1.043
	1.125	1.172	1.039	1.117	0.809	1.045	1.956	3.989	0.120	0.966	0.957	0.864	0.485	0.607
	0.994	0.982	0.950	0.702	0.901	0.552	0.671	0.570	0.164	0.535	0.520	0.536	1.053	1.144
	0.907	0.896	0.884	0.000	1.175	0.853	0.043	0.000	0.149	0.897	0.969	0.973	0.933	1.021
	0.599	0.707	0.973	1.418	1.365	1.271	0.422	1.852	0.105	1.311	1.387	1.439	1.274	1.217
	0.532	0.572	0.872	1.203	1.572	1.615	0.691	1.709	0.125	1.656	1.769	1.818	1.229	1.217
	1.103	1.563	1.358	1.433	1.601	1.387	0.085	0.285	0.065	1.469	1.582	1.581	0.897	0.608
	1.120	1.236	0.941	0.831	1.047	1.317	1.382	0.427	0.137	1.293	1.311	1.306	1.095	1.130
	0.905	0.802	0.917	1.032	0.758	0.876	2.268	0.570	0.089	0.765	0.673	0.662	1.005	0.970
	1.391	1.150	0.955	1.117	0.361	0.479	1.466	0.598	0.162	0.608	0.401	0.388	0.933	1.043
					0.414	0.370	0.719	1.163	2.628	0.390	0.469	0.484	0.208	0.211
标准差	0.264	0.274	0.137	0.396	0.051	0.046	0.089	0.143	0.323	0.048	0.058	0.060	0.026	0.026
权重	0.032	0.034	0.017	0.049	0.073	0.065	0.127	0.205	0.462	0.069	0.342	0.353	0.152	0.154
一级指标权值	0.132				0.699					0.169				
二级指标权值	0.246	0.256	0.128	0.370	0.073	0.065	0.127	0.205	0.462	0.069	0.342	0.353	0.152	0.154

我国严寒气候区高校教室空间热场评价指标体系权重统计表　　表 6-3

评价目标 T_L	一级指标 A_X	一级指标权重 ω_{AX}	二级指标 B_S	二级指标权重 ω_{Bs}
建筑空间热场等级	温度波动指标	0.13	标准面时温度差（B1）	0.25
			标准面日温度差（B2）	0.26
			标准面年温度差（B3）	0.13
			标准面舒适区域比例（B4）	0.37
	基本控制指标	0.70	标准面日平均温度（B5）	0.07
			标准面平均温度（B6）	0.07
			空间平均温度与标准面平均温度差（B7）	0.13
			空间区域温度与标准面区域温度差（B8）	0.20
			空间区域比例与标准面区域比例差（B9）	0.46
			空间平均温度（B10）	0.07
	温度分布指标	0.17	标准面区域温度（B11）	0.34
			空间区域温度（B12）	0.35
			标准面区域比例（B13）	0.15
			空间区域比例（B14）	0.15

如果将建筑空间热场看作是灰色系统，即部分条件已知（如温度）、部分条件未知（如风速、辐射等），那么这个系统可进行上述类别划分。本环节依据该原理进行研究。

6.3.1　建筑空间热场灰类划分

依据人们习惯的认知结构使用 100 分制对建筑空间热场进行灰类评分。参考 ASHRAE 中规定的 7 级人体热感觉标度方法（+3—热、+2—暖、+1—稍暖、0—中性、−1—稍凉、−2—凉、−3—冷）将建筑空间热场划分为 5 类，即 5 个灰类。

建筑空间热场的灰类得分遵循以下 5 个原则：

（1）建筑空间热场中热环境温度在舒适温度范围内得分最高，舒适温度范围的合理取值依据"生物气候图"确定（图 6-1）。

（2）同等舒适条件下有热舒适和冷舒适之分。本研究中定义热舒适比冷舒适得分高。因为在严寒气候区建筑空间的过热问题可通过通风迅速解决，而过冷问题不易解决。

（3）各个灰类间得分差值一致。

（4）选择评分范围的最低值作为各灰类的基础分值。例如热环境为 24℃，这个数值在 18 ~ 26℃之间属于第一类舒适热场，对应热场类别的评分范围在 80 ~ 100 分之间，但是在灰类权值计算过程中仅记为 80 分。

（5）除温度相关指标之外的其他评价指标，如空间区域比例指标采用数值等间距划分原则对其进行类别等级划分。

依据上述原则将建筑空间热场的 5 个灰类分别定义为：

第一类"舒适 – 热场"——80分;

第二类"微暖 – 热场"——60分;

第三类"微凉 – 热场"——40分;

第四类"很热 – 热场"——20分;

第五类"很冷 – 热场"——0分。

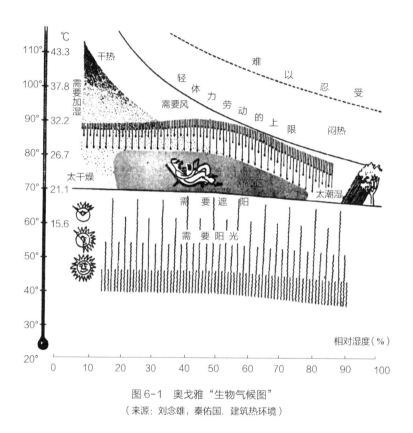

图 6-1 奥戈雅"生物气候图"

（来源：刘念雄，秦佑国. 建筑热环境）

　　将建筑空间热场评价体系各个指标按照建筑空间热场五等级灰类划分原则进行等级划分和等级计分，获得建筑空间热场评价指标对应的等级取值范围与计算分值，如表 6-4 所示。

我国严寒气候区高校教室空间热场灰类划分标准统计表　　　　表 6-4

建筑空间热场评价体系指标	建筑空间热场灰类对应评分				
	第一类 舒适 – 热场 =80分	第二类 微暖 – 热场 =60分	第三类 微凉 – 热场 =40分	第四类 很热 – 热场 =20分	第五类 很冷 – 热场 =0分
标准面时温度差（B1）	≤ 2	2～3	3～4	4～5	≥ 5
标准面日温度差（B2）	≤ 8	8～10	10～12	12～14	≥ 14
标准面年温度差（B3）	≤ 28	28～33	33～38	38～43	≥ 43
标准面舒适区域比例（B4）	≥ 0.9	0.9～0.8	0.8～0.7	0.7～0.5	≤ 0.5

建筑空间热场评价体系指标	建筑空间热场灰类对应评分				
	第一类 舒适－热场 =80分	第二类 微暖－热场 =60分	第三类 微凉－热场 =40分	第四类 很热－热场 =20分	第五类 很冷－热场 =0分
标准面日平均温度（B5）	18~26	26~32	14~18	>32	<14
标准面平均温度（B6）	18~26	26~32	14~18	>32	<14
空间平均温度与标准面平均温度差（B7）	≤0.1	0.1~0.7	0.7~1.4	1.4~2	≥2
空间区域温度与标准面区域温度差（B8）	≤0.02	0.02~0.2	0.2~0.4	0.4~0.6	≥0.6
空间区域比例与标准面区域比例差（B9）	≤0.1	0.1~0.13	0.13~0.17	0.17~0.2	≥0.2
空间平均温度（B10）	18~26	26~32	14~18	>32	<14
标准面区域温度（B11）	18~26	26~32	14~18	>32	<14
空间区域温度（B12）	18~26	26~32	14~18	>32	<14
标准面区域比例（B13）	≥0.7	0.7~0.65	0.65~0.6	0.6~0.5	≤0.5
空间区域比例（B14）	≥0.7	0.7~0.65	0.65~0.6	0.6~0.5	≤0.5

注：1. 整体评价指标根据实际数据范围结合"生物气候图"相关温度范围进行五等级划分；
　　2. 空间实测温度的5个等级为>32℃、26~32℃、18~26℃、14~18℃、<14℃；
　　3. 所有差值与波动值按平均方法将值域划分为5个等级。

6.3.2　灰类权重计算方法

首先结合评价指标特征确定评价指标的评分等级标准（$f_1,f_2,\cdots,f_n$）并给定各等级评分区间（$[a,b]$）。当某一指标属于第f_n个类别时，可得该指标在此类的评价系数$c_i=d_i,d_i\in[a,b]$，所有指标的总灰色评价系数为c_k，则某一指标的灰类权值为：

$$r=c_i/c_k \qquad (6-10)$$

所有指标的灰类权值可形成灰类权向量。在综合评价系统中，指标的总权重为指标体系权重与指标灰类权重的乘积。

6.3.3　热场评价指标灰类权重计算过程

确定建筑空间热场评价指标灰类权值主要依据灰类权向量计算方法。首先对14个建筑空间热场评价指标所对应的10个样本原始数据进行灰类评分转化，与体系权值计算方法类似，将评分数据进行归一化处理，即80分计为0.8。再利用灰类权值计算公式$r=c_i/c_k$计算二级指标的灰类权向量，利用二级指标的灰类权向量生成一级指标的灰类权向量，计算过程见表6-5。

整理计算结果可得：建筑空间热场评价体系的灰类权值计算汇总见表6-6。可见建筑空间热场基本控制指标的灰类权值最高，起主要作用；其次为温度分布指标、温度波动指标。将该计算结果与指标的体系权值计算结果相比较可见，建筑空间热场灰类权值的划分平衡了热场的基本控制指标、温度波动指标和温度分布指标之间的比例关系，加强了温度波动指标和温度分布指标的强度。

我国严寒气候区高校教室空间热场评价指标灰类权值计算表

表6-5

指标		标准面温度时差(℃)	标准面日温度差(℃)	标准面年温度差(℃)	标准面舒适区域比例	标准面日平均温度(℃)	标准面平均温度(℃)	空间平均温度与标准面平均温差(℃)	空间区域温度与标准面区域温度差(℃)	空间区域比例与标准面区域比例差	空间平均温度(℃)	标准面区域温度(℃)	空间区域温度(℃)	标准面区域比例	空间区域比例
等级	1级	≤2	≤8	≤28	≥0.9	18~26	18~26	≤0.1	≤0.02	≤0.1	18~26	18~26	18~26	≥0.7	≥0.7
	2级	2~3	8~10	28~33	0.9~0.8	26~32	26~32	0.1~0.7	0.02~0.2	0.1~0.13	26~32	26~32	26~32	0.7~0.65	0.7~0.65
	3级	3~4	10~12	33~38	0.8~0.7	14~18	14~18	0.7~1.4	0.2~0.4	0.13~0.17	14~18	14~18	14~18	0.65~0.6	0.65~0.6
	4级	4~5	12~14	38~43	0.7~0.5	>32	>32	1.4~2	0.4~0.6	0.17~0.2	>32	>32	>32	0.6~0.5	0.6~0.5
	5级	≥5	≥14	≥43	≤0.5	<14	<14	≥2	≥0.6	≥0.2	<14	<14	<14	≤0.5	≤0.5
原始数据		5.060	10.447	35.68	0.80	6.054	10.054	1.117	0.00	0.110	7.856	6.20	6.20	0.610	0.720
		4.300	13.324	33.37	0.78	11.950	17.371	2.153	1.40	0.149	15.218	13.80	12.40	0.270	0.419
		3.800	11.160	30.54	0.49	13.310	9.169	0.739	0.20	0.203	8.430	7.50	7.70	0.587	0.790
		3.469	10.186	28.41	0.00	17.370	14.174	0.047	0.00	0.185	14.127	13.97	13.97	0.520	0.705
		2.290	8.037	31.25	0.99	20.180	21.118	0.464	0.65	0.130	20.654	20.00	20.65	0.710	0.840
		2.033	6.500	28.02	0.84	23.240	26.841	0.761	0.60	0.155	26.080	25.50	26.10	0.685	0.840
		4.217	17.770	43.65	1.00	23.668	23.040	0.094	0.10	0.080	23.134	22.80	22.70	0.500	0.420
		4.283	14.047	30.23	0.58	15.470	21.890	1.521	0.15	0.170	20.369	18.90	18.75	0.610	0.780
		3.462	9.120	29.48	0.72	11.210	14.552	2.496	0.20	0.110	12.056	9.70	9.50	0.560	0.670
		5.320	13.067	30.69	0.78	5.340	7.963	1.614	0.21	0.200	9.577	5.78	5.57	0.520	0.720
得分		0.0	0.4	0.4	0.8	0.0	0.0	0.4	0.8	0.6	0.0	0.0	0.0	0.4	0.8

续表

指标	标准面时温度差(℃)	标准面日温度差(℃)	标准面年温度差(℃)	标准面舒适区域比例	标准面日平均温度(℃)	标准面平均温度(℃)	空间平均温度与标准面平均温度差(℃)	空间区域温度与标准区域温度差(℃)	空间区域比例与标准面区域比例差	空间平均温度(℃)	标准面区域温度(℃)	空间区域温度(℃)	标准面区域比例	空间区域比例
得分	0.2	0.2	0.4	0.6	0.0	0.4	0.0	0.0	0.4	0.4	0.0	0.0	0.0	0.0
	0.4	0.4	0.6	0.0	0.0	0.0	0.4	0.6	0.2	0.0	0.0	0.0	0.2	0.8
	0.4	0.4	0.6	0.0	0.4	0.4	0.8	0.8	0.4	0.4	0.0	0.8	0.2	0.8
	0.6	0.6	0.6	0.8	0.8	0.8	0.6	0.0	0.6	0.8	0.0	0.0	0.8	0.8
	0.6	0.8	0.6	0.6	0.8	0.6	0.4	0.2	0.4	0.6	0.8	0.6	0.6	0.8
	0.2	0.0	0.0	0.8	0.8	0.8	0.8	0.6	0.8	0.8	0.8	0.8	0.2	0.0
	0.2	0.0	0.6	0.2	0.8	0.8	0.2	0.6	0.4	0.8	0.8	0.8	0.4	0.8
	0.4	0.6	0.6	0.4	0.4	0.4	0.0	0.6	0.6	0.0	0.0	0.0	0.2	0.6
	0.0	0.4	0.6	0.4	0.0	0.0	0.2	0.4	0.2	0.0	0.0	0.0	0.2	0.8
评价指标得分均方差	0.216	0.2573	0.19436	0.3134	0.3675	0.3326	0.289827	0.298886	0.1897366	0.3583	0.3864	0.391578	0.234757	0.33266
灰类权值	0.05	0.06	0.05	0.08	0.09	0.08	0.07	0.07	0.05	0.09	0.09	0.09	0.06	0.08
二级权值	0.24						0.36			0.09	0.32			
三级灰类	0.22	0.26	0.20	0.32	0.25	0.22	0.20	0.20	0.13	1.00	0.29	0.29	0.17	0.25

我国严寒气候区高校教室空间热场评价指标灰类权值统计表　　表 6-6

评价目标T_L	一级指标A_x	一级指标灰类权值$\omega_{A\otimes X}$	二级指标	二级指标灰类权值$\omega_{B\otimes s}$
建筑空间热场等级	温度波动指标	0.24	标准面时温度差（B1）	0.22
			标准面日温度差（B2）	0.26
			标准面年温度差（B3）	0.20
			标准面舒适区域比例（B4）	0.32
	基本控制指标	0.44	标准面日平均温度（B5）	0.20
			标准面平均温度（B6）	0.18
			空间平均温度与标准面平均温度差（B7）	0.16
			空间区域温度与标准面区域温度差（B8）	0.16
			空间区域比例与标准面区域比例差（B9）	0.10
			空间平均温度（B10）	0.20
	温度分布指标	0.32	标准面区域温度（B11）	0.29
			空间区域温度（B12）	0.29
			标准面区域比例（B13）	0.17
			空间区域比例（B14）	0.25

6.4　建筑空间热场评价体系

6.4.1　建筑空间热场评价体系结构

由建筑空间热场评价指标体系层级结构研究结论、建筑空间热场评价指标体系权重与灰类权值研究结论可知：

（1）建筑空间热场评价体系包括两个层级。其中总目标为建筑空间热场等级，第一层为综合指标层，共有 3 个指标；第二层共有 14 个指标。

（2）建筑空间热场评价体系有 6 个组成要素。第一个要素是评价目标——建筑空间热场等级；第二个要素是各个等级对应的所有指标；第三个要素是各评价等级指标对应的指标体系权重；第四个要素是各评价等级指标对应的指标灰类权值；第五个要素是评价指标灰类划分标准值；第六个要素是评价对象的评价指标值（包括建筑空间热场评价指标的系列回归模型在内）。

（3）建筑空间热场等级可计算。建筑空间热场评价体系的计算方法为线性加权指标合成计算法，得到建筑空间热场等级计算模型如下：建筑空间热场等级 =100×∑[二级指标权重 × 二级指标灰类权值 ×∑（三级指标权重 × 三级指标灰类权值 × 评价对象指标值）]

代入各级指标符号得建筑空间热场等级计算模型为：

$$T_L = 100 \times \sum \left[\omega_{AX} \cdot \omega_{A\otimes X} \cdot \sum \left(B_s \cdot \omega_{Bs} \cdot \omega_{B\otimes s} \right) \right] \qquad (6\text{-}11)$$

6.4.2 建筑空间热场评价体系指标标准

指标标准是评价体系的重要组成部分之一，对评价结果有重要影响。建筑空间热场评价体系的指标标准主要指评价体系中各级指标对应的指标体系权重和灰类权值。同时为在建筑空间热场评价等级计算过程中明确各项指标值所属的灰类类别，本研究还在该评价体系指标标准后给出了不同指标对应的灰类范围数值界限。最终形成了由建筑空间热场评价指标体系权重、评价指标灰类权值与评价指标灰类范围共同构成的建筑空间热场灰色评价体系。

建筑空间热场评价体系框架与指标标准最终汇总结果见表6-7、表6-8。

我国严寒气候区高校教室空间热场评价体系与指标阈值　　表6-7

评价目标T_L	一级指标A_x	一级指标体系权重 ω_{AX}	一级指标灰类权重 $\omega_{A\otimes X}$	二级指标B_s	二级指标体系权重ω_{Bs}	二级指标灰类权重 $\omega_{B\otimes s}$
建筑空间热场等级	温度波动指标（A1）	0.13	0.24	标准面时温度差（B1）	0.25	0.22
				标准面日温度差（B2）	0.26	0.26
				标准面年温度差（B3）	0.13	0.20
				标准面舒适区域比例（B4）	0.37	0.32
	基本控制指标（A2）	0.70	0.44	标准面日平均温度（B5）	0.07	0.20
				标准面平均温度（B6）	0.07	0.18
				空间平均温度与标准面平均温度差（B7）	0.13	0.16
				空间区域温度与标准面区域温度差（B8）	0.20	0.16
				空间区域比例与标准面区域比例差（B9）	0.46	0.10
				空间平均温度（B10）	0.07	0.20
	温度分布指标（A3）	0.17	0.32	标准面区域温度（B11）	0.34	0.29
				空间区域温度（B12）	0.35	0.29
				标准面区域比例（B13）	0.15	0.17
				空间区域比例（B14）	0.15	0.25

我国严寒气候区高校教室空间热场评价体系指标灰类划分标准参考　　表6-8

序号	评价指标	评价指标对应灰类范围
1	标准面时温度差	1类：≤2℃；2类：2~3℃；3类：3~4℃；4类：4~5℃；5类：≥5℃
2	标准面日温度差	1类：≤8℃；2类：8~10℃；3类：10~12℃；4类：12~14℃；5类：≥14℃
3	标准面年温度差	1类：≤28℃；2类：28~33℃；3类：33~38℃；4类：38~43℃；5类：≥43℃
4	标准面舒适区域比例	1类：≥90%；2类：80%~90%；3类：70%~80%；4类：50%~70%；5类：≤50%
5	标准面日平均温度	1类：18~26℃；2类：26~32℃；3类：14~18℃；4类：>32℃；5类：<14℃
6	标准面平均温度	1类：18~26℃；2类：26~32℃；3类：14~18℃；4类：>32℃；5类：<14℃

续表

序号	评价指标	评价指标对应灰类范围
7	空间平均温度与标准面平均温度差	1类：≤ 0.1℃；2类：0.1~0.7℃；3类：0.7~1.4℃；4类：1.4~2℃；5类：≥ 2℃
8	空间区域温度与标准面区域温度差	1类：≤ 0.02℃；2类：0.02~0.2℃；3类：0.2~0.4℃；4类：0.4~0.6℃；5类：≥ 0.6℃
9	空间区域比例与标准面区域比例差	1类：≤ 10%；2类：10%~13%；3类：13%~17%；4类：17%~20%；5类：≥ 20%
10	空间平均温度	1类：18~26℃；2类：26~32℃；3类：14~18℃；4类：> 32℃；5类：< 14℃
11	标准面区域温度	1类：18~26℃；2类：26~32℃；3类：14~18℃；4类：> 32℃；5类：< 14℃
12	空间区域温度	1类：18~26℃；2类：26~32℃；3类：14~18℃；4类：> 32℃；5类：< 14℃
13	标准面区域比例	1类：≥ 70%；2类：65%~70%；3类：60%~65%；4类：50%~60%；5类：≤ 50%
14	空间区域比例	1类：≥ 70%；2类：65%~70%；3类：60%~65%；4类：50%~60%；5类：≤ 50%

注：1类最优，5类最差，依此类推。

6.4.3　建筑空间热场评价体系应用流程

依据前文对我国严寒气候区高校教室空间热场特征、相应热场评价体系分环节、分步骤的深入研究，最终构建了完整的适宜于该地区的自然通风教室类空间的热环境评价体系，定义为建筑空间热场评价体系。本节梳理了该评价体系的应用过程，如图 6-2 所示。

使用该评价体系进行建筑空间热场评价分为三个主要环节：第一，获取建筑空间热场的相关参数；第二，利用本研究所建立的建筑空间热场评价体系进行热场等级计算；第三，依据建筑空间热场等级及其各个指标的灰类划分标准值，进行热场特征的深入分析。对于建筑设计方案阶段的未建成建筑可依据分析结果返回第一步进行建筑设计方案优化并进行下面环节。如此循环往复快速改变设计方案直至计算结果令人满意。

使用该评价体系时，在获取建筑空间热场相关参数阶段主要有两类对象三个方法。两类对象分别指既有已经建成的建筑和设计方案阶段的未建成建筑。两类建筑需要分别使用不同的方法获得建筑空间热场相关参数。三个方法包括空间参数转换法、模拟法和实地测试法。

对于未建成建筑的设计师可以使用本研究提出的建筑空间热场指标转换模型，利用建筑空间相关参数快速计算出相应的热场指标值；或者利用建筑空间参数建模进入 CFD 软件中进行热环境模拟，并获得相关指标参数。对于建筑设计师而言后者难度较大，不仅需要建筑设计师具有良好的热力学基础还需要有较强的模拟能力，但仍不能够快速地完成"方案—模拟—方案—模拟"的优化流程。对于既有建筑可以分别使用"测量建筑空间参数——评价指标转换"、建筑热环境模拟、实地测试三种手段获得建筑空间热场相关参数。从效率角度看获取建筑空间参数最优、模拟第二、实测第三。但是模拟的前提必须包含获取建筑空间参数，实测数据进行计算时也必须获取建筑空间参数。因此获取建筑空间参数是进行建筑空间热场评价的前提和必要条件，也是最便捷的途径。虽然其在准确性上不如模拟结果，但是在设计方案阶段建筑设计师利用建筑空间进行建筑热环境的初步评估与被动式优化已经能够在很大程度上避免极端热环境的出现从而有效提高建筑性能。在该环节中建筑设计师可以根据每一个热指标值的需要，调整空间的长度、宽度、高度等参数值，使其同时满足热环境和空间要求。

在获取建筑空间热场相关参数后第二个步骤是利用本研究提出的建筑空间热场评价体系关系计算建筑空间热场等级，对热场特征进行初步判断。再利用该评价体系的评价指标灰类界定范围分别判断不同指标对应的建筑空间热场问题。对于建成建筑可对其进行优化后给出结论，对于已建成建筑应直接给出结论。

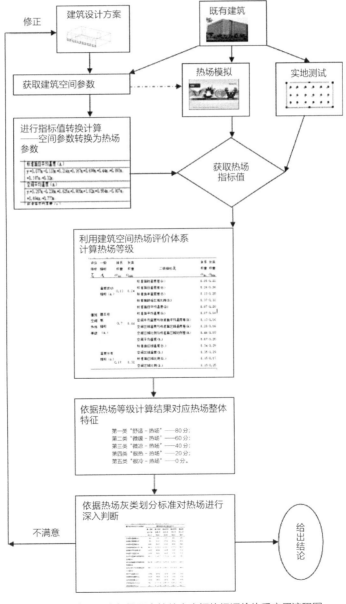

图 6-2 我国严寒气候区高校教室空间热场评价体系应用流程图

6.5 建筑空间热场评价体系验证

为研究该评价体系的有效性和准确性，本章选取内蒙古工业大学第二教学楼 302 教室作为建筑空间热场评价对象，通过对该教室空间及其热环境进行实测计算获取基础数据，再分别使用 PMV-PPD、不舒适指数 RI、建筑空间热场评价体系的回归计算预评价和软件模拟结果评价方法计算 302 教室的热环境水平，将三种结果进行对比分析，发现本研究提出的建筑空间热场评价体系最终评价结果与 PMV-PPD 评价结果接近，且建筑空间热场计算评价表中各个指标的等级归属结果能够显示出更多 302 教室空间热环境的细节。

6.5.1 验证方法概述

对本研究提出的建筑空间热场评价体系进行验证，主要采用了对比分析法。建筑空间热场是建筑热环境研究的一部分，两者有一致的内容（平均温度等）也存在一定差异（热场中有区域温度指标，热环境中没有）。因此通过对比本研究提出的建筑空间热场评价体系与现有热环境相关评价方法的差异，间接说明建筑空间热场评价体系的有效性。用于对比的热环境相关评价方法有 PMV-PPD 热舒适度评价方法和相对热不舒适指数 RI[1]。

验证包括五个主要步骤：

（1）实测建筑空间参数与室内热环境相关参数，为计算、模拟提供基础数据。

（2）计算室内 PMV-PPD 舒适度指标值，分析其与热场评价体系计算结果的差异。

（3）计算教室相对热不舒适指数 RI 值，分析其与热场评价体系计算结果的差异。

（4）计算 302 教室空间热场评价等级，对选择案例热场特征进行评价。

（5）对 302 教室 PMV-PPD 结果、RI 值、建筑空间热场评价计算结果进行对比分析，并对建筑空间热场评价体系的有效性进行评价。

6.5.2 验证对象实测

（1）302 教室概况

内蒙古工业大学第二教学楼共 5 层、南北朝向，内部为双侧内廊式。302 教室位于建筑的中间部位，为南向教室，周边没有遮挡。如图 6-3、图 6-4 所示。

（2）302 教室实测

302 教室室内热环境实测方法依据《建筑热环境测试方法标准》JGJ/T 347—2014。302 教室室内温度实测的测试条件为关门、关窗，室内无人使用状态。测试时间为 2018 年 1 月 15 日 14:50—15:20，主要记录室内 1.1m 高测点（18 个）逐时逐刻温度数据，每个测点测试三次，取平均值，18 个测点序列如图 6-5 所示。除室内温度实测参数外，测试内容还包括：室外温度、散热器温度、教室空间相关参数。测试使用设备同 2.2.2 节。

---

① 刘苑伶. 湘北村镇住宅长期热环境性能评价指标研究 [D]. 长沙：湖南大学，2010.

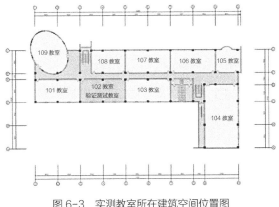

图 6-3 实测教室所在建筑空间位置图

图 6-4 实测教室窗口实景照片

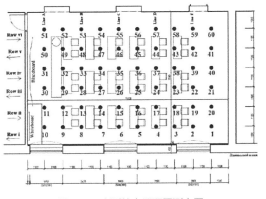

图 6-5 实测教室平面图测点图

图 6-6 教室实测照片

获得教室空间参数、室内温度、散热器温度等相关数据如下：教室长度 16m、教室宽度 8m、教室高度 3.42m、窗宽度 1.3m、窗高度 2.3m、窗总数 4 个、窗间墙宽 1.3m、窗台高度 0.9m、门宽度 1m、门高度 2.4m，门间墙宽 14m；教室空间南向，非靠山墙房间；室内供暖方式为窗下墙壁挂式对流散热器，散热器与窗等宽，高 0.7m、宽 0.1m。

室内 1～18 号测点温度数据分别为：1 号 21℃、2 号 20℃、3 号 20℃、4 号 20℃、5 号 20℃、6 号 20℃、7 号 19℃、8 号 19℃、9 号 19℃、10 号 20℃、11 号 20℃、12 号 20℃、13 号 19℃、14 号 19℃、15 号 19℃、16 号 19℃、17 号 20℃、18 号 20℃（所有测试数据为设备真实显示数据）；测试点位及实测照片如图 6-5、图 6-6 所示。通过对该教室各测点温度进行计算，获得教室平均温度实测值为 19.6℃。窗下墙散热器表面实测温度为 24℃。

6.5.3 教室空间热环境 PMV-PPD 计算

依据《热环境的人类工效学 通过计算 PMV 和 PPD 指数与局部热舒适准则对热舒适进行分析测定与解释》GB/T 18049—2017，建筑热环境水平可使用 PMV-PPD 人体热舒适度指标计算结果进行间接评价。PMV 是一种指数，可以用于预计群体对 7 个等级热感觉投票的平均值。7 个等级热感觉分别为热（+3）、温暖（+2）、较温暖（+1）、适中（0）、较凉（−1）、凉（−2）、冷（−3）。这个指数与人体活动的代谢率、服装热阻、空气温度等参数有关，计算公式如下：

$$PMV = \left(0.303e^{-0.036M} + 0.028\right)$$

$$\left\{ \begin{array}{l} M - W - 0.00305\left[5733 - 6.99\left(M - W\right) - P_a\right] - 0.42\left(M - W - 58.15\right) - \\ 0.0000173M\left(5867 - p_a\right) - 0.0014M\left(34 - t_a\right) \\ -3.96 \times 10^{-8} f_{cl}\left[\left(t_{cl} + 274\right)^4 - \left(t_e + 273\right)^4\right] + f_{cl} h_c\left(t_{cl} - t_a\right) \end{array} \right\}$$

$$h_c = \begin{cases} 2.38 |t_{cl} - t_a|^{0.25} & 当\ 2.38 |t_{cl} - t_a|^{0.25} > 12.1\sqrt{v_a} \\ 12.1\sqrt{v_a} & 当\ 2.38 |t_{cl} - t_a|^{0.25} < 12.1\sqrt{v_a} \end{cases} \qquad (6\text{-}12)$$

$$f_{cl} = \begin{cases} 1.00 + 1.29 I_{cl} & 当\ I_{cl} \leqslant 0.078 m^2 \cdot {}^\circ C / W \\ 1.05 + 0.645 I_{cl} & 当\ I_{cl} > 0.078 m^2 \cdot {}^\circ C / W \end{cases} \qquad (6\text{-}13)$$

式中　PMV——预计平均热感觉指数；

　　　M——代谢率，W/m^2；

　　　I_{cl}——服装热阻，$m^2 \cdot {}^\circ C/W$；

　　　f_{cl}——着装时人的体表面积与裸露时人的体表面积之比；

　　　t_a——空气温度，$^\circ C$；

　　　t_e——平均辐射温度，$^\circ C$；

　　　v_a——空气流速，m/s；

　　　p_a——水蒸气分压，Pa；

　　　h_c——空气换热系数，$W/(m^2 \cdot {}^\circ C)$；

　　　t_{cl}——服装表面温度，$^\circ C$。

PPD 是预测不满意率指数，与 PMV 的函数关系式为：

$$PPD = 100 - 95\exp\left[-\left(0.03353PMV^4 + 0.2179PMV^2\right)\right]$$

PPD 数值可通过查图方式获得。如图 6-7 所示，图中曲线为 PMV 与 PPD 对应关系，因此已知 PMV 可对应唯一的 PPD 指标。

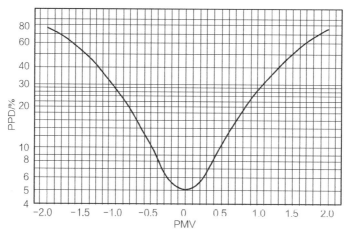

图 6-7　PPD-PMV 函数关系

（来源：《热环境的人类工效学 通过计算 PMV 和 PPD 指数与局部热舒适准则对热舒适进行分析测定与解释》GB/T 18049—2017）

　　根据上述公式可通过数学计算或查询标准中提供的 PMV 预测表获得 PMV 数值。因本环节的主要目的在于获得 PMV 结果，不对其计算过程与方法进行讨论，因此采用查表法和使用热舒适计算分析工具（图 6-8）。

　　结合测试教室条件，查询标准中提供的相关参数表可得：

　　代谢率 M 取坐姿活动（适合办公室、教室、实验室）为 $69.78W/m^2$；

　　计算日期为 2018 年 1 月 15 日，所以全套服装假定为内衣、毛衣与长裤、长短袜、运动鞋，对应的热阻 I_{cl} 为 $0.75m^2 \cdot ℃/W$；

　　着装时人的体表面积与裸露时人的体表面积之比 f_{cl} 为 1.2175；

　　空气温度 t_a 为实测值 20℃（19.6℃四舍五入）；

　　空气流速 v_a 小于 0.1m/s。

　　经查表获得该教室 PMV 值为 –0.77，PPD 约为 20%。代入相关数据经过软件计算所得 PMV 值为 –0.88、PPD 为 21%，该值与查表计算结果接近，可选查表计算结果进行下一步分析。

　　根据不同平均值个体热感觉投票分布情况（表 6-9），利用插值法可以计算出感觉舒适（适中）的人预计投票百分数为 33.44%，感觉较温暖、适中、较凉的人预计投票百分数为 79.6%，感觉温暖、较温暖、适中、较凉、凉的人预计投票百分数为 96.16%，预计不满意投票平均值约为 20.4%。

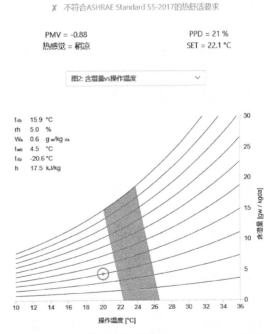

图 6-8　验证教室热舒适度计算结果

（来源：PMV 热舒适计算分析工具截图）

对于不同平均值的个体热感觉投票的分布情况 表 6-9

PMV	PPD/%	预计投票的百分率 /%		
		0	−1、0 或 +1	−2、−1、0、+1 或 +2
+2	75	5	25	70
+1	25	27	75	95
+0.5	10	55	90	98
0	5	55	95	100
−0.5	10	55	90	98
−1	25	30	75	95
−2	75	5	25	70

来源:《热环境的人类工效学 通过计算 PMV 和 PPD 指数与局部热舒适准则对热舒适进行分析测定与解释》GB/T 18049—2017。

假设所有进行预测投票人的热感觉及评价标准一致,则可以认为该空间的温度分布并不均匀或由于投票结果不同,说明投票人所处的温度水平不同,此时可以将预测满意率和不满意率等同于室内温度一致区域或不一致区域所占比例。因此可得利用 PMV-PPD 计算该教室的温度区域较一致的区域面积约为 80%(79.6% 满意投票百分比),不一致区域约为 20%(20.4% 不满意投票平均值)。

6.5.4 教室空间热环境相对热不舒适指数 RI 计算

室外气候对室内热环境影响减小了热不舒适率[1] 指标在室外环境响应、主观评价数据使用方面的误差影响,使得该指标适于评价非采暖非空调或短时间低频率使用采暖空调设备的建筑内部长期热环境水平。

相对热不舒适指数的计算方法如下:

$$RI_s = \frac{TDCR_s}{TDCR_{o-s}} \tag{6-14}$$

$$RI_w = \frac{TDCR_w}{TDCR_{o-w}} \tag{6-15}$$

当 $T_{p-j} \in [T_{min}, T_L]$ 时 $\quad TDCR_w = \sum_{j=1}^{T_l} f_j \times WTSV_j \tag{6-16}$

当 $T_{p-j} \in [T_H, T_{max}]$ 时 $\quad TDCR_s = \sum_{j=T_n+1}^{n} f_j \times WTSV_j \tag{6-17}$

当 $T_{p-j} \in [T_{min}, T_L]$ 时 $\quad TDCR_{o-w} = \sum_{j=1}^{T_l} f_j \times WTD_j \tag{6-18}$

当 $T_{p-j} \in [T_H, T_{max}]$ 时 $\quad TDCR_{o-s} = \sum_{j=T_n+1}^{n} f_j \times WTD_j \tag{6-19}$

[1] 纪秀玲,王保国,刘淑艳,等. 江浙地区非空调环境热舒适研究 [J]. 北京理工大学学报,2004,24(12):1100-1103.

$$\mathrm{WTD_w} = \frac{T_\mathrm{L}}{T_\mathrm{L} - T_\mathrm{min}} \qquad (6-20)$$

$$\mathrm{WTD_s} = \frac{T_\mathrm{H}}{T_\mathrm{max} - T_\mathrm{H}} \qquad (6-21)$$

式中　　$\mathrm{RI_s}$——夏季相对热不舒适指数；

$\qquad$ $\mathrm{RI_w}$——冬季相对热不舒适指数；

$\qquad$ $\mathrm{TDCR_s}$——夏季室内热不舒适率；

$\qquad$ $\mathrm{TDCR_w}$——冬季室内热不舒适率；

$\qquad$ $\mathrm{WTSV_j}$——人体热感觉投票；

$\qquad$ $\mathrm{TDCR_{o-s}}$——夏季室外热不舒适率；

$\qquad$ $\mathrm{TDCR_{o-w}}$——冬季室外热不舒适率；

$\qquad$ T_L——室内（外）舒适区域温度范围的下限；

$\qquad$ T_H——室内（外）舒适区域温度范围的上限；

$\qquad$ T_min——室内（外）环境温度的极限下限；

$\qquad$ T_max——室内（外）环境温度的极限上限；

$\qquad$ $T_{\mathrm{p}-j}$——全面每小时为一个温度段的平均温度；

$\qquad$ f_j——某一温度出现的频率（全年每小时累计一次，1℃为一个温度段），为某一温度段累计小时数与全年总小时数的比例；

$\qquad$ WTD——热不舒适权重系数。

302 教室 15:00 测试室内温度为 20℃。依据本研究前期不同类型教室空间室内温度逐时模拟数据可知，室内温度 20℃在全年所有温度段中出现的频率为 18.48%。同理查询呼和浩特气象数据可知，2018 年 1 月 15 日实地调研室外气温为 0℃，其温度段在全年所有室外温度段中出现的频率为 0.78%。

人群热感觉可接受舒适温度范围（冬季室内外热舒适度范围）上、下限为 30℃、16℃[①]。室外极限温度上、下限为呼和浩特实际室外温度范围 28.4℃、–20℃。设室内人体热感觉投票值与人体热舒适度平均投票值相等为 –0.77。

将上述数值代入公式（6-14）、公式（6-15）、公式（6-17）、公式（6-19）中，得到 302 教室相对热不舒适指数为 0.253。假设相对热不舒适指数为 0 时对应的建筑围护结构或室内热环境为最好（100 分），相对热不舒适指数为 1 时对应的建筑围护结构或室内热环境为最坏（0 分），则相对热不舒适指数为 0.253 时对应的建筑围护结构或室内热环境得分为 74.7 分。

6.5.5　教室空间热场评价值计算

建筑空间热场评价值计算包括三个步骤：第一，利用建筑空间参数与测试时间数据，使用建筑空间热场指标回归计算公式计算建筑空间热场各项评价指标值，以此作为建筑空间热

---

① 夏一哉，赵荣义，江亿. 北京市住宅环境热舒适研究 [J]. 暖通空调，1999，29（2）：1-5.

计算方法一:

输入内容	教室长度	教室高度	窗数量	窗间墙	窗台高度	门高度	门间墙宽	月	小时
输入区:									
热场等级结果:	温度分布指标结果			基本控制指标结果			温度波动指标结果		

计算方法二

输入内容	标准面日平均温度(A1)	空间平均温度(A2)	标准面平均温度(A3)	空间平均温度与标准面平均温度差(A4)	标准面区域温度(A5)	空间区域温度(A6)	标准面区域比例(A7)	空间区域比例(A8)	空间区域温度与标准区域温度差(A9)	空间区域比例与标准面区域比例差(A10)	标准面时温度差(A11)	标准面日温度差(A12)	标准面年温度差(A13)	标准面舒适区域比例(18~26℃)(A14)
输入区:														
热场等级结果:	温度波动指标结果				基本控制指标结果					温度波动指标结果				

图 6-9　建筑空间热场评价等级计算程序界面

场评价预测对比的基础数据;第二,使用 Fluent 软件模拟 302 教室空间热场相关参数作为建筑空间热场灰色评价指标的标准数值;第三,根据本研究得出的建筑空间热场评价方法,计算建筑空间热场评价等级预测值和建筑空间热场评价等级评级值。这个过程全部利用 Excel 编写的计算公式完成,只需要在 Excel 对应区域输入相关数值,即可获得建筑空间热场等级与一级指标值。Excel 的计算界面如图 6-9 所示。

（1）回归计算建筑空间热场相关指标值

首先将 302 教室的实测建筑空间参数代入建筑空间热场评价指标回归模型,计算出建筑空间热场评价指标值,得到表 6-10 中（计算结果列）数值,再利用计算结果列数值和本研究建立的建筑空间热场评价计算方法,计算 302 教室建筑空间热场二级指标评价结果、一级指标评价结果和最终结果。

在计算过程中并没有使用到软件模拟和建筑热环境实测参数,仅使用了建筑空间参数和待计算热场对应的时间参数,因此本环节的建筑空间热场评价方法可在建筑设计方案阶段对建筑空间热场特征进行预计算,此过程称为建筑空间热场预判。通过计算可知,建筑空间热场评价体系可以结合建筑空间参数特征对热场进行预评价。

302 教室建筑空间热场评价研究计算结果　　　　　表 6-10

302 教室空间热场评价指标	计算指标值	计算指标值对应灰类	二级指标计算结果	一级指标计算结果	热场等级计算结果
标准面时温度差（B1）	2.50	2	0.137	0.190	82.68
标准面日温度差（B2）	10.60	3	0.716		
标准面年温度差（B3）	17.31	1	0.450		
标准面舒适区域比例（B4）	40.31	5	4.773		

续表

302 教室空间热场评价指标	计算指标值	计算指标值对应灰类	二级指标计算结果	一级指标计算结果	热场等级计算结果
标准面日平均温度（B5）	16.20	3	0.230		
标准面平均温度（B6）	19.90	1	0.250		
空间平均温度与标准面平均温度差（B7）	0.34	2	0.007		
空间区域温度与标准面区域温度差（B8）	0.80	5	0.154	0.393	
空间区域比例与标准面区域比例差（B9）	13.85	3	0.637		
空间平均温度（B10）	18.13	1	0.250		82.68
标准面区域温度（B11）	15.14	3	1.490		
空间区域温度（B12）	22.55	2	2.290	0.244	
标准面区域比例（B13）	71.79	1	0.300		
空间区域比例（B14）	60.93	2	0.400		

从预测的 302 教室空间热场等级计算结果看出该空间的最终评分为 82.68 分，介于 80～100 分之间，属于第一类舒适 – 热场范围。从二级指标计算结果看出基本控制参数指标计算结果为 0.393，占结果的大部分，这与利用热环境平均温度指标进行热环境特征评价方向一致。

（2）教室空间热场验证模拟

利用 Fluent 软件进行教室空间热场验证模拟包括两个部分：①模拟 2018 年 1 月 15 日 15:00 302 教室室内温度，对模拟进行验证。②模拟 302 教室 6 月 21 日和 12 月 21 日逐时室内温度变化数据代表全年数据，获取建筑空间热场评价体系二级指标值。

两部分模拟使用相同的模型，其几何尺寸依据实测数据。计算区域几何尺寸为 16m×8m×3.4m；沿长边一侧设为外墙，墙上有窗口 4 个，各窗口尺寸为 2.3m×1.3m，窗台高 0.9m，窗间墙宽 1.3m；外墙对侧墙上设门 2 个，各门尺寸为 2.4m×1m，门间距 14m；窗下墙设与窗等宽散热器 4 片，散热器简化为长方体，尺寸为 1.3m×0.7m×0.1m，散热器距墙和地面各 0.1m。划分网格采用结构化六面体网格，计算区域网格总数约 14.8 万个。

由于均不考虑开门开窗通风及人员散热等干扰因素，室内温度主要考虑太阳辐射与采暖期的散热器散热影响，所以模拟均采用（RNG）k-ε 方程、能量方程和辐射方程。离散方式为有限差分法，使用 SIMPLE 算法求解，设定步长为 10000。

第一部分模拟的计算区域边界条件均为壁面边界类型。建筑外墙厚 0.37m，传热系数为 0.5W/（m²·K）；内墙、屋顶与地面厚 0.12m，传热系数为 2.9W/（m²·K）；外墙、内墙、地面与屋顶材质均为混凝土，混凝土密度为 1000kg/m³，比热容为 970J/（kg·K），导热系数为 1.7W/（m·℃）；墙体发射率内部为 0.7，外部为 0.6；窗厚 0.01m，传热系数为 2.3W/（m²·K），窗材质为普通玻璃，玻璃密度为 2500kg/m³，比热容为 840J/（kg·K），导热系数为 0.96W/（m·℃），发射率为 0.96；木门厚 0.05m，传热系数为 2.9W/（m²·K），密度为 730kg/m³，比热容为 2310J/（kg·K），导热系数为 0.147W/（m·℃）；模拟内墙、地面、门对应的边界温度为 20℃；教室内部散热器表面温度为 24℃，厚度为 0.001m，材料为金属，密度为 7300kg/m³，比热容为 502.48J/（kg·K），导热系数为 50W/（m·℃），发射率内部为 0.27、外部为 0.96，室外温度为 0℃。太阳辐射强度（软件自动生成）输入参数为呼和浩特地理纬度，东经 40.8°、北纬 111.7°，2018 年 1 月 15 日 15:00。

第二部分模拟的计算区域边界条件均为壁面边界类型。边界条件与第一部分不同之处在于模拟的时间分别是 6 月 21 日和 12 月 21 日，两天从 6:00 到 22:00 每次间隔 2h 进行模拟。其中 6 月 21 日无散热器边界条件，12 月 21 日散热器边界条件与第一部分模拟的散热器边界条件一致。

模拟计算后使用 CFD POST 软件读取热场评价指标对应的数值。计算出 302 教室空间热场的二级指标结果和一级指标结果（表 6-11），得出热场等级结果为 85.98 分。

302 教室空间热场等级计算结果为 85.98 分，按照建筑空间热场灰色评价体系等级划分标准属于 80~100 分即第一等级，302 教室为舒适 - 热场空间。二级指标计算结果显示，建筑空间热场基本控制指标（如标准面平均温度等）在最终的热场等级计算结果中占较大贡献，这与该评价体系指标权值比例关系一致，且与使用热环境中平均温度指标作为衡量标准的方向一致。

302 教室空间热场评价体系模拟计算结果统计　　　　　　表 6-11

302 教室空间热场评价指标	模拟指标值	模拟指标值对应灰类	二级指标计算结果	一级指标计算结果	热场等级计算结果
标准面时温度差（B1）	2.06	2	0.113	0.084	85.98
标准面日温度差（B2）	17.40	5	1.176		
标准面年温度差（B3）	37.69	4	0.980		
标准面舒适区域比例（B4）	73.00	3	0.438		
标准面日平均温度（B5）	13.60	3	0.190	0.356	
标准面平均温度（B6）	15.93	3	0.200		
空间平均温度与标准面平均温度差（B7）	2.19	5	0.046		
空间区域温度与标准面区域温度差（B8）	1.06	5	0.034		
空间区域比例与标准面区域比例差（B9）	17.30	4	0.797		
空间平均温度（B10）	18.12	1	0.254		
标准面区域温度（B11）	14.90	3	1.469	0.419	
空间区域温度（B12）	15.96	3	1.620		
标准面区域比例（B13）	63.00	3	1.610		
空间区域比例（B14）	80.33	1	3.012		

6.5.6　验证结论对比分析

对 302 教室室内热环境分别使用 PMV-PPD 舒适度评价、相对热不舒适指数 RI、建筑空间热场评价体系进行计算，并将三种计算方法对应的结果统一划分为五个等级，一级最优，五级最差，每级各占 20% 或 20 分。通过对三种计算结果进行归级比较，总结分析建筑空间热场评价方法的有效性。

对三种计算结果进行归纳如表 6-12 所示。可见对于同一个建筑空间室内热环境进行评价，虽然评价方法和评价的角度不同，但是整体的结论比较一致。

从热舒适角度评价的结果为 80%，对应的热环境可以归为一级（最优）；利用 RI 指数计算的结果为 0.253，转化为百分制为 74.7 分，说明建筑围护结构围合出的热环境较好，属于二级；使用建筑空间热场评价体系计算的结果为 82.68 分和 85.98 分，均属于一级（最优）。

302 教室空间热场使用不同评价体系验证结果比较分析表　　表 6-12

评价方法		最终评价结果	等级划分				
			一级	二级	三级	四级	五级
PMV-PPD		80%	√				
RI		0.253/74.7 分		√			
热场评价	回归计算	82.68 分	√				
	模拟计算	85.98 分	√				

注：五个等级对应不同分数和百分比，一级（80~100 分或 80%~100%）；二级（60~80 分或 60%~80%）；三级（40~60 分或 40%~60%）；四级（20~40 分或 20%~40%）；五级（0~20 分或 0~20%）。

假设 PMV-PPD 指标、RI 指数能够真实地反映建筑空间热场特征，而本研究提出的建筑空间热场评价结果作为测试数据与真实情况存在一定差异，使用相对误差计算公式对两者的差异进行计算：

$$\Delta E = \frac{X - T}{T} \times 100\% \qquad (6\text{-}22)$$

式中　ΔE——建筑空间热场评价结果与 PMV-PPD 指标或 RI 指数之间的差异；

　　　X——建筑空间热场评价结果；

　　　T——PMV-PPD 指标或 RI 指数结果。

经计算获得统计结果如表 6-13 所示。

302 教室空间热场不同评价方法评价结果误差分析表　　表 6-13

	热场评价模拟		热场评价回归计算	
	结果	ΔE（%）	结果	ΔE（%）
$T_{PMV\text{-}PPD}$=80	85.98	7.4	82.68	3.4
T_{RI}=74.4	85.98	13.4	82.68	11.1

可见：使用模拟方法进行建筑空间热场评价值计算的结果与 PMV-PPD 指标差异小为 7.4%，与 RI 指数差异较大为 13.4%；使用回归计算方法进行建筑空间热场评价值计算的结果与 PMV-PPD 指标差异小为 3.4%，与 RI 指数差异较大为 11.1%。

由此可得，建筑空间热场评价方法与 PMV-PPD 评价方法的评价结果较接近，建筑空间热场评价方法计算结果能够在一定程度上反映我国严寒气候区高校教室空间热环境的特征，具有一定的有效性和准确性；同时，建筑空间热场评价过程获得的相关指标值及其对应的不同等级结果，能够反映出更多的建筑空间内部温度分布、温度波动、区域温度水平信息。

6.6 本章小结

　本章主要通过计算建筑空间热场评价指标的各类标准，完成了建筑空间热场评价体系的最终构建。研究过程包含指标体系权值计算和指标灰类权值计算两个主要内容。利用两项权值和综合评价权值合成理论，最终构建了适宜于我国严寒气候区高校教室空间内部非均匀热环境的建筑空间热场评价体系，并采用对比分析方法完成了该评价体系验证。本章主要结论如下：

（1）适宜于我国严寒气候区高校教室空间内部非均匀热环境的建筑空间热场评价体系包括指标体系权值和指标灰类权值及双层权重体系。

（2）我国严寒气候区高校教室空间内部非均匀热环境可依据本研究提出的建筑空间热场评价体系划分为 5 个灰类等级，且每个等级对应不同分值：第一级，舒适－热场，80～100分；第二级，微暖－热场，60～80分；第三级，微凉－热场，40～60分；第四级，很热－热场，20～40分；第五级，很冷－热场，0～20分。

（3）适宜于我国严寒气候区高校教室空间内部非均匀热环境的建筑空间热场评价体系是一个具有 2 级、14 个指标的双层权重评价体系。

（4）本研究提出的建筑空间热场评价体系不仅能够对已建成建筑空间的非均匀热环境进行评价，同时还能够结合建筑空间热场评价指标的回归模拟，对尚处于建筑设计方案阶段的建筑空间热场特性进行预判。

7

结论与展望

7.1 结论

建筑空间温度分布不均、室内温度随外部环境条件变化而持续波动是我国严寒气候区建筑热环境中普遍存在的现象，这种现象在高校教室空间内表现得更加突出。本研究选取我国严寒气候区高校教室为研究对象，研究建筑空间内部温度水平、温度波动、温度分布特征，将这个具有区域温度特征的建筑热环境定义为建筑空间热场，并提出能够对上述特征进行综合评价的建筑空间热场评价体系。研究通过分析对象、筛选适宜研究方法、确定评价指标和建立评价体系四个重要环节完成。

（1）在建筑空间热场特征研究阶段，通过实地调研和软件模拟获得了我国严寒气候区高校教室空间热场在温度水平、温度波动、温度分布三个方面的特征，提出了用于描述这三方面特征的空间平均温度、标准面平均温度、标准面时温度差、标准面日温度差、标准面年温度差、空间区域比例、标准面区域比例、空间区域温度与标准面区域温度差等概念；探讨了上述概念与建筑空间、时间的关联性；形成了建筑空间热场整体特征的量化数据集合。

（2）研究分析现有热环境评价方法的优缺点，归纳总结建筑空间热场评价特点与需求，再结合灰色系统理论方法，构建出基于灰色系统理论计算方法的建筑空间热场评价研究框架，为后续评价体系的建立与研究提供依据。

（3）通过筛选建筑空间热场相关参数、利用灰色系统理论分析相关参数的关联性、建立建筑空间热场评价指标回归模型、对指标进行人工神经网络聚类分析四个环节构建出建筑空间热场评价指标体系的层级结构。得到建筑空间热场评价指标体系是一个具有两层评价指标的体系，一级评价指标共 3 个，二级评价指标共 14 个。

（4）以建筑空间热场评价指标体系层级结构为基础，先利用均方差定权法确定评价指标的体系权重；再对建筑空间热场进行灰类划分研究，进一步建立建筑空间热场评价指标体系的灰类权重；最终构建具有双权值体系的建筑空间热场评价体系，使该体系适用于对我国严寒气候区高校教室空间热场特征进行总体评价。

通过上述研究得到下面重要结论：

（1）本研究总结了我国严寒气候区高校教室空间内部非均匀、非稳态热环境的温度分布规律、温度波动规律、温度水平变化规律。

（2）本研究建立了14个建筑空间热场相关参数的关系模型，每个模型中包含10个建筑空间形态参数、2个时间参数。该系列模型能够完成建筑空间、时间与热场之间的数据转化。本研究建立了一种可定量化评价我国严寒气候区高校教室空间内部非均匀、非稳态热环境综合状态的热环境评价体系——建筑空间热场评价体系，并确定了该评价体系指标阈值。该评价体系包含两级指标和两种权值，其中一级指标3个，有温度波动指标、温度分布指标、基本控制指标，二级指标共14个，有标准面舒适区域比例、标准面时温度差等，两种权值包括指标灰类权值和指标体系权值。

可见，严寒地区温度波动、温度分布等规律的分析是时间空间参数数据转化的前提，是建立评价体系的依据。

7.2 展望

建筑空间热场是一个具有区域温度差异特征的热环境，它不仅具有热环境的参数特征，同时还具有建筑空间形态表达的特征，是分析与控制建筑空间和热环境相互作用的关键。本研究仅对建筑空间热场特征与评价方法进行了初步探索，得到了有关建筑空间热场的初步结论，后续仍然有很多研究工作要继续深入。

（1）本研究选择了教育类建筑中教室空间作为基础研究和讨论的对象，文中所采取的研究方法也适用于其他类型建筑，而不同建筑类型的空间形态丰富多样，后续工作可进一步研究其他类型建筑空间的热场特征与评价方法。

（2）本研究仅对建筑空间热场内部的温度参数进行了研究，而建筑热环境中的湿度、风速、辐射温度等参数以及人体感受的相关评价指标与建筑空间热场的关系未在本研究中讨论，后续可对这些参数进行研究。

（3）本研究设定的气候条件为我国严寒气候区，文中所采用的研究方法也适用于其他气候区，但不同的气候条件会得出不一样的变化规律，全国多样性气候条件下的建筑空间热场特征还有待于开展讨论。

（4）本研究采用的是灰色系统理论与人工神经网络理论的方法，随着数学科学、统计学、控制论、计算机科学等领域不断发展，会为更加准确地预测和评价问题提供新的途径与方法，未来可利用其他科学的研究方法进一步研究和验证建筑空间热场的评价方法，使其更加有效和科学。

（5）建筑空间热场评价方法的研究应对建筑热环境设计与优化具有指导意义，本研究探讨了如何在建筑设计方案阶段利用建筑设计手段优化建筑空间热场，未进一步研究建筑空间热场与建筑供暖系统和通风空调系统设计的关系，因此可在此方面进行深入的后续研究。

附录

内蒙古地区高校名称及其热工分区表

内蒙古地区高校名称及其热工分区

附表 A

序号	学校名称	所在地	所属建筑热工分区
1	内蒙古大学	呼和浩特市	IC
2	内蒙古工业大学	呼和浩特市	IC
3	内蒙古农业大学	呼和浩特市	IC
4	内蒙古医科大学	呼和浩特市	IC
5	内蒙古师范大学	呼和浩特市	IC
6	内蒙古财经大学	呼和浩特市	IC
7	内蒙古大学创业学院	呼和浩特市	IC
8	呼和浩特民族学院	呼和浩特市	IC
9	内蒙古师范大学鸿德学院	呼和浩特市	IC
10	内蒙古艺术学院	呼和浩特市	IC
11	内蒙古建筑专业技术学院	呼和浩特市	IC
12	内蒙古丰州职业学院	呼和浩特市	IC
13	呼和浩特职业学院	呼和浩特市	IC
14	内蒙古电子信息职业技术学院	呼和浩特市	IC
15	内蒙古电力职业学院	呼和浩特市	IC
16	内蒙古化工职业学院	呼和浩特市	IC
17	内蒙古商贸职业学院	呼和浩特市	IC
18	内蒙古警察职业学院	呼和浩特市	IC
19	内蒙古体育职业学院	呼和浩特市	IC
20	内蒙古科技职业学院	呼和浩特市	IC
21	内蒙古北方职业技术学院	呼和浩特市	IC
22	内蒙古经贸外语职业学院	呼和浩特市	IC
23	内蒙古能源职业学院	呼和浩特市	IC
24	内蒙古工业职业学院	呼和浩特市	IC
25	包头铁道职业技术学院	包头市	IC
26	内蒙古科技大学	包头市	IC
27	包头轻工职业技术学院	包头市	IC
28	包头钢铁职业技术学院	包头市	IC
29	包头职业技术学院	包头市	IC
30	内蒙古民族幼儿师范高等专科学校	鄂尔多斯市	IC

序号	学校名称	所在地	所属建筑热工分区
31	鄂尔多斯生态环境职业学院	鄂尔多斯市	IC
32	鄂尔多斯职业学院	鄂尔多斯市	IC
33	鄂尔多斯应用技术学院	鄂尔多斯市	IC
34	集宁师范学院	乌兰察布市	IC
35	乌兰察布职业学院	乌兰察布市	IC
36	乌兰察布医学高等专业学校	乌兰察布市	IC
37	乌海职业技术学院	乌海市	IC
38	内蒙古美术职业学院	巴彦淖尔市	IC
39	阿拉善职业技术学院	阿拉善盟	IC
40	内蒙古民族大学	通辽市	IC
41	通辽职业学院	通辽市	IC
42	科尔沁艺术职业学院	通辽市	IC
43	兴安职业技术学院	兴安盟	IC
44	锡林郭勒职业学院	锡林郭勒盟	IB
45	赤峰学院	赤峰市	IC
46	内蒙古交通职业技术学院	赤峰市	IC
47	赤峰职业技术学院	赤峰市	IC
48	赤峰工业职业技术学院	赤峰市	IC
49	呼伦贝尔职业技术学院	呼伦贝尔市	IA
50	满洲里俄语职业学院	呼伦贝尔市	IA
51	扎兰屯职业学院	呼伦贝尔市	IA
52	呼伦贝尔学院	呼伦贝尔市	IA

参考文献

[1] 江亿. 中国建筑节能理念思辨 [M]. 北京：中国建筑工业出版社，2016.

[2] Umezawa H, Yamanaka Y. Micro, macro and thermal concepts in quantum field theory[J]. Advances in Physics, 1988, 37(5): 531-557.

[3] Umezawa H. Advanced field theory: Micro, macro and thermal physics[M]. American Institute of Physics, 1993.

[4] MichelLeBellac. Thermal field theory[M]. Cambridge University Press, 1996.

[5] Kraemmer Rebhan. Advances in perturbative thermal field theory[J]. Reports on Progress in Physics, 2003, 67(3): 351.

[6] Basu S, Zhang Z M, Fu C J. Review of near-field thermal radiation and its application to energy conversion[J]. International Journal of Energy Research, 2009, 33(13): 1203-1232.

[7] 陆晓东，张鹏，吴元庆，等. 定向凝固多晶硅铸锭炉石英坩埚的改进与热场优化 [J]. 人工晶体学报，2015，44（11）：3179-3183.

[8] 彭佩基，余进，刘超，等. 基于ANSYS磁场、热场模拟的铜钢高频电磁感应焊接 [J]. 电焊机，2018，48（6）：92-97.

[9] 周红妹，周成虎，葛伟强，等. 基于遥感和GIS的城市热场分布规律研究 [J]. 地理学报，2001，56（2）：189-197.

[10] 陈云浩，王洁，李晓兵. 夏季城市热场的卫星遥感分析 [J]. 国土资源遥感，2002，14（4）：55-59.

[11] 陈云浩，史培军，李晓兵，等. 城市空间热环境的遥感研究——热场结构及其演变的分形测量[J]. 测绘学报，2002，31（4）：322-326.

[12] 周雪莹，孙林，韦晶，等. 利用Landsat热红外数据研究1985年—2015年北京市冬季热场分布（英文）[J]. 光谱学与光谱分析，2016，36（11）：3772-3779.

[13] 韩善锐，韦胜，周文. 基于用户兴趣点数据与Landsat遥感影像的城市热场空间格局研究 [J]. 生态学报，2017，37（16）：5305-5312.

[14] 董磊磊，潘竟虎，王卫国，等. 基于遥感和GWR的兰州中心城区夏季热场格局及与土地覆盖的关系 [J]. 土壤，2018，50（2）：404-413.

[15] 李红，高鎬，解韩玮. 昆明市主城区热环境及其影响因素的时空演化特征 [J]. 生态环境学报，2018，27（10）：138-146.

[16] 刘丹，于成龙. 城市扩张对热环境时空演变的影响——以哈尔滨为例 [J]. 生态环境学报，2018，27（3）：509-517.

[17] 金佳莉，王成，贾宝全. 北京平原造林后景观格局与热场环境的耦合分析 [J]. 应用生态学报，2018，29（11）：3723-3734.

[18] 谢启姣，段吕晗，汪正祥. 夏季城市景观格局对热场空间分布的影响——以武汉为例 [J]. 长江流域资源与环境，2018，27（8）：84-93.

[19] 谢启姣，刘进华，胡道华. 武汉城市扩张对热场时空演变的影响 [J]. 地理研究，2016，35（7）：1259-1272.

[20] 栾夏丽，韦胜，韩善锐. 基于城市大数据的热场格局形成机制及主导因素的多尺度研究 [J]. 应用生态学报，2018，29（9）：2861-2868.

[21] 贡欣，蒋琴华. 基于Airpak的办公室热环境数值模拟分析 [J]. 土木建筑工程信息技术，2019，11（6）：113-121.

[22] E Mark Pelmore, The Cost of a Schoolhouse, op. cit. 1960.

[23] 宋佳颖. 带中庭的大学教学楼 [D]. 上海：同济大学，2008.

[24]　Sanoff H. School building assessment methods[J]. 2001, 1(1): 47.

[25]　严莹. 新型中小学校普通教室设计研究 [D]. 南京：东南大学，2007.

[26]　叶彪. 高校教学建筑发展趋势及影响因素——以清华大学第六教学楼创作实践为例 [J]. 建筑学报，2004（5）：54-57.

[27]　戴菲. 当代高校新型国际化教学楼设计理念探讨 [J]. 湖北师范学院学报（哲学社会科学版），2010（6）：75-77.

[28]　李捍无，尚幼荣. 现代高校教学楼设计理论研究 [J]. 洛阳工业高等专科学校学报，2003，13（4）：5-6.

[29]　王妍妍，陈家欢. 高校教学楼建筑交往空间设计研究 [J]. 商丘师范学院学报，2018，34（9）：67-69.

[30]　郑天森. 华南地区高校教学楼非正式学习空间研究 [D]. 深圳：深圳大学，2018.

[31]　张建涛，刘文佳. 现代教学建筑中非课堂教学空间解析 [J]. 华中建筑，2003（5）：87-89.

[32]　黄资祥. 现代高校教学楼设计的模块化与通用性探讨——谈"湖南文理学院第三教学楼"设计实践的体会 [J]. 中外建筑，2005（3）：53.

[33]　Hoyano A. Climatological uses of plants for solar control and the effects on the thermal environment of a building[J]. Energy & Buildings, 1988, 11(1): 181-199.

[34]　Khedari J, Boonsri B, Hirunlabh J. Ventilation impact of a solar chimney on indoor temperature fluctuation and air change in a school building[J]. Energy & Buildings, 2000, 32(1): 89-93.

[35]　Perez Y V, Capeluto I G. Climatic considerations in school building design in the hot–humid climate for reducing energy consumption[J]. Applied Energy, 2009, 86(3): 340-348.

[36]　何金春，唐文静，杨丹. 高校教学楼不同朝向教室照明能耗和夏季热环境对比研究 [J]. 建筑节能，2018，46（11）：38-40.

[37]　江宗渟，张亮山. 莆田地区高校教学楼夏季室内热环境实测与分析——以湄洲湾职业技术学院为例 [J]. 中外建筑，2018（4）：62-64.

[38]　徐菁. 关中地区农村小学教室室内热环境研究 [D]. 西安：西安建筑科技大学，2013.

[39]　付艳华，郑繁，高雁鹏. 冬季高校教学楼室内热舒适度影响指标 [J]. 辽宁工程技术大学学报（自然科学版），2015（34）：599.

[40]　Jitka Mohelníková, Miloslav Novotný, Pavla Mocová. Evaluation of school building energy performance and classroom indoor environment[J]. Energies, 2020: 13.

[41]　Kwok A G. Thermal comfort in naturally-ventilated and air-conditioned classrooms in the tropics[M]. UC Berkeley, 1997.

[42]　杨松. 严寒地区高校教室热舒适研究 [D]. 哈尔滨：哈尔滨工程大学，2007.

[43]　宗宏. 高校教室热环境模糊综合评判及数值模拟 [D]. 哈尔滨：哈尔滨工程大学，2008.

[44]　朱卫兵，张小彬，杨松，等. 哈尔滨市某高校教室冬季热舒适研究 [J]. 建筑热能通风空调，2008，27（5）：1-5.

[45]　王剑，王昭俊，郭晓男. 基于神经网络的哈尔滨高校教室热环境特征模型研究 [J]. 建筑科学，2009，25（8）：89-93.

[46]　陶求华，李莉. 厦门高校教室冬季热环境测试及热舒适预测 [J]. 暖通空调，2012，42（4）：72-75.

[47]　王洪光. 西安地区高校教室室内热环境研究 [D]. 西安：西安建筑科技大学，2005.

[48]　李莺. 湘北地区高校教学楼可调节式生态中庭设计策略 [J]. 四川建筑科学研究，2011，37（6）：274-276.

[49]　邱静，凌强. 武汉高校公共教室夏季热环境的实测研究 [J]. 华中建筑，2014（5）：32-35.

[50]　刘洋. 高校教学楼建筑更新改造研究 [D]. 大连：大连理工大学，2012.

[51]　牛萌萌，宣永梅，毛灿. 高校建筑夏季室内热环境研究现状与应用 [J]. 绿色科技，2016（2）：97-101.

[52]　陈立胜，肖金强. 浅谈严寒地区既有高校教学楼的节能改造 [J]. 建材与装饰，2019（25）：88-89.

[53]　赵仁鹏. 温和地区高校教学楼建筑设计的生态模式探讨 [D]. 昆明：昆明理工大学，2013.

[54]　Li Q, Yoshino H, Mochida A, et al. CFD study of the thermal environment in an air-conditioned train station building[J]. Building & Environment, 2009, 44(7): 1452-1465.

[55]　闫丙宏，杨华，孙春华. 某高校教室室内热环境分析及数值模拟[J]. 东南大学学报（英文版），2010，26（2）：262-265.

[56]　李彪，朱蒙生，展长虹，等. 哈尔滨冬季高校教室 IAQ 及热舒适现场研究 [J]. 节能技术，2010，28（4）：336-341.

[57]　李昇翰，曹丹纶. 国内高校建筑热环境现场研究的现状及展望 [J]. 建筑热能通风空调，2020，39（1）：67-71.

[58]　Gagge A P. A standard predictive index of human response to the thermal environment[J]. Ashrae Transactions, 1986, 92: 709-731.

[59]　魏润柏，徐文华. 热环境 [M]. 上海：同济大学出版社，1994.

[60]　Brager G S, Dear R J D. Thermal adaptation in the built environment: a literature review[J]. Heating Ventilating & Air Conditioning, 2011, 27(1): 83-96.

[61]　Tanabe S, Zhang H, Arens E A, et al. Evaluating thermal environments by using a thermal manikin with controlled skin surface temperature[J]. Ashrae Transactions, 1994, 100(1): 39-48.

[62]　Gagge A P, Nishi Y. Heat exchange between human skin surface and thermal environment[M]//Comprehensive physiology. John Wiley & Sons, Inc., 2011.

[63]　Parsons K. Human thermal environments: The effects of hot, moderate, and cold environments on human health, comfort, and performance[M]. CRC Press, Inc., 2014.

[64]　Gao N P, Niu J L. CFD study of the thermal environment around a human body: A review[J]. Indoor & Built Environment, 2005, 14(1): 5-16.

[65]　Ulrich Ebbecke. Über die temperaturempfindungen in ihrer abhängigkeit von der hautdurchblutung und von den reflexzentren[J]. Pflügers Archiv Für Die Gesamte Physiologie Des Menschen Und Der Tiere, 1917, 169(5-9): 395-462.

[66]　Bedford T. The warmth factor in comfort at work: A physiological study of heating and ventilation[M]. 1936.

[67]　ASHRAE. ASHRAE guide and data book: Application for 1966 and 1967[M]. New York, 1966.

[68]　Fanger P O. Calculation of thermal comfort, introduction of a basic comfort equation[J]. Ashrae Transactions, 1967, 73(2): 1-20.

[69]　Fanger P O. Thermal comfort: Analysis and applications in environment engeering[J]. Thermal Comfort Analysis & Applications in Environmental Engineering, 1972: 225-240.

[70]　Fanger P O. Assessment of man's thermal comfort in practice[J]. British Journal of Industrial Medicine, 1973, 30(4)：313.

[71]　Fanger P O, Ipsen B M, Langkilde G, et al. Comfort limits for asymmetric thermal radiation[J]. Energy & Buildings, 1985, 8(3): 225-236.

[72]　Thermal environmental conditions for human occupancy. ASHRAE Standard 55—2004[S].

[73]　Ergonomics of the thermal environment: Analytical determination and interpretation of thermal comfort using calculation of the PMV and PPD indices and local thermal comfort criteria. ISO 7730: 2005(E)[S].

[74]　中国标准化研究院，青岛海尔空调器有限总公司，中标能效科技（北京）有限公司，等. 热环境的人类工效学 通过计算 PMV 和 PPD 指数与局部热舒适准则对热舒适进行分析测定与解释：GB/T 18049—2017[S]. 北京：中国标准出版社，2017.

[75]　中国标准研究中心，北京大学，北京市预防医学研究中心，等. 热环境人类工效学 使用主观判定量表评价热环境的影响：GB/T 18977—2003[S]. 北京：中国标准出版社，2003.

[76]　Huizenga C, Hui Z, Arens E. A model of human physiology and comfort for assessing complex thermal environments[J]. Building & Environment, 2001, 36(6): 691-699.

[77]　Humphreys M A, Nicol J F. The validity of ISO-PMV for predicting comfort votes in every-day thermal environments[J]. Energy & Buildings, 2002, 34(6): 667-684.

[78]　Zhang H, Huizenga C, Arens E, et al. Thermal sensation and comfort in transient non-uniform thermal environments[J]. European Journal of Applied Physiology, 2004, 92(6): 728-733.

[79]　Karjalainen S. Gender differences in thermal comfort and use of thermostats in everyday thermal environments[J].

Building & Environment, 2007, 42(4): 1594-1603.

[80] Corgnati S P, Filippi M, Viazzo S. Perception of the thermal environment in high school and university classrooms: Subjective preferences and thermal comfort[J]. Building & Environment, 2007, 42(2): 951-959.

[81] 王芳，陈敬，刘加平. 怒江中游高海拔山区民居冬季室内热环境评价与分析 [J]. 四川建筑科学研究，2017（3）：144-148.

[82] 李伊洁，刘何清，刘天宇，等. 国内外通用室内环境热舒适评价标准的分析与比较 [J]. 制冷与空调（四川），2017，31（1）：14-22.

[83] 党睿，闫紫薇，刘魁星，等. 寒冷地区大型商业综合体冬季室内热舒适评价模型研究 [J]. 建筑科学，2017（12）：16-21.

[84] 李坤明. 湿热地区城市居住区热环境舒适性评价及其优化设计研究 [D]. 广州：华南理工大学，2017.

[85] 朱小雷. 广州典型保障房居住空间环境质量使用后评价及评价指标敏感性探索[J]. 西部人居环境学刊，2017，32（3）：23-29.

[86] Thermal environmental conditions for human occupancy. ASHRAE 55—1992[S]

[87] 重庆大学，中国建筑科学研究院. 民用建筑室内热湿环境评价标准：GB/T 50785—2012[S]. 北京：中国建筑工业出版社，2012.

[88] Schiller G E, Arens E A, Bauman F S, et al. A field study of thermal environments and comfort in office buildings[J]. Ashrae Transactions, 1988, 94(2): 280-308.

[89] Ye X J, Zhou Z P, Lian Z W, et al. Field study of a thermal environment and adaptive model in Shanghai[J]. Indoor Air, 2006, 16(4): 320-326.

[90] Han J, Zhang G, Zhang Q, et al. Field study on occupants' thermal comfort and residential thermal environment in a hot-humid climate of China[J]. Building & Environment, 2007, 42(12): 4043-4050.

[91] 何红叶. 哈尔滨某高校建筑室内热环境现状研究 [D]. 哈尔滨：哈尔滨工程大学，2007.

[92] 袁涛，李剑东，王智超，等. 过渡季节不同气候区公共建筑热环境研究（Ⅱ）[J]. 四川建筑科学研究，2010，36（6）：259-261.

[93] 贺进. 幼儿园热环境测试与幼儿热舒适研究 [D]. 重庆：重庆大学，2016.

[94] Höppe P. The physiological equivalent temperature: A universal index for the biometeorological assessment of the thermal environment[J]. International Journal of Biometeorology, 1999, 43(2): 71.

[95] 李百战. 室内热环境与人体热舒适 [M]. 重庆：重庆大学出版社，2012.

[96] 李百战，景胜蓝，王清勤，等. 国家标准《民用建筑室内热湿环境评价标准》介绍 [J]. 暖通空调，2013，43（3）：1-6.

[97] 李百战，姚润明，喻伟. 一种建筑热湿环境等级的评估系统及方法：CN 104102789A[P]. 2014-10-15.

[98] 阴悦，胡建辉，陈务军. 封闭式膜结构体育馆冬季热环境测试 [J]. 上海交通大学学报，2018，52（11）：40-46.

[99] 王牧洲，刘念雄. 夏热冬冷地区城市住宅冬季热环境后评估研究——基于武汉和上海的差异化分析 [J]. 华中建筑，2018（5）：44-48.

[100] 刘磊，袁琳，梁安琪. 开敞式庭院空间室内外热环境研究 [J]. 建筑节能，2018（6）：92-95.

[101] 王丽洁，韩儒雅. 天津某高校宿舍夏季热舒适改善研究 [J]. 建筑节能，2018，46（4）：130-133.

[102] 虞志淳，孟艳红. 陕西关中地区农村民居夏季室内热环境与能耗测试分析 [J]. 建筑节能，2018，46（1）：39-46.

[103] 高旭廷，管勇，杨惠君，等. 兰州地区日光温室北墙体长度变化对温室热环境的影响 [J]. 北方园艺，2018（7）：53-59

[104] 刘念雄，秦佑国. 建筑热环境 [M]. 第 2 版. 北京：清华大学出版社，2016.

[105] 朱颖心. 建筑环境学 [M]. 第 2 版. 北京：中国建筑工业出版社，2005.

[106] 丁勇，谢源源，沈舒伟，等. 重庆地区农村建筑室内热环境关键影响因素分析 [J]. 暖通空调，2018，48（4）：19-27

[107] 李元哲，吴德让，于竹. 日光温室微气候的模拟与实验研究 [J]. 农业工程学报，1994，10（1）：130-136.

[108] 黄晨，李美玲. 大空间建筑室内垂直温度分布的研究 [J]. 暖通空调，1999，29（5）：28-33.

[109] 薛卫华，张旭. 供暖房间热环境参数的实验研究及人体热舒适的模糊分析 [J]. 建筑热能通风空调，2000，19（2）：1-4.

[110] 林波荣，李晓锋，朱颖. 太阳辐射下建筑外微气候的实验研究：建筑外表面温度 [C]// 中国建筑学会，中国制冷学会. 全国暖通空调制冷 2000 年学术年会论文集，2000：327-333.

[111] 罗庆. 建筑物烟气流动性状实验研究及其预测软件的完善 [D]. 重庆：重庆大学，2002.

[112] 杨柳，刘加平. 利用被动式太阳能改善窑居建筑室内热环境 [J]. 太阳能学报，2003，24（5）：605-610.

[113] 梁彬，朱凤荣，刘辉志，等. 二维街谷地面加热引起的流场特征的水槽实验研究 [J]. 大气科学进展（英文版），2003，20（4）：554-564.

[114] 马晓雯，范园园，侯余波，等. 深圳居住建筑夏季自然通风降温实验研究 [J]. 暖通空调，2003，33（5）：115-118.

[115] 荆海薇. 太阳能烟囱自然通风效果实验研究 [D]. 西安：西安建筑科技大学，2005.

[116] 李百战，庄春龙，邓安仲，等. 相变墙体与夜间通风改善轻质建筑室内热环境 [J]. 土木建筑与环境工程，2009，31（3）：109-113.

[117] 李安桂，郝彩侠，张海平. 太阳能烟囱强化自然通风实验研究 [J]. 太阳能学报，2009，30（4）：460-464.

[118] 龚春城，张小英. 民用建筑夏季热环境计算与实验研究 [J]. 建筑科学，2010，26（2）：47-51.

[119] 叶歆. 建筑热环境 [M]. 北京：清华大学出版社，1996.

[120] 华南理工大学. 建筑热环境测试方法标准：JGJ/T 347—2014[S]. 北京：中国建筑工业出版社，2015.

[121] 刘加平，杨柳. 室内热环境设计 [M]. 北京：机械工业出版社，2005.

[122] 刘晓华. 建筑热湿环境营造过程的热学原理 [M]. 北京：中国建筑工业出版社，2016.

[123] 柳孝图. 建筑物理环境与设计 [M]. 北京：中国建筑工业出版社，2008.

[124] 王伟. 典型温和地区非空调环境下建筑室内热环境与人体热舒适的研究 [D]. 昆明：昆明理工大学，2010.

[125] 杨柳. 建筑气候学 [M]. 北京：中国建筑工业出版社，2010.

[126] 郦伟，董仁杰. 日光温室的热环境理论模型 [J]. 农业工程学报，1997，13（2）：160-163.

[127] 史瑞秀. 自然通风的计算及理论分析 [J]. 太原科技，2000（2）：22-23.

[128] 闫增峰. 生土建筑室内热湿环境研究 [D]. 西安：西安建筑科技大学，2003.

[129] 张继良. 传统民居建筑热过程研究 [D]. 西安：西安建筑科技大学，2006.

[130] 王天鹏. 建筑透明表皮室内外热环境之间全波长辐射传热机理研究 [D]. 兰州：兰州交通大学，2014.

[131] 王怡，刘加平. 居住建筑自然通风房间热环境模拟方法分析 [J]. 建筑热能通风空调，2004，23（3）：1-4.

[132] 张永恒，徐迪. 火灾下建筑室内温度场模拟分析 [J]. 2007.

[133] 佟国红，李保明，Christopher D M，等. 用 CFD 方法模拟日光温室温度环境初探 [J]. 农业工程学报，2007，23（7）：178-185.

[134] 沈艳. 重庆自然通风建筑室内热环境实测与模拟分析 [D]. 重庆：重庆大学，2008.

[135] 丁勇，李百战，沈艳，等. 建筑平面布局和朝向对室内自然通风影响的数值模拟 [J]. 土木建筑与环境工程，2010，32（1）：90-95.

[136] 宋思洪，杨晨，苟小龙. 空调车室气流流场和温度场的数值模拟 [J]. 计算机仿真，2004，21（9）：167-169.

[137] 林坤平，张寅平，江亿. 我国不同气候地区夏季相变墙房间热性能模拟和评价 [J]. 太阳能学报，2003，24（1）：46-52.

[138] 王婧，张旭. 草砖住宅的建筑节能性分析 [J]. 建筑材料学报，2005，8（1）：109-112.

[139] 张泠. 建筑室内环境数值方法的研究——三维紊流室内气流动态数值研究 [D]. 长沙：湖南大学，1994.

[140] 雷涛. 中庭空间生态设计策略的计算机模拟研究 [D]. 北京：清华大学，2004.

[141] 清华大学 DeST 开发组. 建筑环境系统模拟分析方法——DeST[M]. 北京：中国建筑工业出版社，2006.

[142] 杨惠，张欢，由世俊. 基于 Airpak 的办公室热环境 CFD 模拟研究 [J]. 山东建筑大学学报，2004，19（4）：41-44.

[143] 王怡，刘加平，肖勇强. 自然通风房间热环境的耦合模拟计算方法 [J]. 太阳能学报，2006，27（1）：67-72.

[144] 刘鑫，张鸿雁. EnergyPlus 用户图形界面软件 DesignBuilder 及其应用 [J]. 西安航空学院学报，2007，25（5）：34-37.

[145] 中国气象局气象信息中心气象资料室，清华大学建筑技术科学系. 中国建筑热环境分析专用气象数据集（附光盘）[M]. 北京：中国建筑工业出版社，2005.

[146] Olgyay V. Design with climate: Bioclimatic approach to architectural regionalism[M]. Princeton: Princeton University Press, 1963.

[147] 鞠喜林. 晴空条件下光照度与辐射照度关系 [J]. 太阳能学报，1999，20（2）：190-195.

[148] Ergonomics of the thermal environment-Analytical determination and interpretation of thermal comfort using calculation of the PMV (predicted mean vote) and PPD (predicted percentage of dissatisfied) indices and local thermal comfort. ISO 7730: 2005[S].

[149] ASHRAE. ASHRAE Standard 55—2010 (Thermal Environmental Conditions for Human Occpancy)[S]. Atlanta, ASHRAE Inc Press, 2010.

[150] Wyon D P, Larsson S, Forsgren B, et al. Standard procedures for assessing vehicle climate with a thermal manikin[C]//Subzero Engineering Conditions Conference and Exposition. 1989.

[151] Matsunaga K, Sudo F, Tanabe S, et al. Evaluation and measurement of thermal comfort in the vehicles with a new thermal manikin[J]. SAE Paper Series, 1993: 35-43.

[152] Kohri I, Kataoka T. Evaluation method of thermal comfort in a vehicle by SET* using thermal manikin and theoretical thermoregulation model in man[J]. ImechE, 1995, C496(22): 357-363.

[153] 张宇峰，赵荣义. 局部热暴露对人体全身热反应的影响 [J]. 暖通空调，2005，35（2）：25-30.

[154] 金权. 非均匀热环境过渡过程人体热感觉的研究 [D]. 大连：大连理工大学，2012.

[155] 蔡靓. 基于气候条件的居住建筑室内长期热环境评价方法研究 [D]. 长沙：湖南大学，2012.

[156] Dear R J D, Brager G S, Cooper D. Developing an adaptive model of thermal comfort and preference-final report on RP-884[J]. ASHRAE Transactions, 1997, 104(1): 73-81.

[157] Dedear R J, Auliciems A. Validation of the predicted mean vote model of thermal comfort in six Australian field studies[J]. ASHRAE Transactions, 1985, 91(2): 452-468.

[158] 邓聚龙. 灰色系统综述 [J]. 世界科学，1983（7）：3-7.

[159] 邓聚龙. 灰色系统理论教程 [M]. 武汉：华中理工大学出版社，1990.

[160] 周华任. 综合评价方法及其军事应用 [M]. 北京：清华大学出版社，2015.

[161] 马锐. 人工神经网络原理 [M]. 北京：机械工业出版社，2014.

[162] 刘思峰，谢乃明. 灰色系统理论及其应用 [M]. 北京：科学出版社，2010.

[163] 苏为华. 论统计指标体系的构造方法 [J]. 统计研究，1995（2）：63-66.

[164] 苏为华. 统计指标理论与方法研究 [M]. 北京：中国物价出版社，1998.

[165] 刘苑佼. 湘北村镇住宅长期热环境性能评价指标研究 [D]. 长沙：湖南大学，2010.

[166] 纪秀玲，王保国，刘淑艳，等. 江浙地区非空调环境热舒适研究 [J]. 北京理工大学学报，2004，24（12）：1100-1103.

[167] 夏一哉，赵荣义，江亿. 北京市住宅环境热舒适研究 [J]. 暖通空调，1999，29（2）：1-5.